肉羊

常见病
防治技术

史利军 蔡泽川 王 净 主编

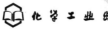

化学工业出版社

·北京·

图书在版编目（CIP）数据

肉羊常见病防治技术/史利军，蔡泽川，王净主编.
—北京：化学工业出版社，2022.1
ISBN 978-7-122-40201-1

Ⅰ.①肉… Ⅱ.①史… ②蔡… ③王… Ⅲ.①羊病-防治 Ⅳ.①S858.26

中国版本图书馆 CIP 数据核字（2021）第 218872 号

责任编辑：邵桂林　　　　　　　　装帧设计：关　飞
责任校对：张雨彤

出版发行：化学工业出版社（北京市东城区青年湖南街 13 号
　　　　　邮政编码 100011）
印　　装：三河市延风印装有限公司
850mm×1168mm　1/32　印张 9½　字数 238 千字
2022 年 1 月北京第 1 版第 1 次印刷

购书咨询：010-64518888　　　　　售后服务：010-64518899
网　　址：http://www.cip.com.cn
凡购买本书，如有缺损质量问题，本社销售中心负责调换。

定　　价：49.80 元　　　　　　　　版权所有　违者必究

编写人员名单

主　编　史利军　蔡泽川　王　净

副主编　于小杰　崔宏宇　吕　由　张　辉　李占丽

其他参编人员（按姓氏笔画排序）

于　超	马　飞	王　芳	王　晶	王　鹏
王大伟	王化林	王思敏	王莉卿	王晓燕
邓小军	石喜山	叶和平	冯　涛	兰进京
任丽琴	刘秀英	许　袖	孙秀芳	杨江峰
李亚奎	李建立	宋景萍	张　雷	张东旭
张永春	张致猛	陈四海	陈登峰	范志军
赵　妍	赵晓锟	郝丽云	郭晶晶	韩　余
穆秀明				

主　审　李　刚　魏玉文

肉羊饲养是养殖业的重要部分，在提供人们肉类产品的同时也为相关产业提供大量的生产原料，是现代农业重点推动的产业之一。肉羊是高效节粮型草食家畜，具有食性广、耐粗饲、抗逆性强等特性。目前影响肉羊健康水平的一个重要因素是疾病。肉羊疾病的发生、流行与动物卫生防疫工作和疾病防控水平直接关联，疾病的发生严重影响养羊业的经济效益，并对公共卫生带来潜在影响。为了能够提高羊肉及相关产品产量，就需要对肉羊饲养的整个环节进行合理的管理，提高肉羊疾病的防控技术水平。

针对肉羊养殖中存在的问题，为了提高广大养殖户和一线技术人员对于羊病的认识和防控水平，我们写了本书。本书从肉羊疾病综合防控、疾病防控常用技术、传染病防控技术、寄生虫病防治技术、普通病防治技术、肉羊养殖国家法律法规要求等具体层面进行介绍分析，内容以实践性、应用性为特点。本书可作为肉羊养殖户、饲养企业以及肉羊疾病防控人员的参考用书，同时也可作为畜牧兽医相关领域学生、研究人员的参考资料。

参加本书编写的人员来自以下单位：中国农业科学院北京畜牧兽医研究所（史利军），北京农业职业学院（蔡泽川），河北北方学院（王净、于小杰、穆秀明、李亚奎、王鹏、赵晓锟、杨江峰、张雷、张致猛），张家口市农业综合行政执法支队（崔宏宇、吕由、王大伟、郝丽云、赵妍、王晓燕），张家口市宣化区农业农村局（韩余、王思敏、于超、郭晶晶、孙秀芳、张东旭），北京市农林科学院（冯涛、王晶），张家口市动物疾病预防控制中心（李占丽、马飞），保定市唐县农业农村局（李建立），张家口市畜牧技术推广站（许袖），张家口兰海畜牧养殖有限公司（兰进京），张家口市万全区农业农村局（任丽琴、王化林），张家口市康保县农业农村局（范志军、王芳、邓小军、刘秀英、宋景萍），张家口市阳原县农业农村局（陈四海、石喜山），张家口市经济开发区老鸦庄镇政府（王莉卿），承德市丰宁满族自治县农业农村局（叶和平），邢台市威县农业农村局（陈登峰），张家口市怀安县农业农村局（张永春），华南农业大学兽医学院（张辉）。

本书编写过程中得到了中国农业科学院北京畜牧兽医研究所李刚教授和张家口市农业综合行政执法支队魏玉文研究员的悉心指导，提出了修改意见并审定了全书，在此表示诚挚的谢意。

本书出版得到河北省创新能力提升计划项目"宣化区肉羊产业科技示范基地（20536601D）"，河北省重点研发计划项目"山区肉羊绿色高效利用模式研究与示范（20326629D）"，河北省重点研发计划项目"肉用绵羊高效繁殖技术研究与应用（18236609D）""河北省肉羊产业技术创新战略联盟后补助经费""河北省专家出国培训项目"等课题资助。

由于笔者水平有限，难免有不足及疏漏之处，恳请读者不吝指正。

编者

2021 年 10 月

目录

第一章

肉羊病综合防控

第一节　我国羊病发病现状

一、羊病种类多危害大

近年来，随着养羊业快速发展，羊饲养数量不断增加、国际贸易频繁、羊群流动广泛等众多因素，使得羊病尤其是传染病旧病未除，如口蹄疫、羊支原体肺炎、羊痘、羊传染性脓疱、羊地方性流产、链球菌病、羔羊痢疾和羊肠毒血症等梭菌病等发病率逐年升高，严重威胁养羊业的发展；同时，新病又不断出现和流行，如小反刍兽疫、蓝舌病、痒病等，这些新病多无商品化疫苗和有效检测方法，给控制和消灭带来极大的困难。

二、人畜共患病时有发生，公共卫生问题日益严峻

在我国已发现的 4 种羊病中，有 10 余种属人畜共患病，对公共卫生安全和广大农牧民及消费者的身体健康构成严重威胁。其中，与羊有关的人兽共患病主要有布鲁氏菌病、结核病、炭疽、羊

地方性流产、绦虫病、弓形虫病、血吸虫病等。

三、呼吸道疾病综合征对养羊业危害严重

目前，各地羊场呼吸道病频发，病原多种多样，如丝状支原体、小反刍兽疫病毒、多杀性巴氏杆菌、流感病毒、链球菌等。呼吸道疾病综合征既可发生于羔羊，也可发生于育肥羊和种羊，但以羔羊及青年羊发病率较高。

四、混合感染增多，细菌耐药性严重

目前，在养羊生产中，多病原的多重感染或混合感染已成为羊群中普遍存在的问题。在多病原感染中，既有病毒与病毒、细菌与细菌的混合感染，也有病毒与细菌的混合感染，加上细菌耐药性增强，耐药性菌株增多，越来越多的菌株产生多重耐药，造成病羊的诊断和防治难度加大。

五、某些细菌性疾病的危害加大

通过对一些羊场的调查发现，不少病的病原已广泛存在于环境中，通过多种传播途径以及自然环境条件的改变，已成为一些羊场的常在病菌，如沙门氏菌、大肠杆菌、梭菌和布鲁氏菌等。

六、寄生虫病发生普遍

羊的寄生虫在我国十分普遍，其中危害较为严重的寄生虫病有吸虫病、疥螨、焦虫病、脑包虫病、肠道寄生虫病、绦虫、螨虫、肺线虫等。据调查，南方高温高湿地区和北方自然草场放牧地区羊寄生虫的感染率达100％。目前防治寄生虫病主要采用体外药浴消毒和体内口服驱虫，虽有一定效果，但难以根除，长期用药还可能产生耐药性，使疾病控制复杂化。

七、营养代谢病日趋严重

我国养羊业饲养管理粗放，多以放牧为主，由于一年四季粗饲料资源丰歉不均，因而养羊普遍出现"夏饱、秋肥、冬瘦、春乏"现象，以及单羔体重大于双羔，双羔大于多羔，母羊体质与带羔数量呈负相关等现象，这些现象都与营养状况、天气条件和寄生虫感染等因素有关。羊营养代谢病发病率高的主要原因：过度放牧，草地退化，草料短缺、单一、质地不良，饲养不当等造成的营养物质绝对缺乏；羊妊娠、泌乳和快速生长发育等时期，在过冷过热、遭受寄生虫侵袭等因素的作用下，机体对营养物质的需要量增加，没有及时补充导致营养物质相对缺乏。

八、中毒病呈地区性群发

一般来说，羊的中毒病与饲养管理方式有关，有地区性和季节性，其危害也越来越大。常见的中毒性疾病，如农药中毒、除草剂中毒、有机磷农药中毒、灭鼠药中毒等；有毒植物中毒，如采食有毒野草；毒蛇、毒蜂咬蜇而中毒；饲料中毒，如采食发霉的饲草料，饲喂过量的菜籽饼、棉籽饼、食盐、尿素等。

第二节　肉羊疾病综合防控技术的应用

羊常见病包括传染病、寄生虫病和普通病（营养代谢病、中毒病、内科病、外科病及产科病等）。由于集约化饲养羊相对比较集中，一旦发病不易控制，因此，必须认真执行"预防为主，防重于治"的方针。加强日常饲养管理，消灭传染源，切断传播途径，增强易感羊只的抗病性，减少疾病的发生率。

一、生物安全

核心是科学选择场址，合理规划布局，实行全进全出的饲养制度，隔离饲养，规范日常的饲养管理，加强对饲养人员、外来人员、车辆及用具的管理，加强饲料、饮水管理，做好羊场粪便及尸体等废弃物的无害化处理，做好灭蚊、灭蝇、灭鼠等工作，以减少疫病的传播。

二、饲养管理

根据羊只不同阶段对饲料、营养、温度、湿度、密度、光照、通风及免疫的要求，提供适合其生产性能、充分发挥和保持健康体质的环境条件，实行精细化管理。

三、饲料营养

营养与羊生产性能、机体抵抗力及免疫水平等密切相关，因此，在生产实践中，一定要根据羊的品种、类型、阶段、用途等喂以适合的饲料，以满足营养需求。

四、胃肠健康

胃肠道是羊消化、吸收营养的主要部位，是其生长发育、饲料消化利用的根本。必须加强饲养管理，保证营养供给；控制细菌、病毒、寄生虫的感染程度；添加维生素，进行营养调控并合理用药，减少应激，以保证羊的胃肠道健康。

五、免疫接种

根据本地区和本场实际，对羊群进行有计划、有步骤的预防接种，对发病率和致死率高的疫病进行重点防治。

六、严格消毒

消毒环节主要包括羊场环境、羊舍、设备及用具人员的消毒等，是保证羊群安全健康生长的重要措施。首先对羊场彻底清扫，保证羊场干净、整洁，不留死角。其次对消毒设备和消毒液的浓度进行合理选择，百毒杀、生石灰乳等是最常用的消毒药品，可以采用直接喷洒的方式进行消毒。

七、规范用药

抗生素对羊群疫病的治疗有着重大作用，但在使用过程中出现的严重副作用也对羊群带来了极大的负面影响。因此，在羊群疫病治疗过程中必须科学地使用抗生素，杜绝滥用抗生素，避免对进一步的治疗造成影响。要依从专业兽医的指导选择抗生素，严格控制使用的频率和药量。

八、定期驱虫

各地区可以结合具体实际，在春、秋季对羊群进行全面驱虫，严格根据医嘱使用有效的驱虫药物。

九、减少应激

如热应激、运输、免疫、换料等，不仅可以导致羊的生产性能降低和免疫力下降，而且还诱发各种疾病甚至导致死亡，从而对养羊生产造成损失。因此，要创造适宜的环境，进行科学的饲养管理，搞好运输中的护理，使用抗应激药物，保持羊舍清洁，定期做好带羊消毒、饮水及环境的消毒，消除病原，做好疫病的防治，以减少应激对羊的不良影响。

十、羊只福利

动物福利是指动物有机体的身体及心理与其环境维持协调的状态。就羊而言，可以通过改善饲养环境、合理搭配饲料、注意饮水卫生、降低饲养密度、加强饲养管理、改善羊养殖中的饲养设备和运动环境，提高羊在饲养中的福利。树立以羊为本的经营理念。养羊的核心是羊，因此，一切饲养管理要求都要从羊本身出发，站在羊的立场上去思考，通过对羊只行为的观察和研究，真正了解羊需要什么就去满足什么，而不是站在人的立场上，让羊被动地接受。

第二章

肉羊病防控常用技术

第一节　肉羊疾病临床诊断技术

　　养羊生产实践过程中，羊病的诊断与羊病的治疗属同等重要的地位。羊病的治疗前提保障是准确及时的诊断。羊病的诊断目前分为临床诊断、病理学诊断、实验室诊断等，羊场兽医最为重要和关键的是掌握临床诊断技术。对可疑的病症能及时发现，并进行诊病理学诊断和实验室诊断，为确诊羊病并采取进一步的综合防控措施做好保障。

一、羊的保定方法

　　保定羊时，需要接近羊。接近羊时，要胆大、心细、温和。接近个体较大的羊只，特别是种公羊时，应注意自身安全。先给羊只一个要接近它的信号，再从侧前方慢慢接近。接近后用手轻轻抚摸颈部或背部，让其保持一个安静温顺的状态，以便进行检查。接近时需要饲养人员协助。要尽可能地使羊只保持一个自然状态，便于检查和处理。

1. 骑胯保定法

骑胯保定法就是保定人员骑跨在羊的肩部，用两腿用力夹住羊的颈部和肩部，同时用两手紧握羊的两角或两耳，将羊固定的保定方法。该方法适用于临床检查、治疗和注射疫苗等。

2. 侧卧保定法

侧卧保定法就是将羊按倒侧卧，一手按住前肢上侧，另一手按压羊的臀部，将羊固定的保定方法。该方法适用于治疗、简单手术和注射疫苗等。

二、羊体温、呼吸和脉搏测定方法

1. 体温测定

羊通常测直肠温度。测温时，先将体温计充分甩动，使水银柱降至 35℃ 以下。用 75％酒精棉球消毒并涂以润滑剂（滑润油或水）。检温人员一手将羊尾根部提起并推向一侧，另一手持体温计慢慢插入肛门中，放下尾部后，用夹子将温度计夹在尾毛上。在直肠中放置 3～5 分钟，取出后读取水银柱上端的度数即可。测温完毕，甩动体温计使水银柱降下并用 75％酒精棉球擦拭，以备下次使用。注意事项：体温计使用前要检查、校验，确定无明显误差时使用；测体温前，要使羊适当休息，待其安静后再测定；确保直肠中无太多粪便，以防将体温计插入粪便中影响测得的温度；测温时间不得少于 3 分钟。羊的正常体温范围在 38～39℃。

2. 呼吸数测定

检查者站在羊的侧方，观察羊胸腹部的起伏，胸腹部一起一伏为一次呼吸；在寒冷季节也可通过观察其呼出的气流数测计呼吸次数，一般测 1 分钟或测 2 分钟的次数取其平均数。注意事项：在羊安静时测定；通过观察测呼吸次数有困难时，可使用肺部呼吸音次数代替。健康羊的呼吸次数为每分钟 12～30 次。

3. 脉搏数测定

通常在股动脉测定。检查时可用手指轻按，感触脉搏跳动的次数和强度，亦可用听诊器或用手触摸心脏部，根据心脏跳动的次数确定脉搏。注意事项：待被测羊安静时测定；当脉搏微弱不易感觉时，可用心跳次数代替。健康羊的脉搏为每分钟 70～80 次。

三、羊病基本诊断方法

1. 问诊

问诊是通过询问畜主或饲养管理人员，了解羊或羊群发病的有关情况。问诊主要包括如下内容：

① 发病时间。根据时间可以确定该病是急性还是慢性病。

② 发病只数及死亡情况。根据养殖场或某一地区相同症状的疾病发病数，可推测为一般疾病或者群发性疾病。

③ 主要症状。了解病羊的食欲、饮水、精神状态、体温、呼吸、脉搏、排粪、排尿等情况。

④ 发病的经过及治疗情况。发病后临床症状的变化，采取何种方法治疗，用过何种药物，效果如何。

⑤ 免疫接种情况。用过何种疫苗，疫苗的来源、效价、免疫时间。

⑥ 饲养管理情况。日粮组成、饲料质量、饲喂次数、饲喂量以及饲养制度。

⑦ 羊的年龄、性别等。

⑧ 羊圈的卫生及消毒情况。

2. 视诊

视诊是通过察看病羊的表现，包括羊的精神状态、肥瘦、姿势、步态及羊的被毛、皮肤、可视黏膜、粪尿性状等，观察病羊的行动，找出发病的原因。

（1）**步态** 健康羊步伐活泼而稳健。如果羊患病时，常表现为运步不稳，或不愿行走。当羊的四肢肌肉、关节或蹄部发生疾病时，则表现为跛行。

（2）**被毛** 健康羊的被毛平整而不易脱落，富有光泽。在病理情况下，羊的被毛粗乱蓬松，失去光泽，而且容易脱落。

（3）**可视黏膜** 健康羊可视黏膜光滑，呈粉红色。若口腔黏膜发红，表明身体有炎症。黏膜发红并带有红点、血丝或呈紫色，是由严重的中毒或传染病引起的。黏膜苍白，一般为贫血的表现。黏膜黄色，多为黄疸病。黏膜蓝色，多为肺脏、心脏患病。

（4）**采食和饮欲** 羊的采食、饮水减少或停滞，首先要检查口腔有无异物和溃疡，舌有没有糜烂和创伤。反刍减少或停滞，经常是前胃疾病的特征。

（5）**粪便** 主要观察粪便的形状、硬度、色泽及附着物等。粪便过干，多为缺水和肠弛缓；过稀，多为肠机能亢进；混有黏液过多，为肠管的卡他性炎症；含有完好谷粒，为消化不良；混有纤维素膜时，为纤维素性肠炎。还要仔细检查粪便是否含有寄生虫及其节片，患有寄生虫病时，病羊身体多瘦弱。

（6）**排尿** 排尿困难表明泌尿系统有炎症或结石。

（7）**呼吸** 呼吸次数增加，常见于急性、热性病，呼吸系统疾病，心衰，贫血及腹压升高等；呼吸次数减少，主要见于某些中毒、代谢障碍等疾病。

3. 触诊

触诊是用手感受被检查的部位，并施加压力，以便判别被检查的各器官组织是否正常。触诊可用于判断以下症状。

（1）**皮肤的温度、弹性和硬度** 用手触摸羊的耳朵或头部，检查是否发热，高温常见于传染病。

（2）**浅表淋巴结的大小和形态变化**　当羊发生结核病、伪结核病、羊链球菌病时，体表淋巴结经常肿大，其形状、硬度、温度、敏感性及活动性等都会发生变化。

（3）**脉搏**　留意每分钟的跳动次数和强弱等。

（4）**腹壁**　判断腹壁的紧张性和敏感度，从而推断腹腔内胃、肠、肝、脾、膀胱等器官的状况。应用冲击触诊法可判定是否存在腹水。

4. 叩诊

叩诊是用手指或叩诊锤叩打羊体表的某一部分或体表的垫着物（手指或垫板），借助所发出的声音判断被叩击部位及深部器官的活动状态。叩诊音有清音、浊音、半浊音、鼓音。清音，为叩诊健康羊的胸廓所发出的持续、高朗的声音。浊音，当羊胸腔内含有大量渗出液时叩打胸壁时出现不同程度的浊音。半浊音，介于浊音和清音之间的声音，羊患支气管肺炎时，肺泡含气量减少，叩诊呈半浊音。鼓音，是健康羊瘤胃的正常叩诊音，若瘤胃臌气，则鼓音加强。

5. 听诊

听诊是利用听觉听取羊体内器官所产生的声音，来判别内脏器官正常与否的诊断方法。

心音加强，见于热性病的初期。心音减弱，见于心脏机能障碍的后期或患有渗出性胸膜炎、心包炎。第二心音加强时，见于肺气肿、肺水肿、肾炎等病理进程中。听到其余杂音，多为瓣膜疾病、创伤性心包炎、胸膜炎等。

肺泡呼吸音过强，多为支气管炎、黏膜肿胀等；肺泡呼吸音过弱，多为肺泡肿胀、肺泡气肿、渗出性胸膜炎等。在肺部听到支气管呼吸音，见于羊的传染性胸膜肺炎等。啰音分干啰音和湿啰音。

干啰音甚为庞杂，有咝咝声、笛声、口哨声及猫鸣声等，多见于慢性支气管炎、慢性肺气肿、肺结核等。湿啰音似含漱音、沸腾音或水泡破裂音，多发生于肺水肿、肺充血、肺出血、慢性肺炎等。捻发音多发生于慢性肺炎、肺水肿等。摩擦音多发生在肺与胸膜之间，多见于纤维素性胸膜炎、胸膜结核等。

腹部听诊主要是听取腹部胃肠运动的声音。健康羊于左肷部可听到瘤胃蠕动音，每2分钟可听到3～6次。羊患前胃弛缓或发热性疾病时，瘤胃蠕动音减弱或消失。羊的肠音类似于流水声或漱口声，正常时较弱。病羊肠炎初期，肠音亢进；便秘时，肠音消失。

6. 嗅诊

嗅诊是通过嗅闻羊的分泌物、排泄物、呼出气体及口腔味道，来诊断疾病的一种方法。如肺坏疽时，鼻液带有腐败性恶臭；胃肠炎时粪便腥臭或恶臭；消化不良时，可从呼出的气体中闻到酸臭味。

四、病羊识别要点

1. 看羊的动态

无病羊不论采食或休息，常聚集在一起，休息时多呈半侧卧姿势，人接近即行起立。病羊食欲、反刍减少，常掉群卧地，出现各种异常姿势。

2. 听羊的声音

健康羊发出洪亮而有节奏的叫声。病羊叫声高低常有变化，不用听诊器可听见呼吸声及咳嗽声、肠音。

3. 看羊的反刍

无病羊每次采食30分钟后开始反刍30～40分钟，一昼夜反刍

6～8次。病羊反刍减少或停止。

4. 看羊的毛色

健康羊被毛整洁、有光泽、富有弹性，病羊被毛蓬乱而无光泽。

5. 摸羊的角

无病羊两角尖凉，角根温和。病羊角根过凉或过热。

6. 看羊的眼

健康羊眼睛灵活，明亮有神，洁净湿润。病羊眼睛无神，两眼下垂，反应迟缓。

7. 看羊的耳朵

无病羊双耳常竖立而灵活。病羊头低耳垂，耳不摇动。

8. 看羊的舌头

健康羊舌头呈粉红色且有光泽，转动灵活，舌苔正常。病羊舌头活动不灵、软绵无力，舌苔薄而色淡或苔厚而粗糙无光。

9. 看羊的口腔

无病羊口腔黏膜为淡红色，用手摸感到暖手，无恶臭味。病羊口腔时冷时热，黏膜淡白流涎或潮红干涩，有恶臭味。

10. 看羊的大小便

无病羊粪呈小球状而比较干硬。补喂精料的良种羊粪便呈较软的团块状，无异味。小便清亮无色或微带黄色，并有规律。病羊大小便不正常，大便或稀或硬，甚至停止，小便色黄或带血。

五、羊尸体剖检方法

1. 外部检查

外部检查主要包括羊的一般情况（品种、性别、年龄、毛色、特征、营养状况、皮肤等）、死后变化、天然孔（口、眼、鼻、耳、肛门和外生殖器）与可视黏膜。

2. 剥皮与皮下检查

（1）**剥皮方法**　尸体仰卧固定，由下颌间隙经过颈、胸、腹下（绕开阴茎或乳房、阴户）至肛门作一纵切口，再由四肢系部经其内侧至上述切线分别作四条横切口，然后剥离全部皮肤。

（2）**皮下检查**　主要检查皮下脂肪、血管、血液、肌肉、外生殖器、乳房、唾液腺、舌咽、扁桃体、食管、喉、气管、甲状腺、淋巴结等的变化。

3. 腹腔的剖开与检查

（1）**腹腔剖开与腹腔脏器采出**　剥皮后，让尸体左侧卧位，从右侧䏚窝部沿肋骨弓至剑状软骨切开腹壁，再从髋结节至耻骨联合切开腹壁。将此三角形的腹壁向腹侧翻转，即可暴露腹腔。

检查有无肠变位、腹膜炎、腹水或腹腔积血等异常。在横膈膜之后切断食道，用左手插入食道断端握住食道，向后牵拉，右手持刀将胃、肝脏、脾脏背部的韧带、后腔静脉、肠系膜根部切断，腹腔脏器即可取出。

（2）**胃的检查**　在沿皱胃小弯瓣皱孔→瓣胃大弯→网瓣孔→网胃大弯→瘤胃背囊→瘤胃腹囊→食管→右纵沟切开的同时，注意内容物的性质、数量、质地、颜色、气味、组成及黏膜的变化。特别应注意皱胃的黏膜炎症和寄生虫，瓣胃的阻塞状况，网胃内的异物、刺伤或穿孔，瘤胃的内容物。

（3）**肠道检查**　检查肠外膜后，沿肠系膜附着缘剪开肠管，重点检查内容物和肠黏膜，注意内容物的质地、颜色、气味和黏膜的各种炎症变化。

（4）**肝脏、胰脏、脾脏、肾脏与肾上腺的检查**　主要检查器官的颜色、大小、质地、形状、表面和切面等有无异常变化。

4. 骨盆腔器官的检查

除输尿管、膀胱、尿道外，重点是公畜的精索、输精管、腹股沟、精囊腺及外生殖器官，母畜的卵巢、输卵管、子宫角、子宫体、子宫颈与阴道。注意观察上述器官的位置和表面、内部的异常变化。

5. 腔的剖开与检查

（1）**胸腔的剖开** 可切割两侧肋骨与肋软骨交接处，去除胸骨也可在肋骨与肋软骨的连接处切断肋骨，再在肋骨上端锯断所有肋骨，并切断横膈，就可整片掀除一侧胸壁或用扭脱肋骨小头的办法，根根地去除肋骨。

（2）**胸腔器官的检查** 割断前、后腔静脉，主动脉，纵隔和气管等同心脏、肺脏的联系后，将心脏、肺脏一同取出。心脏检查应注意观察心包液的数量、颜色，心脏的大小、形状、软硬度，心室和心房充盈度，心内、外膜的变化。

6. 脑的取出与检查

先沿两眼的后缘用锯横行锯断，再沿两角外缘与第一锯相接锯开，并于两角的中间纵锯一正中线，然后两手握住左右角，用力向外分使颅顶骨分成左右两半，即可露出脑。应注意检查脑膜、脑脊液、脑回和脑沟的变化。

7. 关节检查

尽量将关节弯曲，在弯曲的背面横切关节囊。注意囊壁的变化，确定关节液的量、性质及关节面的状态。

六、病料采集、运送和包装

1. 采前准备

防护用品（防护服、口罩、眼镜、手套、胶雨靴等）、经过消毒的容器（试管、玻璃瓶、塑料瓶、EP 管、塑料袋、有制冷剂的容器等）、器械（刀、剪、镊子、吸管、碘酊药棉、注射器、针头、采血器、棉拭子等）、药品（酒精、抗凝剂、抗生素等）、病料保存液（蒸馏水、生理盐水、甘油缓冲液、磷酸盐缓冲液、甲醛缓冲液等）、固定液（95%酒精、10%福尔马林溶液）、消毒用品、纱布、采样单、采样标签、记号笔等。

2. 采集

做好防护。病料采集人员需戴好口罩、手套、护目镜，穿上防护服和雨靴，当皮肤有破损时更要注意，防止如布鲁氏杆菌病等人畜共患病。在固定的采集病料的地点，做好消毒和隔离，防止人为地扩散病原。凡发现病样急性死亡时，切不可随便解剖。应先采末梢血液抹片镜检，检查是否有炭疽杆菌存在。操作时应特别注意，严禁血液污染他处，以防病原传播和对人体造成伤害。若怀疑是炭疽，则不可随意剖检，只有在确定不是炭疽的情况下方可剖检。根据检测要求及检测对象和检验项目的不同，应严格按规定时间采样。选择发病初期、临床症状明显、未用抗生素治疗的发病羊只。选择濒死期或刚死的羊只。病死的羊只，应立即采样或在羊死后的数小时内进行（冬季 6 小时内、夏季 4 小时内）。

采取病料。不同疫病的需检样品各异，应按可能的疫病侧重采样，怀疑某种疾病时，应采取该病常侵害的部位，要有选择地采集病变典型的脏器或内容物，同时兼顾病变与健康组织。如小反刍兽疫，采集病羊口鼻棉拭子、淋巴结或血沉棕黄层。败血性传染病，可采集心脏、肝脏、脾脏、肺脏、肾脏、淋巴结、胃肠等。羊肠毒血症，采集小肠及其内容物，口蹄疫、羊痘，采集水泡（痘）内容物或痂皮。有神经症状的传染病，采集脑、脊髓等。检查血清抗体，采集血清。在不了解为何种传染病或提不出怀疑对象时，可以将整个病羊送检或全面采集。采集样品的数量要满足诊断检测和复检的需要。

3. 包装

（1）容器可选择玻璃或塑料制品，运输时的外包装可用木箱、保温瓶、保温箱、泡沫箱、纸箱（但需加内衬）等，所有容器必须完整无损、密封性能良好、清洁无污染。

（2）供病原学检查的容器，必须无菌，清洗后经干热灭菌或高压灭菌或煮沸消毒并烘干。生产实践中常用塑料袋或自封袋。

（3）一种材料一个容器，不可将多种病料或多只羊的病料混装在一起。

（4）装入样品的容器必须加塞、加盖。液体病料，如血液，可用胶布缠结固定。

4. 运送

置于保温容器（保温瓶或保温箱）中运输。血液样品要单独存放在保温瓶中，不能和其他样品混合。对冷藏样品，若能在 4 小时内送到实验室，在保温瓶或泡沫箱中加入冰块或冰袋冷藏运输，否则先将样品进行冷冻处理。对冻结的样品，必须在 24 小时内冷藏送到实验室。若在 24 小时内不能送到实验室，要冷冻运输，即在运输过程中样品的环境温度应保持在 -20℃以下。各种样品到达实验室后，若暂时不进行实验，则应在 -70℃或 -70℃以下保存。不要反复冻融。

送检病料时要将有关情况详细报告检验单位，内容包括送检单位名称和地址、病羊种类、发病日期、死亡日期、取材时间、疫病流行简况、主要临床症状和病理剖检变化、治疗情况及送检目的等。

5. 病料保存

采取病料后，要及时送实验室检测，如不能立即检验，或须送往外地检验时，应加入适量的保存剂，使病料尽量保持新鲜，以便得出正确的结果。

细菌性病料保存。病料为组织块，应保存于饱和盐水或 30％甘油缓冲液中，容器加塞封固。病料为液体装入试管封闭。

病毒性病料保存。病料为组织块保存于 50％甘油缓冲盐水或鸡蛋生理盐水中，容器加塞封固。病料为液体装入试管封闭。病料为棉拭子，应放置放入缓冲液中保存。

病理组织检验材料保存。将组织块放入 10％福尔马林溶液或95％酒精中固定，固定液的用量须为标本体积的 10 倍以上。24 小时换固定液 1 次。冬季防冻，在送检时将固定好的组织块取出，保存于甘油和 10％福尔马林的等量混合液中。

血液样品保存。用作血清学检验的样品不加抗凝剂或脱纤处理，避免溶血。如有特殊需要，−15℃冷冻保存，防止反复冻融。

寄生虫病料保存。血液寄生虫（以血孢子虫）需送检血液及全血或制成血涂片。线虫粪便样品不冻结冷藏保存。线虫保存在福尔马林溶液或 70％的酒精中。

第二节　肉羊疾病实验室诊断技术

实验室诊断主要包括血液常规检查、尿液检查、粪便检查、微生物检查、免疫学检查及寄生虫检查等。

1. 血液常规检查

主要包括红细胞沉降速率（血沉）、血红蛋白含量、红细胞计数、白细胞计数和白细胞分类计数。通过颈静脉或尾静脉采血。采血前，要注意对采血部位剪毛、擦拭和消毒。采血后，要立即轻摇试管内的血液，以防止凝固。常用的抗凝剂有 38％柠檬酸钠、

EDTA 二钠、肝素、双草酸盐等。检测可用动物全自动血液细胞分析仪、动物全自动生化分析仪（生化检测用）。

2. 尿液检查

主要包括尿比重、尿液 pH、尿蛋白、酮体、红细胞、白细胞、尿沉渣、尿管型等的检查。用清洁容器在羊排尿时采集尿液 100～200 毫升，必要时可用导尿方法采集。采集的尿液要立即送检。

3. 粪便检查

包括一般性检验（粪便的数量、形状和硬度、颜色、气味及混合物检查）及显微镜检验（检查粪便中的虫卵或幼虫），必要时作粪便的潜血和酸碱度检验等。

4. 微生物检查

范围较广，有细菌、病毒、霉菌等检测。送验的材料可以是血、尿、粪便及其他体液成分，如脑脊液、胸水、腹水、关节囊液等。检测方法主要有涂片检查和分离培养。

（1）细菌学检查　包括染色镜检（革兰氏染色法、瑞氏染色法、姬姆萨染色法等）、分离培养、生化试验和动物试验等。

（2）病毒学检验　采取病料组织，经磷酸盐缓冲液反复洗涤 3 次，然后将组织剪碎、研细，加磷酸盐缓冲液制成 1∶10 悬液，离心取出上清液，分装，$-70℃$ 保存备用。对分离到的病毒，用电子显微镜检查，并用血清学试验及动物实验等方法进行物理化学和生物学特性的鉴定。分离培养得到的病毒液，接种易感动物。

5. 免疫学检查

传染病的检验常采用免疫学方法。常用的方法有凝集反应、沉淀反应、补体结合反应、中和试验等血清学检验方法，以及用于某些传染病生前诊断的变态反应等。另外，也有其他免疫检测方法，如免疫扩散试验、荧光抗体技术、酶标记技术、单克隆抗体技术和PCR 技术等。

6. 寄生虫检查

采样采用随机多点抽取，采样数量为羊只总数的 10％，进行粪便检查。粪便采集为在驱虫后 7～10 天直肠采取粪便，每天采 3 次，早、中、晚各 1 次，连续采集 3 天。随机多点采取新鲜粪便 5～10 克，分别装入干净的塑料袋中，标号后进行粪便检测，不能及时进行检查的挤出袋内空气，置于 4℃冰箱中保存备用。

虫卵、幼虫和卵囊检查常采用饱和盐水漂浮法（适用于线虫卵、绦虫卵和球虫卵囊的检查）、沉淀法（适用于吸虫卵的检查）和虫卵计数（常用麦克马斯特法）进行。体表寄生虫常用肉眼直接检查，血样寄生虫常用血液涂片检查，内脏器官虫体常通过尸体剖检进行检查。

第三节　羊场常备药品

一、消毒药

1. 生石灰

加水配成 10％～20％石灰乳，适用于消毒口蹄疫、传染性胸膜肺炎、羔羊腹泻等病原污染的圈舍、地面及用具。可撒布地面消毒。

2. 氢氧化钠（火碱）

有强烈的腐蚀性，能杀死细菌、病毒和芽孢。其 2％～3％水溶液可消毒羊舍和槽具等，并适用于门前消毒池。

3. 来苏儿

杀菌力强，但对芽孢无效。3％～5％的溶液可供羊舍、用具和排泄物的消毒。0.5%～1.0%的浓度内服 200 毫升可治疗羊胃肠炎。

4. 新洁尔灭

为表面活性消毒剂，对许多细菌和霉菌杀伤力强。0.01%～0.05%的溶液用于黏膜和创伤的冲洗，0.1%的溶液用于皮肤、手指和术部消毒。

二、抗生素类药物

1. 青霉素

种类很多，常用的是青霉素钾盐和钠盐，主要对革兰阳性菌有较大的抑制作用，肌内注射可治疗链球菌病、羔羊肺炎气肿疽和炭疽。治疗用量：肌内注射 20 万～80 万单位，每天 2 次，连用 3～5 天。不宜与四环素类、卡那霉素、庆大霉素、磺胺类药物配合使用。

2. 链霉素

主要对革兰阴性菌具有抑制和杀灭作用，对少数革兰阳性菌也有作用，口服可治疗羔羊腹泻，肌内注射可治疗炭疽、乳腺炎、羔羊肺炎及布氏菌病。治疗用量：羔羊口服 0.2～0.5 克，成年羊注射 50 万～100 万单位，每天 2 次，连用 3 天。

3. 阿莫西林注射液

用于革兰氏阳性菌和革兰氏阴性菌感染，如沙门氏菌病、巴氏杆菌病、链球菌病、葡萄球菌病、大肠杆菌病、肺炎、子宫炎、乳腺炎、败血症等。用法及用量为：皮下或肌注，一次量，5～10 毫克/千克体重，1～2 次/天，连用 2～3 天。

4. 头孢噻呋钠注射液

用于治疗细菌性疾病，如大肠杆菌、沙门氏菌感染及子宫内膜炎、乳腺炎、牛羊巴氏杆菌、肺炎等。用法及用量为：肌内注射，一次量，3~5毫克/千克体重，1~2次/天，连用2~3天。

5. 土霉素注射液/片

用于革兰氏阳性菌和革兰氏阴性菌、立克次体、支原体等引起的感染性疾病，如巴氏杆菌病、大肠杆菌病、布氏杆菌病、炭疽、沙门氏菌病等。用法及用量为：肌内注射，一次量，10~20毫克/千克体重；内服，10~25毫克/千克体重，2~3次/天，连用3~5天。

6. 氟苯尼考

氟苯尼考抗菌谱与抗菌活性略优于甲砜霉素，对多种革兰氏阳性菌、革兰氏阴性菌及支原体等有较强的抗菌活性。用法及用量为：肌内注射，一次量，20~30毫克/千克体重，1~2次/天，连用2~3天。

7. 鱼腥草注射液

鱼腥草对各种微生物均有抑制作用，对真菌也有较强的抑制作用，对链球菌、葡萄球菌、肺炎球菌有明显的抑制作用。对大肠杆菌、痢疾杆菌、伤寒杆菌也有作用。用法及用量为：肌内注射，一次量，5~10毫升，1~2次/天，连用2~3天。

8. 庆大霉素

庆大霉素对多种革兰氏阳性菌、革兰氏阴性菌均有抗菌活性。用法及用量为：肌内注射，一次量，2~4毫克/千克体重，2次/天，连用2~3天。

9. 环丙沙星注射液

用于革兰氏阳性菌、革兰氏阴性菌及支原体感染。用法及用量为：肌内注射，一次量，2.5~5毫克/千克体重，2次/天，连用2~3天。

10. 小檗碱注射液/片

用于治疗细菌性肠道感染性疾病。用法及用量为：肌内注射，一次量，0.05～0.1克，2次/天，连用3～5天；内服，0.5～1克，2次/天，连用3～5天。

三、抗寄生虫类药物

1. 硫酸铜

用于防治羊莫尼茨绦虫、捻转胃虫及毛圆线虫。治疗用量：1%硫酸铜溶液内服，3～6月龄30～45毫升/只，成年羊80～100毫升/只。

2. 敌百虫

为广谱杀虫、驱虫药，对多种昆虫及线虫都有作用。外用能杀灭蚊、蝇、蜱、虱及治疗疥癣病，内服能驱除捻转胃虫、毛圆线虫及结节虫等。治疗用量：内服，配成10%～20%溶液，每千克体重0.08～0.10克；外用，治疗疥癣为0.1%～0.5%溶液。另外，还可饮用0.05%溶液驱虫，24%的浓度供大群喷雾。

3. 丙硫咪唑

用于防治胃肠道线虫、肺线虫、肝片吸虫，对所有的消化道线虫的成虫驱除效果最好。治疗用量：内服，每千克体重10～15毫克。

4. 阿苯达唑片

用于线虫病、绦虫病和吸虫病的治疗。内服，一次量，10～15毫克/千克体重。

5. 伊维菌素注射液

用于防治线虫病、螨虫病及其它寄生性昆虫病。皮下注射，一次量，0.2毫克/千克体重。

6. 灭虫丁粉

为广谱抗寄生虫药，具有高效、广谱和安全低毒等优点，对羊各种胃肠线虫、螨、蜱和虱均有很强的驱杀作用。本品为口服药，也可与饲料混合喂给，0.2 克/千克体重可除体内寄生虫，0.3～0.4 克/千克体重可杀灭体外寄生虫。

7. 虫克星粉

用于驱杀体内外线虫、螨、虱、蚤、蝇蛆等，一次用量每千克体重 0.1 克。用于杀灭体外寄生虫时，宜在 7～10 天后再重复给药 1 次。

8. 20% 林丹乳油

对螨、虱、蚤、蜱及吸血昆虫有杀灭作用。临用时加水配制 400～600 倍药液，0.2% 为常用药液浓度，供药溶或全身喷洒。

9. 灭螨灵

为拟除虫菊酯类药，用于羊体外寄生虫的防治。稀释 200 倍液用于药浴，稀释 1500 倍液可局部涂擦。

10. 林胺乳油

含林丹 15%、亚胺硫磷 5%，主要用于防治羊疥癣和棚圈消毒杀灭蚊蝇。用时配成乳液进行药浴、喷淋或局部涂擦，使用药液浓度为 0.2%～0.3%，灭蚊蝇浓度为 0.5%。

四、菌（疫）苗

1. 羊快疫、猝狙（羔羊痢疾）、肠毒血症三联四防灭活疫苗

该疫苗用于预防羊快疫、猝狙（羔羊痢疾）、肠毒血症，免疫持续期 1 年。其用法与用量按照说明书进行，临用时以 20% 胶盐水溶解，充分摇匀后，不论大小羊，均肌内注射或皮下注射 1 毫升（体质差者慎用）。

2. 山羊痘活疫苗

该疫苗用于预防山羊痘、绵羊痘，免疫持续期 1 年。其用法与

用量按照说明书进行，以稀释液稀释，按每只约 0.5 毫升股内侧或尾内侧皮下注射。在已有羊痘病流行的羊群中，对健康羊只可进行紧急接种。

3. 布氏菌活疫苗

该疫苗用于预防山羊、绵羊牛布氏菌病。免疫持续期为 3 年。其适用于口服免疫，也可作肌内注射。怀孕母畜口服不受影响，注射法不能用于孕畜和小尾寒羊。畜群每年免疫 1 次。

4. 乙型脑炎灭活疫苗

用于预防猪、牛、羊、狗等动物的乙型脑炎。1 月龄以上畜种，每头肌内注射 2 毫升。

5. 山羊传染性胸膜肺炎苗

该疫苗用于预防羊传染性胸膜肺炎，大小羊均可使用，免疫期为 1 年。皮下注射或肌内注射，成年羊 5 毫升/只，6 个月以下羔羊 3 毫升/只。

6. 羊链球菌苗

该菌苗用于预防羊败血性链球菌病。免疫期为 1 年。其用法遵照瓶签注明的每头剂量，用生理盐水稀释，6 个月以上的羊一律尾根皮下注射 1 毫升，不得在其他部位注射。

7. 小反刍兽疫疫苗

用于预防羊的小反刍兽疫，免疫期 36 个月。按瓶签注明头份使用，用灭菌生理盐水或疫苗稀释液稀释为每毫升 1 头份，每只羊颈部皮下注射 1 毫升。

8. 口蹄疫疫苗

可以选择多价疫苗，用于预防羊 O 型、A 型、亚洲 I 型口蹄疫感染。

一、给药技术

1. 口服法

（1）**长颈瓶给药法**　当给羊灌服稀药液时，可将药液倒入细口长颈的软瓶或塑料瓶中，抬高羊的嘴巴，给药者右手拿药瓶，左手用食、中二指自羊右口角伸入口内，轻轻压迫舌头，羊口即张开。然后，右手将药瓶口从左口角伸入羊口中，并将左手抽出，待瓶口伸到舌头中段，即抬高瓶底，将药液灌入。

（2）**药板给药法**　此法专用于给羊服用舔剂。给药时，需用竹制或木制的药板，长约30厘米、宽约3厘米、厚约3毫米，表面须光滑没有棱角。给药者站在羊的右侧，左手将开口器放入羊口中，右手持药板，用药板前部刮取药物，从右口角伸入口内到达舌根部，将药板翻转，轻轻按压，并向后抽出，把药抹在舌根部，待羊下咽后，再抹第2次，如此反复进行，直到把药给完。

2. 注射法

注射法是指将灭菌的液体药物用注射器注入羊的体内。常用的注射法有以下几种。

（1）**皮内注射法**　皮内注射法多用于羊痘的预防接种。部位一般在尾巴内面或股内侧。方法是：如在尾下，在保定确实的情况下，以左手向上拉紧尾部，使注射部位皮肤绷紧，右手持注射器，将针头刺入真皮内，然后把药液注入，使局部形成豌豆大的水泡样隆起，拔出针头即可。

（2）**皮下注射法**　皮下注射是把药液用注射器注射到羊的皮肤

和肌肉之间。注射部位是在颈部或股内侧皮肤松弛处。注射时，先把注射部位的毛剪净，涂擦碘酒，用左手捏起注射部位的皮肤，右手持注射器，将针头斜向刺入皮肤，如针头能左右自由活动，回抽无血，即可注入药液。注完后拔出针头，在注射点上涂擦碘酒。如药液较多可分点注射。凡易于溶解的药物、无刺激性的药物及疫苗等，均可进行皮下注射。

（3）**肌内注射法**　肌内注射是将灭菌的药液注入肌肉比较多的部位。羊的注射部位一般是在颈部。注射方法与皮下注射基本相同，不同之处是：注射时以左手拇指、食指呈"八"字形压住所要注射部位的肌肉，右手持注射器针头，向肌肉组织内垂直刺入（对于瘦羊，应斜向刺入，防止伤到骨骼），回抽无血，即可注药。一般刺激性小、吸收缓慢的药液，如青霉素、链霉素等均可采用肌内注射。

（4）**静脉注射**　静脉注射是将已经灭菌的药液直接注射到静脉内，使药液随血液很快分布到全身，迅速产生药效。羊的注射部位是颈静脉的上 1/3 与中 1/3 的交界处。注入方法是先把注射部位消毒后，用左手按压静脉近心端，使其怒张，右手持注射器，将针头向上刺入静脉内，如有血液回流，则表示已插入静脉内，然后用右手推动活塞，将药液注入。药液注射完毕后，左手按住刺入孔，右手拔针，按压一会儿，在注射处涂擦碘酒即可。如药液量较大（如生理盐水、葡萄糖溶液等）以及药物刺激性较大，不宜皮下或肌内注射的药物（如氯化钙等）多采用静脉注射。也可使用静脉输液器，刺入方法同静脉注射。输液时速度不要过快，天冷温度低时，药液应加温后再进行静脉输液。

3. 灌服给药法

本法是向直肠内注入药液，常在直肠炎、大肠便秘时使用此法。方法是：让羊站立保定，先将直肠内的粪便清除，在橡皮管前端涂上凡士林，插入直肠内，用注射器将药液注入肠腔内。药液注完后，拔出橡皮管，用手压住肛门，以防药液流出。注液量一般100～200毫升。灌肠的液体温度应与体温一致。

4. 瘤胃穿刺注药法

瘤胃穿刺注药，常用于瘤胃臌气放气后。为防止胃内容物继续发酵产气，可注入止酵剂及有关药液。有些药液（如四氯化碳、驱虫剂）刺激性强，经口入消化道反应强烈，可采用瘤胃穿刺注药。方法是：如果瘤胃臌气，穿刺部位是在左肷窝中央臌气最高的部位，局部剪毛，用碘酒涂擦消毒，将皮肤稍向上移，然后将套管针或普通针头垂直地或朝右侧肘头方向刺入皮肤及瘤胃内，气体即从针头排出。臌胀严重，应间断放气，气放完后再注入相应的药物；如为泡沫性臌气应先注入适量的消沫剂才能放出气体，然后用左手指压紧皮肤，右手迅速拔出针头，穿刺孔用碘酒涂擦消毒。如注射驱虫剂或其他药物，穿刺部位是在左肷部髋结节与最后肋骨所引水平线的中间，距腰椎横突5～10厘米处。

5. 腹腔穿刺注药法

腹腔穿刺注药法腹腔的容积较大，很多药液可以通过腹膜的吸收作用达到治疗目的。一般用于补充体液与营养物质及腹腔透析，以治疗内脏某些疾病。刺入部位在右肷部。方法是：先剪毛、消毒，取长针头刺入腹腔，针头刺进后能左右活动，再接上带药的注射器或输液器，徐徐将药注入即可。如用大量液体进行透析疗法时，应待药物在腹腔内停留30～60分钟后，于腹底壁脐前5～10厘米处，用长针头穿刺腹腔壁并进入腹腔，排出多余的积液。

6. 气管注药法

气管注药法是将药液直接注入气管内。注射时多采用侧卧保定，且头高臀低，皮肤消毒后将针头穿过气管软骨环之间垂直刺入，摇动针头能自由活动，接上注射器，抽动活塞见有气泡，即可将药液缓缓注入。如欲使药液流入两侧肺中，则应注射两次，第二次注射时，将羊翻转，卧于另一侧。该法使用于治疗气管炎、支气管和肺部疾病，也常用于肺部驱虫，如羊肺丝虫病。

7. 皮肤表层涂药法

皮肤表层涂药法多在羊患有疥癣、螨虫、虱、皮肤湿疹、外伤、口疮等时采用，就是将药物直接涂到病变皮肤表面。如羊患疥癣时将患处用温水洗净，刮去干燥的皮屑，再把相应的药膏涂到患部即可。

二、穿刺技术

穿刺术是对动物体的体腔、器官进行穿刺，以证实其中有无病理产物，并采取其体腔或器官内液体、病理产物或活组织进行检验而诊断疾病的一种方法。

1. 胸腔穿刺术

胸腔穿刺术适用于胸腔积液者，为明确积液的性质或抽出胸腔积液，通过抽气、抽液、胸腔减压治疗单侧或双侧气胸、血胸，缓解由于大量胸腔积液所致的呼吸困难。

在胸廓两侧剪毛、消毒，用 12～20 号穿刺针垂直皮肤刺入胸腔，针头应沿着肋间隙刺入，针头刺入胸腔时有落空感，表明针头已进入胸腔。穿刺者调整好针头位置，可以顺利抽出气体或液体。

2. 腹腔穿刺术

腹腔穿刺术用于诊断胃肠破裂、内脏出血、肠变位、膀胱破裂；利用穿刺液来检查判断是渗出液还是漏出液；经穿刺放出腹水或向腹腔内注入药液治疗某些疾病。

穿刺部剪毛、消毒，用 12～20 号针头垂直皮肤刺入，当针透过皮肤后，应慢慢向腹腔内推进针头，当针头出现阻力骤然减退时，说明针已进入腹腔，腹水经针头流出。用于诊断性穿刺时，当腹水流出后立即用注射器抽吸。穿刺完毕后，拔下针头，用碘酊消毒术部。

3. 瘤胃穿刺术

瘤胃穿刺适用于瘤胃臌气的穿刺放气。穿刺部位是在左肷窝中央臌气最高的部位。方法是：局部剪毛，碘酒消毒，将皮肤稍向上移，然后将套管针或普通针头垂直刺入皮肤及瘤胃壁，气体即从针头排出，然后拔出针头，碘酒消毒即可。必要时可从套管针孔注入防腐剂或消沫药。

4. 肝脏穿刺术

肝脏穿刺术是采取肝组织标本的一种简易手段。由穿刺所得组织块进行组织学检查或制成涂片进行检查，以诊断疾病。主要适应于肝片吸虫的检查。方法是在右侧倒数第 2～3 肋间，距背正中线 6～8 厘米处用穿刺针穿刺取样。

5. 膀胱穿刺术

膀胱穿刺术适用于尿道完全阻塞而发生尿闭时，为防止膀胱破裂或尿中毒，进行膀胱穿刺排出膀胱内的尿液。穿刺部位：在后腹部耻骨前缘，触摸有膨满弹性感。即为穿刺部位。穿刺方法：侧卧保定，并将左右后肢向后牵引，于耻骨前缘触摸膨满波动最明显处，左手压迫，右手持连有橡胶管的针头，向后下方刺入，排出尿液后，碘酒消毒。

三、断角技术

1. 适应症

性情恶劣的羊只常因角斗而造成自身损伤或抵伤其它羊只，甚至引起妊娠母羊的流产，或因角形不正、异常弯曲，或因角异常生长有损伤眼或其他软组织的可能时，均需施行断角术。此外，在角部复杂性骨折的治疗时也需施行断角术。生产中为了便于管理和提高奶产量，也常对羊进行早期断角，建立无角羊群。

2. 手术可分为无血断角术（高位断角术）和有血断角术（低位断角术）

（1）**无血断角术**　断角的位置在最上角轮和角尖之间，因没有伤及角突，不需止血和装角绷带。

（2）**有血断角术**　断角的位置在靠近角根部，麻醉后在预定断角处碘酊消毒，用断角器或锯迅速锯断角的全部组织，为了避免血液或骨屑流入额窦内，可用事先准备好的灭菌纱布压迫角根断端或用手指压迫角基动脉进行止血。骨蜡涂抹对断端有良好的止血作用，另外可用磺胺粉或碘硼合剂撒布灭菌纱布上，再覆盖在角的断面，装置角绷带，起止血和保护作用。角绷带外涂抹松馏油，以防雨水浸湿。

（3）**术后护理**　术后注意绷带松脱，1～2个月后断端角窦腔被新生角质组织充满。若感染引起额窦炎和化脓时，按化脓性窦炎处理。

四、去势技术

1. 适应症

正常的绝育、育肥、改变性情、睾丸炎、睾丸肿瘤、睾丸创作、鞘膜积水等疾病，用其他方法治疗无效时，去势手术成为治疗这些疾病的方法之一。

2. 术式

（1）**阉割法**　先将阉畜固定，阴囊外部用碘酒消毒，成年公羊还应在睾丸根部点状注射普鲁卡因作局部麻醉，然后用消毒好的左手紧握阴囊上方，右手持消毒过的手术刀在阴囊下端与阴囊中隔平行切开切口 3～5 厘米，以能挤出睾丸为宜，切开后把睾丸连同精索拉出，结扎精索上部，切断结扎下端把睾丸摘除。可用同样方法取出第二个睾丸。有经验者在取第二个睾丸时不用另外切口子，只将阴囊皮下纵隔切开便可取出第二个睾丸。睾丸摘除后把剪断的精索上部送入阴囊内，切口对齐，涂上碘酒，撒上消炎粉。第二天检查如阴囊收缩则为阉割顺利；如阴囊肿胀，可挤出其中的血水再撒上消炎粉，一般 5～10 天伤口愈合。

(2) **结扎法** 此法仅适用于羔羊的去势。方法是将睾丸挤在阴囊里，用橡皮筋或细绳紧紧扎在阴囊的上部以断绝血液循环。经半个月左右阴囊和睾丸依次肿胀坏死、萎缩，自然脱落。在去势期间要注意检查，防止结扎部位发炎，必要时可涂碘酒及消炎药品。

(3) **药物去势法** 目前有以下三种药物可作公畜去势用。

① 高浓度碘酒溶液。采用 15% 的碘酒，用于羊的去势。15% 碘酒溶液的配制方法是：取碘化钾 7.5 克，加入蒸馏水 7.5 毫升，待碘化钾溶解于蒸馏水后，加入 15 克碘片，搅拌溶解，再加入 95% 无水酒精至 100 毫升备用。用药剂量也按睾丸长度而定，公畜睾丸长度在 5 厘米以下时，每厘米用药 0.5～1 毫升，睾丸长度为 5～6 厘米时，按每厘米用药 1～1.5 毫升，睾丸长度超过 6 厘米的成年公羊，可按每厘米用 15% 碘酒溶液 2 毫升。

② 7% 高锰酸钾溶液。配制方法是：取 7 克高锰酸钾溶解于 100 毫升蒸馏水中即成。本药液可采用精索注射和睾丸注射两种方法用药。精索注射羊每侧精索内注射 2～4 毫升；睾丸注射药液剂量按睾丸长度每厘米用药 1 毫升。

③ 氯化钙普鲁卡因溶液。药液的配制方法：50 毫升 10% 氯化钙注射液中加 2% 普鲁卡因注射液 10 毫升即成。进行睾丸注射时按睾丸长度每厘米用药 1 毫升。本药液注射时如有不慎而漏于皮下，易引起组织坏死，其使用的局限性较大，用药要特别小心。据试验，凡药液配制得当，药量准确，药液均匀注射于睾丸内，则去势

效果可达 100％。术后家畜精神、食欲大部分正常，睾丸在术后 1～2 天开始肿胀变硬，4 天后肿胀逐渐消退，1.5 个月后雄性机能消退，性欲消失。

3. 术后护理

开放式露睾去势法手术的当天肌内注射破伤风抗血清，注意观察术后出血和腹腔内容物脱出情况，术后有条件的可以用抗生素治疗。非开放式去势法术后无需特殊护理和治疗，可以在术后 1 周内进行牵遛运动，以促进肿胀睾丸的消散与吸收。

第三章

肉羊传染病防控技术

传染性疾病主要是由于病毒、细菌或者衣原体、支原体等入侵羊体后，使其出现发病的状况，严重时可使其死亡。传染性疾病主要分为病毒性传染病和细菌性传染类病。

第一节　肉羊传染病综合防控技术

一、肉羊传染病防疫的基本原则和内容

（一）防疫工作的基本原则

1. 建立、健全各级防疫机构

兽医防疫工作是一项与农业、商业、外贸、卫生、交通等部门都有密切关系的重要工作。只有各部门密切配合，从全局出发，大力合作，统一部署，全面安排，建立、健全各级兽医防疫机构，特别是基层兽医防疫机构，拥有稳定的防疫，检疫、监督队伍和懂业务的高素质技术人员，才能保证兽医防疫措施的贯彻落实，把兽医防疫工作做好。

2. 建立、健全并严格执行兽医法规

兽医法规是做好动物传染病防制工作的法律依据。经济发达国家都十分重视此类法规的制定和实施。改革开放以来，特别是近年来我国政府非常重视法规建设和实施，先后颁布并实施了一系列重要的法规。这些法律法规是我国开展动物传染病防制和研究工作的指导原则和有效依据，认真贯彻实施这些法律法规将能有效地提高我国防疫灭病工作的水平。

3. 贯彻"预防为主"的方针

搞好饲养管理、防疫卫生、预防接种、检疫、隔离、消毒等综合性防疫措施，以提高动物的健康水平和抗病能力，控制和杜绝传染病的传播蔓延，降低发病率和死亡率。实践证明，只要做好平时的预防工作，很多传染病的发生都可以避免；即使发生传染病，也能及时得到控制。随着集约化畜牧业的发展，"预防为主"方针的重要性更加显得突出。在大规模饲养的动物群体中，兽医工作的重点如果不是放在群发病的预防方面，而是忙于治疗个别患病动物，就势必造成发病率不断增加、越治患病动物越多、工作完全陷入被动的局面，这是一种本末倒置的危险做法。

（二）防疫工作的基本内容

动物传染病的流行是由传染源、传播途径和易感动物等 3 个基本环节相互联系、相互作用而产生的复杂过程。因此，采取适当的防疫措施来消除或切断造成流行的 3 个基本环节及其相互联系，就可以阻止疫病发生和传播。在采取防疫措施时，要根据每个传染病在每个流行环节上表现的不同特点，分别轻重缓急，找出针对性强的重点措施，以达到在较短期间内以最少的人力、物力预防和控制传染病的流行。综合性防疫措施可分为平时的预防措施和发生疫病时的扑灭措施两个方面。

1. 平时的预防措施

（1）加强饲养管理，搞好卫生消毒工作，增强动物机体的抗病能力。贯彻自繁自养的原则，减少疫病传播。

（2）拟订和执行定期预防接种和补种计划。

（3）定期杀虫、灭鼠、防鸟，进行粪便无害化处理。

（4）认真贯彻执行国境检疫、交通检疫、市场检疫和屠宰检验等各项工作，以及时发现并消灭传染源。

（5）各地（省、市）兽医机构应调查研究当地疫情分布，组织相邻地区对动物传染病的联防协作，有计划地进行消灭和控制，并防止外来疫病的侵入。

2. 发生疫病时的扑灭措施

（1）及时发现、诊断和上报疫情，并通知邻近单位做好预防工作。

（2）迅速隔离患病动物，污染的地方进行紧急消毒。若发生危害性大的疫病如口蹄疫、高致病性禽流感、炭疽等，应采取封锁等综合性措施。

（3）实行紧急免疫接种，并对患病动物进行及时和合理的治疗。

（4）严格处理死亡动物和被淘汰的患病动物。

二、科学的饲养管理

以圈养为主的羊群，应科学选择场址和建筑羊舍，保持适宜的饲养密度，降低传染病暴发的风险；科学储存和调制草料，防止霉变，如当地花生秧较多，可将其晒干后打捆或制成牧草颗粒存放，应满足全年饲喂需要；科学分群饲养，选用配合饲料饲喂；做好防暑和保暖工作；搞好舍内外环境卫生，保持羊舍、饲槽、羊体、用具等的清洁卫生，做好灭蚊灭鼠工作，不在羊舍内养其他动物，避免由规模化圈养易发生的营养代谢病和传染病等带来的严重威胁。

以放牧为主的羊群，应根据当地自然资源、饲养条件，确定合理的规模，掌握四季放牧要点，做到科学放牧，并做好分群、轮牧，以及对怀孕母羊、哺乳母羊和羔羊的补饲工作，保证营养全面充足，提高机体抗病力。

三、管控环境卫生与消毒

（一）羊场消毒种类

在肉羊生产过程中，场内环境、羊体表面以及饲养设施、器具等随时可能受到病原的污染，从而导致传染病的发生，给生产带来巨大的损失。羊场必须建立严格的消毒制度，按规定经常、定期和随时对羊场环境、羊舍、场地、仓库、用具、车间、设备、工作衣帽、病羊的排泄物与分泌物及污染的饲料进行消毒，消灭老鼠、蚊、蝇，对粪便、污水及时处理。清除外界环境中各种病原微生物的传播，是防疫灭病的关键。常见的羊场消毒主要有经常性消毒、定期消毒、突击性消毒、临时消毒和终末消毒等几种。

1. 经常性消毒

是指在未发生传染病的条件下，为了消灭可能存在的病原体，预防传染病的发生，根据日常管理的需要，随时或经常对羊场环境、有关生产人员及一些设施、车辆等进行的消毒。主要对象是易受病原体污染的器物（如工作服）、设施、出入羊场的人员和车辆等。

如在羊场或生产区大门口设置消毒池，在池内放置消毒剂，对于过往车辆人员进行消毒。在场舍人口处设消毒走廊和紫外线杀菌灯，是经常性消毒最简单易行的办法。生产人员在进入羊舍前必须更换场内专用的服装、鞋帽，并经过消毒后方可进入羊舍。

2. 定期消毒

定期消毒是指为了预防传染病的发生，对有可能存在病原体的场所或设施，如圈舍、栏圈、设备用具等进行定期消毒。如当羊群育肥出栏后，对羊舍及设备、设施进行全面清洗和消毒，以彻底消灭病原微生物。

3. 突击性消毒

突击性消毒是指在某种传染病暴发和流行过程中，为了切断传播途径，防止其进一步蔓延，对羊场环境、设施等进行的紧急性消毒。

所采取的措施主要有以下几种。

（1）封锁羊场，谢绝外来人员和车辆进场，本场人员和车辆出入也须严格消毒。

（2）与患病羊接触过的所有物品，均应用强消毒剂消毒。

（3）尽快焚烧或填埋垫草。

（4）对舍内空间进行气雾消毒。

（5）将舍内设备移出，清洗、暴晒，再用消毒溶液消毒。

（6）墙裙、混凝土地面用4%氢氧化钠或其他清洁剂热水溶液清洗，再用1%的新洁尔灭溶液清洗。

（7）素土地面用1%福尔马林浸润，在严重污染地区，最好将表土铲去10～15厘米。

（8）将羊舍密闭，将设备用具移入舍内，用甲醛气体熏蒸消毒。

4. 临时消毒

在非安全地区的非安全期内，为消灭病羊携带的病原传播所进行的消毒，称为临时消毒。临时消毒所采取的措施有如下几种。

（1）羊舍内的设备装置，搬移至舍外，小件的浸泡消毒，大件的喷洒消毒。

（2）清扫干净屋顶、天棚及墙壁、地面的尘埃，进行喷洒消毒。

（3）墙壁与混凝土地面用3％氢氧化钠或其他清洁剂的热水溶液刷洗，再用新洁尔灭溶液刷洗。

（4）羊舍及其设备清洗消毒后，再用甲醛熏蒸消毒。

5. 终末消毒

发病地区消灭了某种传染病，在解除封锁前，为了彻底消灭病原体而进行的最后消毒，称为终末消毒。终末消毒不仅要对病羊周围一切物品及羊舍进行消毒，而且要对痊愈羊的体表、羊舍和羊场及其环境进行消毒。

（二）消毒方法

1. 物理消毒法

（1）**机械性清除** 在进行消毒前，用清扫、铲刮、洗刷等机械方法清除降尘、污物及沾染在墙壁、地面以及设备上的粪尿、残余饲料、废物、垃圾等。

（2）**日光照射** 日光照射消毒是指将物品置于日光下暴晒，利用太阳光中的紫外线、阳光的灼热和干燥作用使病原微生物灭活的过程。常见的病原被日光照射杀灭的时间，巴氏杆菌为6～8分钟，口蹄疫病毒为1小时，结核杆菌为3～5小时。适用于对羊场、运动场、垫料和可以移出室外的用具等进行消毒。

（3）**辐射消毒** 紫外线照射消毒是用紫外线灯照射杀灭空气中或物体表面的病原微生物的过程。紫外线照射消毒常用于兽医室以及人员进入羊舍前的消毒。

（4）**高温消毒** 高温消毒是利用高温环境破坏细菌、病毒、寄生虫等病原体结构以杀灭病原的过程，主要包括火焰、煮沸和高压蒸汽等消毒形式。火焰消毒常用于畜舍墙壁、地面、笼具、金属设备等表面的消毒。煮沸消毒常用于体积较小而且耐煮的物品如衣物、金属和玻璃等器具的消毒。高压蒸汽消毒常用于医疗器械等物品的消毒。常用的温度为115℃、121℃或126℃，一般需维持20～30分钟。对于受到污染的易燃且无利用价值的垫草、粪便、器具及病死羊等则应焚烧以达到彻底消毒的目的。

2. 化学消毒法

化学消毒法是使用化学消毒剂，通过化学消毒剂的作用破坏病原体的结构以直接杀死病原体或使病原体的增殖发生障碍的过程。化学消毒法比其他消毒方法速度快、效率高，能在数分钟内进入病原体内并杀灭之。化学消毒法是羊场最常用的消毒方法。

① 浸洗法　如接种或打针时，对注射局部用酒精棉球、碘酒擦拭；对一些器械、用具、衣物等进行浸泡。一般应洗涤干净后再行浸泡，药液要浸过物体，浸泡时间应长些，水温应高些。养殖场入口和羊舍入口处消毒槽内，可用浸泡药物的草垫或草袋对人员的靴鞋消毒。

② 喷洒法　喷洒地面、墙壁、舍内固定设备等，可用细眼喷壶；对舍内空间消毒，则用喷雾器。喷洒要全面，药液要喷到物体的各个部位。一般喷洒地面，药液量为2升/平方米；喷墙壁、顶棚，药量为1升/平方米。

③ 熏蒸法　适用于可以密闭的羊舍和其他建筑物。这种方法简便、省事，对房屋结构无损，消毒全面，如羔羊舍、饲料厂库等常用。常用的药物有福尔马林（40%的甲醛水溶液）、过氧乙酸水溶液。为加速蒸发，常利用高锰酸钾的氧化作用。

④ 气雾法　气雾粒子是悬浮在空气中的气体与液体的微粒，直径小于200纳米，相对分子质量极小，能悬浮在空气中较长时间，可到处漂移穿透到羊舍内及空隙中。气雾是消毒液倒进气雾发生器后喷射出的雾状微粒，是消灭气携病原微生物的理想办法。羊

舍的空气消毒和带羊消毒等常用。

3. 生物消毒法

生物消毒法是利用自然界中广泛存在的微生物在氧化分解污物（如垫草、粪便等）中的有机物时所产生的大量热能来杀死病原体。在养殖场中最常用的是粪便和垃圾的堆积发酵，它是利用嗜热细菌繁殖产生的热量杀灭病原微生物。但此法只能杀灭粪便中的非芽孢性病原微生物和寄生虫卵，不适用于芽孢菌及患危险疫病羊的粪便消毒。粪便和土壤中有大量的嗜热菌、噬菌体及其他抗菌物质，嗜热菌可以在高温下发育，其最低温度界限为 35℃，适温为 50～60℃，高温界限为 70～80℃。在堆肥内，开始阶段由于一般嗜热菌的发育使堆肥内的温度高到 30～35℃，此后嗜热菌便发育而将堆肥的温度逐渐提高到 60～75℃，在此温度下大多数病毒及除芽孢以外的病原菌、寄生虫幼虫和虫卵在几天到 3～6 周内死亡。粪便、垫料采用此法比较经济，消毒后不失其作为肥料的价值。生物消毒方法多种多样，在养羊生产中常用的有地面泥封堆肥发酵法、地上台式堆肥发酵法，以及坑式堆肥发酵法等。

四、免疫接种和药物预防

（一）免疫接种

免疫接种是激发羊体产生特异性抵抗力，使其对某种传染病从易感转化为不易感的一种手段。疫苗分为活疫苗和灭活苗两类。凡将特定细菌、病毒等微生物毒力致弱制成的疫苗称活疫苗（弱毒苗），具有产生免疫快、免疫效力好、免疫接种方法多和免疫期长等特点，但存在散毒和造成新疫源及毒力返祖的潜在危险等问题；用物理或化学方法将其灭活的疫苗称为灭活苗，具有安全性好、不存在返祖或返强现象、便于运输和保存、对母源抗体的干扰作用不敏感及适用于多毒株多活菌株制成多价苗等特点，但存在成本高、免疫途径单一、生产周期长等不足。羊场常用的疫苗如下。

(1) 口蹄疫 O、A 型活疫苗　预防口蹄疫。用于 4 个月以上的羊，疫苗注射后 14 天产生免疫力，免疫持续期为 4～6 个月。肌内或皮下注射。4～12 个月 0.5 毫升，12 个月以上 1 毫升。疫苗在−12℃以下保存，不超过 12 个月，2～6℃保存，不超过 5 个月，20～22℃保存，限 7 天内用完。

(2) 口蹄疫 A 型活疫苗　用于预防 A 型口蹄疫。疫苗注射后 14 天产生免疫力，免疫持续期为 4～6 个月。肌内或皮下注射。2～6 个月 0.5 毫升，6 个月以上 1 毫升。−18～−12℃保存，有效期为 24 个月；2～6℃保存，有效期为 3 个月；20～22℃保存，有效期为 5 天。

(3) 口蹄疫 O 型、亚洲Ⅰ型二价灭活疫苗　预防牛羊 O 型、亚洲Ⅰ型口蹄疫，仅接种健康羊。免疫期为 4～6 个月。肌内注射，每只 1 毫升。2～8℃保存，有效期为 12 个月。

(4) 伪狂犬病活疫苗（伪克灵）　用于预防绵羊的伪狂犬病。注射后 6 天，即可产生坚强免疫力，免疫期为 1 年。用法按瓶签注明的头份加 PBS 或特定稀释液稀释，肌内注射。绵羊 4 月龄以上者 1 头份。−15℃以下保存，有效期为 18 个月。

(5) 牛羊伪狂犬病疫苗　预防牛羊伪狂犬病。免疫期山羊暂定半年。均为颈部皮下 1 次注射，山羊 5 毫升。于 2～15℃阴暗干燥处保存，有效期为 2 年；于 24℃下阴暗处保存，有效期暂定为 1 个月。

(6) 兽用乙型脑炎疫苗　专供防止牲畜乙型脑炎用。注射 2 次（间隔 1 年），有效期暂定 2 年。应在乙型脑炎盛行前 1～2 个月注射，皮下或肌内注射 1 毫升。当年的幼羊注射后，第 2 年必须再注射 1 次。应保存在 2～6℃冷暗处，自疫苗收获之日起可保存 2 个月。

（7）**无荚膜炭疽芽孢苗** 预防炭疽，可用于除绵羊外的其他动物。接种动物要健康。绵羊注射于颈部或后腿内侧皮下，1岁以下注射0.5毫升。本品应于2～15℃干燥、凉暗处保存，有效期为2年。

（8）**Ⅱ号炭疽芽孢苗** 预防各种动物的炭疽病。注射14日后产生坚强的免疫力，免疫期为1年，唯山羊为半年。各种动物的皮内注射0.2毫升或皮下注射1毫升（使用浓菌苗时，需用氢氧化铝胶或蒸馏水，按瓶签规定的稀释倍数稀释后使用）。

（9）**布氏杆菌活疫苗** 预防牛、羊布氏杆菌病，免疫持续期3年。皮下注射、滴鼻、气雾法免疫及口服法免疫。山羊和绵羊皮下注射10亿个活菌，滴鼻10亿个活菌，室内气雾10亿个活菌，室外气雾50亿个活菌，口服250亿个活菌。本品冻干苗在0～8℃无保存，有效期为1年。

（10）**布氏杆菌猪型2号活疫苗** 预防牛、羊布氏杆菌病，免疫持续期，羊为3年。本疫苗最适于作口服免疫，亦可作肌内注射。口服对怀孕母畜不产生影响，羊群每年服苗一次，持续数年不会造成血清学反应长期不消失的现象；口服免疫，山羊和绵羊不论年龄大小，每只一律口服100亿个活菌；注射免疫，皮下或肌内注射均可，山羊每头注射25亿活菌，绵羊50亿个活菌，间隔1个月。本品冻干苗在0～8℃保存，有效期为1年。

（11）**布氏杆菌病活疫苗（M5株）** 预防牛、羊布氏杆菌病，免疫期为3年。可采用皮下注射、滴鼻免疫，也可口服免疫。山羊和绵羊皮下注射10亿个活菌、滴鼻10亿个活菌、口服250亿个活菌。在2～8℃保存，有效期1年。

（12）**气肿疽明矾菌苗** 预防牛、羊、鹿等动物的气肿疽，接种的动物要健康。注射14日后产生可靠的免疫力，免疫期约为6个月。不论年龄大小，羊皮下注射1毫升。于0～15℃凉暗干燥处保存，有效期为2年；室温下保存，有效期为14个月。

（13）**山羊痘活疫苗**　预防山羊痘及绵羊痘。尾根内侧或股内侧皮内注射。按瓶签注明头份，用生理盐水（或注射用水）稀释为每头份0.5毫升，不论羊只大小，每只0.5毫升。2～8℃保存，有效期为18个月；－15℃保存，有效期为24个月。

（14）**山羊痘细胞化弱毒冻干疫苗**　预防山羊痘。注射4天后产生免疫力，免疫期可持续1年以上。本疫苗适用于不同品种、年龄的山羊。对怀孕山羊、羊痘流行羊群中的未发痘羊，皆可（紧急）接种。用生理盐水50倍稀释（原苗1毫升为100头份），于尾内侧或股内侧皮内注射。不论羊只大小，一律0.5毫升。在－15℃以下冷冻保存，有效期为2年；0～4℃低温保存，有效期为1年半；于8～15℃冷暗干燥处保存，有效期为10个月；于16～25℃室温保存，有效期为2个月。

（15）**羊败血性链球菌病弱毒苗**　预防羊败血性链球菌病。注射后14～21天产生可靠的免疫力，免疫期为1年。可用注射法或气雾法接种免疫。注射法：按瓶签标示的头份剂量，用生理盐水稀释，使每头份（50万～100万个活菌）为1毫升，于绵羊尾根皮下注射。成年羊1毫升，0.5～2岁羊剂量减半。气雾法：用蒸馏水后，于室内或室外避风处喷雾；室外喷雾，每只羊暂定3亿个活菌；室内喷雾，每只羊3000万个活菌，每平方米面积用苗4头份。

（16）**羊败血性链球菌病灭活疫苗**　预防绵羊和山羊败血性链球菌病，免疫期为6个月。皮下注射，不论年龄大小，每只羊均接种5毫升。2～8℃保存，有效期为18个月。

（17）**羔羊痢疾氢氧化铝菌苗**　专给怀孕母羊注射，预防羔羊痢疾。于注射后10天产生可靠的免疫力。初生羔羊吸吮免疫母羊的乳汁而获得被动免疫。共注射2次。第1次在产前20～30日，于左股内侧皮下（或肌内）注射2毫升；第2次在产前10～20日，于右股内侧皮下（或肌内）注射3毫升。于2～15℃冷暗干燥处保存，有效期为1年半。

（18）**山羊传染性胸膜肺炎灭活疫苗** 预防山羊传染性胸膜肺炎。皮下或肌内注射。成年羊每只5毫升；6月龄以下羔羊，每只3毫升；免疫期为12个月。2～8℃保存，有效期为18个月。

（19）**传染性脓疱性皮炎活疫苗（HCE 或 GO-BT 弱毒株）** 预防羊传染性脓疱皮炎。注射疫苗后21天产生免疫力。免疫期，HCE苗为3个月，GO-BT苗为5个月。按注明的头份，HCE苗在下唇黏膜划痕免疫，GO-BT苗在口唇黏膜内注射0.2毫升，流行本病羊群股内侧划痕0.2毫升。保存期：－20～－10℃下保存，有效期为10个月，0～4℃下保存，有效期为5个月，10～25℃下保存，有效期为2个月。

（20）**羊快疫、羊猝狙（或羔羊痢疾）、羊肠毒血症三联灭活疫苗** 预防羊快疫、羊猝狙、羊肠毒血症。预防快疫、羔羊痢疾、猝狙免疫期为12个月；预防肠毒血症免疫期为6个月。肌内或皮下注射。不论羊只年龄大小，每只5.0毫升。2～8℃保存，有效期为24个月。

（21）**羊梭菌病多联干粉灭活疫苗** 预防绵羊或山羊羔羊痢疾、羊快疫、羊猝狙、羊肠毒血症、羊黑疫、羊肉毒梭菌中毒症和破伤风。免疫期为12个月。肌内或皮下注射，按瓶签注明头份，临用时以20%氢氧化铝胶生理盐水溶液溶解，充分摇匀后，不论羊只年龄大小，每只均接种1毫升。2～8℃保存，有效期为60个月。

（22）**羊厌气菌病五联灭活菌苗** 预防羊快疫、羔羊痢疾、羊猝狙、羊肠毒血症和羊黑疫。注射后14日产生可靠的免疫力，免疫期为1年。不论羊只年龄大小，均皮下或肌内注射5毫升。于2～15℃冷暗干燥处保存，有效期暂定为1年半。

（23）**羊流产衣原体灭活疫苗** 预防山羊和绵羊由衣原体引起的流产。绵羊免疫期为2年，山羊免疫期暂定为7个月。每只羊皮下注射3毫升。在4～10℃冷暗处保存，有效期为1年。

（二）药物预防

药物预防通常是指在饲料或饮水中加入某种药物，饲喂给健康羊群，从而预防某些疾病的发生，特别是一些细菌性传染病和寄生虫病。药物预防需要合理使用药物，长期在饲料中添加抗菌药物可导致耐药菌株的产生、肠道内菌群失调以及药物残留等问题。

由于动物疫病种类繁多，病原体特性千差万别，所以还有不少疫病尚无疫（菌）苗可资利用，或虽有疫（菌）苗但预防效果不佳。因此，防制这些疫病除了加强饲养管理、搞好检疫淘汰、环境卫生和消毒工作外，应用群体药物防制也是一项重要措施和一条有效途径。实践证明，在具备一定条件时，对某些疫病采用此种方法可以收到显著效果。常用的药物有磺胺类药物、抗生素和硝基呋喃类药。除了青霉素、链霉素外，大多是混于饮水或拌入饲料中口服。

但长期使用药物特别是抗生素类药物预防，容易产生耐药菌株，影响防制效果。并可能给人类健康带来严重危害，因为一旦产生耐药性菌株，如有机会感染人类，则会贻误治疗。因此需要经常不断研发、更换新的敏感药物。长期使用抗菌药物还可能引起动物体内正常菌群失调，诱发条件性疾病。药物防制有可能造成药物中毒和药物在动物性产品中的残留，尤其是在长期或过量使用的情况下此类问题更为突出。因此，要经常进行药敏试验，选择最有效的药物用于防治。

五、加强检疫

检疫是采用各种诊断方法，对羊及其产品进行疫病检查，并采取相应措施防止疫病的发生和传播。严格执行检疫制度，定期对羊群进行检疫，是杜绝大的疫情发生和防止疫病扩散的关键措施。

羊的检疫制度需要完善，羊从生产到销售，要进行出入场检疫、收购检疫、运输检疫以及屠宰检疫等，只有检疫合格，才可以进入下一个环节。对于规模羊场而言，出入场检疫是最基本也是最主要的检疫环节，必须要认真做好出入场检疫。引进羊只及其他相关产品时，必须确认产区没有疫情发生，即为非疫区，调购山羊饲草饲料等亦必须从安全区购入，以防将疫病带入羊群。引进山羊时，必须要有产地兽医部门出具的检疫证明，入场前，还必须由当地权威兽医进行检疫并需隔离观察45天以上，确信无致病性病原体存在后，方可准其进入牧场或混群。而且在混群前须对引进羊进行严格消毒、驱虫和疫苗补种。

六、隔离、封锁

（一）隔离

将不同健康状态的动物严格分离、隔开，完全、彻底切断其间的来往接触，以防疫病的传播、蔓延即为隔离。隔离是为了控制传染源，是防制传染病的重要措施之一。隔离有两种情况，一种是正常情况下对新引进动物的隔离，其目的是观察这些动物是否健康，以防把感染动物引入新的地区或动物群体，造成疫病传播和流行。另一种是在发生传染病时实施的隔离，是将患病动物和可疑感染的患病动物隔离开，防止动物继续受到传染，以便将疫情控制在最小范围内就地扑灭。为此，在传染病流行时，应首先查明疫病在动物群体中蔓延的程度，逐头检查临诊症状，必要时进行血清学和变态反应检查。根据诊断结果，可将全部受检动物分为患病羊、可疑感染羊和假定健康羊等三类，以便分别对待。

1. 患病羊

包括有典型症状、类似症状或其他特殊检查阳性的羊只。它们是危险性最大的传染源，应选择不易散播病原体、消毒处理方便的场所或房舍进行隔离。如患病羊数目较多，可集中隔离在原来的畜舍里。特别注意严密消毒，加强卫生和护理工作，必须有专人看管和及时进行治疗。隔离场所禁止闲杂人员和羊出入和接近。工作人员出入应遵守消毒制度。隔离区内的用具、饲料、粪便等，未经彻底消毒处理，不得运出。没有治疗价值的羊只，由兽医根据国家有关规定进行严密处理。隔离观察时间的长短，应根据该种传染病患病羊带、排菌（毒）的时间长短而定。

2. 可疑感染羊

未发现任何症状，但与患病羊及其污染的环境有过明显的接触，如同群、同圈、同槽、同牧，使用共同的水源、用具等。这类羊有可能处在潜伏期，并有排菌（毒）的危险，应在消毒后另选地方将其隔离、看管，限制其活动，详加观察，出现症状的则按患病羊处理。有条件时应立即进行紧急免疫接种或预防性治疗。隔离观察时间的长短，根据该种传染病的潜伏期长短而定，经一定时间不发病者，可取消其限制。

3. 假定健康羊

除上述两类羊外，疫区内其他易感动物都属于假定健康羊。此类羊应与上述两类严格隔离饲养，加强防疫消毒和相应的保护措施，立即进行紧急免疫接种，必要时可根据实际情况分散喂养或转移至偏僻牧地。

（二）封锁

当暴发某些重要传染病时，除严格隔离患病动物之外，还应采取划区封锁的措施。所谓封锁就是切断或限制疫区与周围地区的一切自由的日常交通、交流或来往，它是为了防止疫病扩散以及安全区健康动物的误入而对疫区或其动物群采取划区隔离、扑杀、销毁、消毒和紧急免疫接种等的强制性措施。目的是保护更大地区动物群体的安全和人民的健康，把疫病控制在封锁区之内，发动群众集中力量就地扑灭。

封锁区的划分，必须根据该病的流行规律进行，对当时疫情流行的情况和当地的具体条件充分研究，确定疫区和受威胁区。执行封锁时应掌握"早、快、严、小"的原则，即执行封锁应在流行早期，行动果断、快速，封锁严密，范围尽可能小。

发病疫点应该严禁人、动物、车辆出入和动物产品及可能污染的物品运出。在特殊情况下人员必须出入时，需经有关兽医人员许可，经严格消毒后出入。对病死动物及其同群动物，县级以上农牧部门有权采取扑杀、销毁或无害化处理等措施。疫点出入口必须有消毒设施，疫点内用具、圈舍、场地必须进行严格消毒，疫点内的动物粪便、垫草、受污染的草料必须在兽医人员监督指导下进行无害化处理。

疫区交通要道必须建立临时性检疫消毒关卡，备有专人和消毒设备，监视动物及其产品移动，对出入人员、车辆进行消毒。停止集市贸易和疫区内动物及其产品的采购。未污染的动物产品必须运出疫区时，需经县级以上农牧部门批准，在兽医防疫人员监督指导下，经外包装消毒后运出。非疫点的羊，必须进行检疫或预防注射，农村城镇饲养羊必须在指定地区放牧。

疫区周围地区为受威胁区，其范围应根据疾病的性质、疫区周围的山川、河流、草场；交通等具体情况而定。受威胁区应采取如下主要措施：①对受威胁区内的易感动物应及时进行预防接种，以建立免疫带。②管好本区易感动物，禁止出入疫区，并避免利用疫区水源。③禁止从封锁区购买牲畜、草料和动物产品，如从解除封锁后不久的地区买进牲畜或其产品，应注意隔离观察，必要时对畜产品进行无害处理。④对设在本区的屠宰场，加工厂、动物产品仓库进行兽医卫生监督，拒绝接受来自疫区的活动物及其产品。

疫区内最后一头患病动物扑杀或痊愈后，经过该病一个潜伏期以上的检测、观察未再出现患病动物时，经彻底清扫和终末消毒，由县级以上农牧部门检查合格后，经原发布封锁令的政府发布解除封锁令，并通报毗邻地区和有关部门。疫区解除封锁后，病愈动物需根据其带毒时间，控制在原疫区范围内活动，不能将它们调到安全区去。

七、传染病的治疗

（一）动物传染病治疗的原则

1. 治疗和预防相结合

传染病不同于其他疾病，必须在严格隔离条件下进行治疗，同时还要做好消毒及其他防疫工作，以控制其蔓延，达到防治结合的目的。

2. 早期治疗与阶段性治疗相结合

由于传染病具有传染性，在一定的条件下能引起流行，早期治疗对消灭传染来源和阻止其流行意义甚大，而治疗本身也是整个防制措施中的一个重要环节。若传染病的诊断在潜伏期或前驱期就能确立，不仅能早期治疗，并能更好地贯彻"防重于治"的原则。

3. 病因治疗与对症治疗相结合

病原体是引起传染病的最基本原因之一，消灭已侵入机体的病原体是治疗措施中最为有效的一环。通过病因治疗（或称特效治疗）往往能达到根治的目的。随着各种抗生素和化学制剂不断改进与发明，传染病的病因疗法的应用范围日益扩大，疗效也日益提高，对传染病的消灭亦起很大作用。对症治疗有时较病因治疗更为迫切，通常所谓"急则治标，缓则治本"，说明了在具体情况下如何正确对症治疗和病因治疗的意义。

4. 综合治疗与个别治疗相结合

机体在病情发展中的反应是多种多样的，并且变化多端，还可互为因果。因此，在具体措施中必须针对主要矛盾，但也不能放松次要矛盾，相应地采取合理的综合措施，方能加速机体机能的好转，有利于健康的恢复。因病与病畜并不等同，须在加强饲养管理的基础上，使病畜保护性的生理机能发挥作用，促使治愈。

（二）传染病的一般治疗方法

（1）**特异疗法**　指应用高度免疫血清、噬菌体等特异性的生物制剂所进行的治疗。这种疗法的特异性很高，如抗破伤风血清对治疗破伤风具有特效。

（2）**抗生素疗法**　须按传染病的性质选择使用，如革兰氏阳性细菌引起的炭疽、猪丹毒等，可用青霉素，革兰氏阴性细菌引起的大肠杆菌病、沙门氏杆菌病等，可用链霉素和氯霉素治疗，但应正确使用。多初始剂量宜大，以便消灭病原体，以后可按病情酌减用量。疗程则根据传染病的种类和病畜的具体情况决定。

（3）**化学疗法**　是用化学药物消灭动物体内病原体的治疗方法。常用有抗菌范围很广的磺胺类药物、抗菌增效剂和呋喃类药物，以及治疗马、牛、羊传染性胸膜肺炎的"九一四"，治疗结核的异烟肼（雷米封）、对氨基水杨酸钠等。

（4）**对症疗法**　系按症状性质选择用药的疗法，是减缓或消除某些严重症状，调节和恢复机体的生理机能而进行的一种疗法。如体温升高时，则用氨基比林或安乃近解热，伴发心脏衰弱时，则用樟脑、咖啡因或洋地黄强心，咳嗽时则用氯化铵或远志祛痰止咳等。

（5）**护理疗法**　对病畜加强护理，改善饲养，多给可口新鲜、柔软、易消化的饲料。若动物无法自食，则用胃管灌服米汤、稀粥等流动性食物，以免动物因饥饿和缺水而死亡。此疗法对疾病的转归影响很大，不可忽视。

(6) **中兽医疗法**　如用承气汤、白头翁汤、乌梅汤等治疗羔羊痢疾，用白龙散治疗仔猪白痢，用千金散配合其他方法治疗破伤风等，都有较好的疗效。

八、病死羊的处理

病羊尸体含有较多的病原微生物，也容易分解腐败，散发恶臭，污染环境。特别是发生传染病的病死羊的尸体，处理不善，其病原微生物会污染大气、水源和土壤，造成疾病的传播与蔓延。因此，必须及时无害化处理病死羊尸体，坚决不能食用，更不能图一己私利而出售。

2017 年由农业部印发了《病死和病害动物无害化处理技术规范》，明确了具体的处理类型，并针对每一种类型的无害化处理都明确了操作规范。具体的方法如下：

(一) 焚烧法

即在特定的容器中，进行氧化反应或热解反应。这种方法可以较为彻底地杀灭病原微生物，而且处置的速度较快，但运行成本高，且不利于环保。

(二) 化制法

在特定的高压容器中注入高温饱和蒸汽开展无害化处理，这种方法操作简单、成本低，处理效果也比较好，但是会产生废水和废气，污染环境。

(三) 高温法

在封闭系统内利用高温进行处理，这种方法操作胜在简单，且不需要压力容器，但是存在处理后动物残渣的遗留问题，影响处理效果。

（四）深埋法

是指在深埋坑中撒上生石灰或者漂白粉，再将要处理的动物投入深埋坑中并覆盖、消毒的方法。这种方法比较经济便捷，作用较好，但可能对地下水资源造成污染，也可能导致人或动物的二次污染。

（五）硫酸分解法

指设置一定条件后运用强酸进行分解。但强酸属于国家危险化学品，必须按照有关规定进行管理和执行操作。

目前应用较多的是深埋法，常见操作如下：病死羊及病死羊的粪便、垫料在兽医的监督下销毁或深埋，然后彻底消毒处理。对危险较大的传染病的病羊尸体应采用焚烧炉焚毁。进行填埋时，在每次投入尸体后应覆盖一层厚度大于 10 厘米的熟石灰，填满后须用黏土填埋、压实并封口。或者选择干燥、地势较高，距离住宅、道路、水井、河流及羊场或牧场较远的指定地点，挖深坑掩埋尸体，尸体上覆盖一层石灰，深度应在 2 米以上。

第二节　肉羊常发的病毒性传染病

一、小反刍兽疫

小反刍兽疫是由小反刍兽疫病毒引起山羊、绵羊等小反刍兽的一种急性、热性、接触性传染病，又称羊瘟，也有人称之为假性牛瘟或肺肠炎等，其中以山羊最为易感。小反刍兽疫被 OIE 规定为法定报告动物传染病，我国农业部制定的《法定动物疫病病种名录》中也将该病列为Ⅰ类动物疫病。该病主要引起小反刍动物的发热、口腔坏死性内膜炎、肺炎和肠炎，具有较高的发病率和死亡率。严重暴发时其发病率和致死率分别能达到 100% 和 90%，如果伴发其他疾病如山羊痘，死亡率也可高达 100%。此外，小反刍兽疫具有经空气传播的特性，且其易感动物是小反刍动物，尤其是野生小反刍动物不受国界限制，很容易造成全球性蔓延。

1. 病原

小反刍兽疫病毒与牛瘟病毒、麻疹病毒和犬瘟热病毒等病毒均为副黏病毒科、麻疹病毒属成员，其基因组为单股、负链、不分节段的 RNA 病毒，共编码核衣壳蛋白（N）、磷蛋白（P）、膜基质蛋白（M）、融合蛋白（F）、血凝素蛋白（H）和大蛋白（L）六种结构蛋白和 C 蛋白、V 蛋白两种非结构蛋白。

2. 流行病学

1942 年在非洲西部象牙海岸的科特迪瓦首次发现小反刍兽疫病例，以后在大多数非洲国家广泛流行。1984 年在苏丹发现该病，随后蔓延到中东、伊朗、南亚次大陆和土耳其；至 1987 年，在亚洲的印度南部出现，之后又在我国周边的一些国家包括老挝、孟加拉国、印度和尼泊尔等暴发疫情，对我国周边地区造成严重威胁。1987 年在野生小反刍兽体内也发现疫情，之后又在骆驼、水牛等动物体内检测到小反刍兽疫病毒的存在。频繁的动物贸易，加之野生小反刍动物的活动范围不受国界限制，该病最终突破了自然地理屏障—喜马拉雅山脉，2007 年 7 月，在我国西藏自治区日土县发生小反刍兽疫，在 2014 年国内又再次暴发。

小反刍兽疫病毒易感动物主要是绵羊和山羊等小反刍动物，通常山羊最为易感，绵羊偶见严重病例。一些野生偶蹄动物，如骆驼、南非大羚羊、努比亚野山羊、美洲白色长尾鹿等也可感染，也有报道猪、牛感染后，表现亚临床症状或无症状，牛能够产生抗体，猪不带毒也不排毒。

小反刍兽疫的传播方式以直接接触为主，也可通过间接接触传播。病畜的分泌物和排泄物中都含有病毒粒子，可作为传染源。当病畜咳嗽或打喷嚏时，其分泌物中的病毒粒子被排放到空气中，空气中的病毒粒子被其他健康动物吸入，引起感染，此即飞沫传播；此外，被病畜排泄物污染的饲料、饮水以及垫料等也是重要的传播媒介。感染小反刍兽疫病毒后，动物精液或胚胎中可检测到小反刍兽疫病毒粒子的存在，推测还可能通过交配或胚胎移植等进行传播。

3. 临床特征与病理变化

小反刍兽疫病毒感染后，潜伏期通常 4～5 天，长的可达 21 天。病畜体温升高，最高时可达 42℃，出现精神沉郁、食欲减退等普通症状。之后，病畜口腔溃疡甚至出现糜烂，继而发生坏死呈干酪样，眼结膜潮红，齿龈充血，口鼻出现脓性分泌物。后期开始出现腹泻症状，严重时呈水样血便，并伴有难闻的恶臭气味。发病率通常为 100%，严重感染时死亡率可高达 100%，温和感染时死亡率较低，一般低于 50%。剖检可见病畜脾脏坏死、淋巴结肿大、尖叶肺炎等症状，在病畜肺尖叶或心叶末端，可观察到肺炎灶或支气管肺炎灶，大肠，特别在盲肠、结肠结合处，呈特征性线状出血或斑马样条纹。

4. 诊断

由于设施条件、技术水平、兽医服务和疫苗防疫等存在地区差异，因此各地对 PPRV 的检测、预防和控制的方法也各不同。小反刍兽疫病毒抗体的检测一般是通过 ELISA 技术，OIE 推荐使用的是针对 H 蛋白的竞争性 ELISA（cH-ELISA）和病毒中和试验。另外，还有其他一些检测方法，如针对 N 蛋白的 cN-ELISA、免疫过滤法、血凝试验、乳胶凝集试验。小反刍兽疫病毒抗原的检测也有多种不同的方法，包括免疫捕获 ELISA、对流免疫电泳法以及琼脂扩散试验。

免疫荧光和免疫组化可用于尸检样本中病毒的检测，如结膜涂片和组织样本。用细胞进行病毒的分离也是一种不错的方法，主要使用猕猴淋巴母细胞（B95a），羔羊肾脏原代细胞和非洲绿猴肾脏（Vero）细胞也可以用于病毒的分离。分子生物学检测方法中，针对 PPRV 的实时定量 RT-PCR 分析和环介导等温扩增技术已经有取代标准 RT-PCR 的趋势。为了对一个新的病毒分离株进行序列分析和随后的进化特征分析，必须获得标准 PT-PCR 产物。在成为 OIE 认可的 PPRV 检测方法之前，必须对这些诊断技术进行广泛的验证。

5. 防制

目前尚无有效的方法治疗小反刍兽疫。首次发生小反刍兽疫的国家和地区，通常立即封锁隔离，并建立疫区隔离带，扑杀深埋已感染动物及同群动物，之后对疫点进行彻底消毒处理，之后对小反刍兽疫流行地区进行免疫接种是控制该病最有效的途径。目前我国主要使用 PPR Nigeria 75/1 疫苗株制造的疫苗进行免疫接种。

二、羊痘

羊痘是由羊痘病毒引起羊的一种急性、热性、接触性传染病，是家畜中发生最严重的一种痘病。具有典型的病程，一般初为红疹、丘疹，后变为水疱、脓疱，最后干结成痂，脱落而痊愈。在绵羊及山羊都可发生，绵羊易感性比山羊大，但绵羊痘和山羊痘互不感染。绵羊痘对羔羊及细毛羊的易感性强。本病因病羊或带毒羊与健康羊接触而被感染，污染的饲料、饮水、用具等也是传染源，呼吸道和损伤的皮肤黏膜是感染的途径。本病全年均可发生，但以春秋两季比较多发。

1. 病原

病原为痘病毒科的羊痘病毒。病毒主要存在于病羊皮肤与黏膜的丘疹、脓疱以及痂皮内，病羊鼻分泌物、发热期血液内也有病毒存在。本病毒对直射阳光、酸、碱和大多数常用消毒药（酒精、红汞、碘酒、来苏尔、福尔马林、苯酚等）均较敏感，对醚和氯仿也较为敏感。该病毒耐干燥，在干燥的痂皮内能成活数月至数年，在干燥羊舍内可存活 6～8 月。

2. 流行病学

自然条件下，绵羊及山羊都可发生，绵羊易感性比山羊大，但绵羊痘和山羊痘互不感染。病羊和带毒羊为主要传染源，本病主要通过呼吸道传染，水泡液和痂皮易与飞尘或饲料相混而吸入呼吸道。病毒也可通过损伤的皮肤或黏膜侵入机体。饲养人员、用具、毛、皮、饲料、垫草等，都可成为间接传染的媒介，试验证明通过昆虫的叮咬也可传播山羊痘，本病主要在冬末春初流行。羔羊发病，死亡率高，妊娠母羊可发生流产，故产羔季节流行，可导致很大损失。气候严寒、雨雪、霜冻、枯草季节、饲养管理不良等因素都可促进发病和加重病情。

3. 临床表现与特征

潜伏期 2～12 天，平均 6～8 天。发痘前，可见个别病羊体温升高到 41～42℃，食欲减少，结膜潮红，从鼻孔流出黏性或脓性鼻漏，呼吸和脉搏增快，约经 1～4 天后开始发痘，以后逐渐蔓延至全群。痘疹多发生于皮肤、黏膜无毛或少毛部位，如眼周围、唇（图 3-1）、鼻、颊、四肢和尾的内面、阴唇、乳房、阴囊（图 3-2）以及包皮上。开始为红斑，经 1～2 天形成丘疹，突出于皮肤表面，坚实而苍白。随后，丘疹逐渐扩大，变为灰白色或淡红色半球状隆起的结节。结节在 2～3 天内变为水疱。在此期内，体温稍有下降。由于白细胞的渗入，水疱变为脓性，不透明，成为脓疱。化脓期间体温再度升高。如无继发感染，则几日内脓疱干缩成为褐色痂块，脱落后遗留微红色或苍白色的瘢痕，经3～4周痊愈。

图3-1　唇部、齿龈部及硬腭部可见大片损失
（引自丁伯良等《羊病诊断与防治图谱》）

图3-2　阴囊、会阴部出现痘疹
（引自丁伯良等《羊病诊断与防治图谱》）

在羊痘流行中，由于个体的差异，有的病羊呈现非典型经过，如在形成丘疹后，不再出现其他各期变化；有的病羊经过很严重，痘疹密集，互相融合连成一片，由于化脓菌侵入，皮肤发生坏死或坏疽，形成较深的溃疡，发出恶臭，全身病状严重；甚至有的病羊，在痘疹聚集的部位或呼吸道和消化道发生出血。这些重病例多死亡，病死率可达25%～50%，尸体前胃和第四胃黏膜往往有大小不等的圆形或半球形坚实结节，单个或融合存在，严重者形成糜烂或溃疡。咽喉部、支气管黏膜也常有痘疹，肺部则见黑色痘疹、干酪样结节以及卡他性肺炎区（图3-3）。一般典型病程需3～4周，冬季较春季为长。如有并发肺炎（羔羊较多）、胃肠炎、败血症等时，病程可延长或早期死亡。

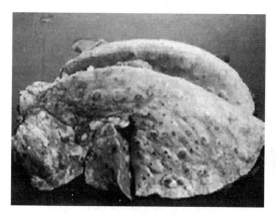

图 3-3　肺部可见暗黑色痘疹
（引自丁伯良等《羊病诊断与防治图谱》）

4. 临床诊断

根据流行病学，典型病程和特异皮肤病灶做出诊断。对非典型病例，可结合羊群不同个体发病情况做出诊断。如有怀疑，可将损害的痂皮或活检组织放在电镜下观察，如发现病毒包涵体，则诊断是无疑的。

与羊传染性脓疱的鉴别：又称羊口疮，是绵羊和山羊的一种由口疮病毒引起的传染病，全身症状不明显，病羊一般无体温反应，其特征为唇部及口腔（蹄型和外阴型病例少见）部位皮肤和黏膜形成丘疹、脓包、溃疡和结成疣状厚痂，很少波及躯体部皮肤，痂垢下肉芽组织增生明显。

与螨病的鉴别：螨病的痂皮多为黄色麸皮样，而痘疹的痂皮则呈黑褐色且坚硬。此外，从疥癣皮肤患处以及痂皮内可检出螨。

5. 防制

(1) **预防**　冬春季节要适当补饲，做好防寒过冬工作。在羊痘常发地区，每年定期预防注射。羊痘鸡胚化弱毒疫苗，大小羊一律尾内或股内侧皮内注射 0.5 毫升，山羊皮下注射 2 毫升。

(2) **治疗**　当羊发生羊痘时，立即将病羊隔离，将羊圈及用具等进行消毒。对尚未发病的羊群，用羊痘鸡胚化弱毒苗进行紧急注射。

本病无特效治疗药物。主要以预防为主，对症治疗为辅，特别应注意控制继发感染。皮肤上的痘疮可涂碘酒或紫药水，如水泡或脓泡破裂，先用 3％石炭酸洗涤，再涂紫药水；对黏膜上的病灶先用 0.1％高锰酸钾洗涤，然后涂紫药水。对细毛羊、羔羊为防止继发感染，可以肌注青霉素 80 万～160 万单位，每天 1～2 次；或用 10％磺胺嘧啶 10～20 毫升，肌注 1～3 次。

三、蓝舌病

蓝舌病是由蓝舌病病毒（BTV）引起、媒介昆虫（如库蠓等）传播的一种反当类动物急热性疾病。蓝舌病病毒属于呼肠孤病毒科、环状病毒属病毒，其血清型众多，目前已确认存在 26 个血清型，主要感染动物为绵羊，牛、山羊等次之，骆驼和许多野生反刍动物（如鹿和铃羊等）也感染此病。该病被世界动物卫生组织

（OIE）列为法定通报性疾病，在我国被列为一类动物疫病。该病是阻碍反刍动物国际贸易和生产的重大疫病，平均每年在全世界造成超过 30 亿美元的经济损失。

1. 病原

蓝舌病病毒属于呼肠孤病毒科环状病毒属成员。蓝舌病病毒粒子呈二十面体对称，无囊膜，直径为 70～80 纳米，核酸由 10 个节段的双股 RNA 组成。蓝舌病病毒血清型众多，到目前为止，已经确认在全世界有 26 个血清型，不同血清型之间缺乏交叉免疫保护作用。我国于 1979 年在云南首先发现并分离出 BTV 以来，目前已经分离鉴定出 7 个血清型的 BTV，分别是 1、2、3、4、12、15 和 16 型。

2. 流行病学

所有反刍动物都可以感染 BTV，其中绵羊的临床症状表现最为明显。牛由于其病毒血症的时间较长，在通常情况下牛感染 BTV 只表现出亚临床症状，不过 2006 年在欧洲暴发的由 BTV-8 引起的蓝舌病疫情中，牛感染 BTV 后也表现出明显的临床症状。山羊、路蛇、鹿以及一些野生反刍动物也可感染 BTV，并可长期带毒，在蓝舌病流行的间歇期内充当着病毒储藏宿主的角色。

蓝舌病主要是通过库蠓属的蠓类传播的，在所有的大约 1300 多种库蠓中，只有约 30 种库蠓是 BTV 的传播媒介。除库蠓外，某些节肢类动物也可起到传播媒介的作用，有研究人员曾经从蜱和蚊子中也分离到 BTV。BTV 可以通过胎盘屏障进行传播，在牛、绵羊以及犬类动物都有相关的研究报道。公牛在感染 BTV 并出现病毒血症时，如果精液中含有红细胞，BTV 则可以通过公牛精液进行传播。最近的研究显示，BTV 也可以通过初乳感染新生牛，目前尚无足够的证据表明 BTV 可以经过库蠓虫卵进行垂直传播。

蓝舌病主要分布在全世界的温带和热带的大部分地区，通常情况下 BTV 的分布范围在北纬 40°至南纬 35°之间，这刚好与传播

BTV 的某些特殊种类的库蠓分布地域相一致。1979 年，中国云南省首次报道绵羊蓝舌病，随后湖北（1983）、安徽（1985）、四川（1988）、山西（1991）也相继报道本病。这五省区的个别绵羊饲养场发现临床病例，其地理位置为北纬 35°至 37°以南的局部孤立地区，特别是山西省两个地区绵羊、山羊蓝舌病的暴发与流行的相关报道，将本病发病范围首次突破了长江防线，进入黄河以北的华北地区。同时，广东、广西、内蒙古、河北、江苏、天津、新疆、甘肃、辽宁、吉林等省均成为动物蓝舌病血清学阳性省份。至此，该病分布于全球大多数热带地区，并散发于亚热带、温带地区，成为名副其实的世界性危害的虫媒传染病。

3. 临床特征与病理变化

动物感染蓝舌病后的临床症状通常情况下取决于感染动物的种类、年龄以及感染病毒的毒株和血清型。在临床表现上差别很大，有最轻微的无临床症状的隐性感染，也有最严重的发病死亡。有研究认为年老的动物更易感染 BTV。

绵羊感染 BTV 后通常病毒潜伏期约为 4～8 天，之后开始出现发热、口腔黏膜充血（图 3-4）、水肿和因病毒性血管损伤而引起的出血，出现浆液性血性鼻分泌物，并在鼻周围出现结痂状物（图 3-5），呼吸困难并伴有严重的肺水肿和口腔黏膜溃疡，因蹄冠充血而出现跛行和肌肉坏死；怀孕母畜感染蓝舌病会出现流产、死胎或胎儿先天性异常（如脑积水、脑囊肿、视网膜发育不良等）。

患病绵羊剖检后，在上呼吸道黏膜可见出血、充血和馈病；淋巴结水肿、出血；皮下组织出血；肺动脉血管内膜下出血、肺水肿、胸膜积液、心包积液；面部、下颌、颈部水肿；骨骼肌和心肌（特别是左心室乳头肌）坏死。组织学观察可见毛细血管内皮肥大、血管周围水肿；心肌和骨骼肌出现巨噬细胞、淋巴细胞浸润，出现因血管充血梗死而产生的上皮组织缺氧和细胞脱落。

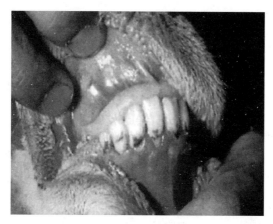

图 3-4　口腔黏膜充血
（引自丁伯良等《羊病诊断与防治图谱》）

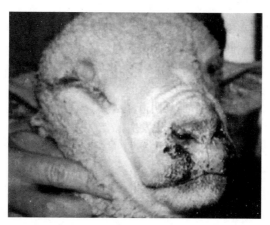

图 3-5　眼和鼻孔周围形成结痂
（引自丁伯良等《羊病诊断与防治图谱》）

　　山羊感染 BTV 很少出现明显的临床症状，即使有临床症状出现也比绵羊感染 BTV 时的症状轻微。主要症状有产奶量突然下降，高热，头部和嘴唇出现水肿，流涕并在鼻、唇部出现结痂，乳房皮肤出现红斑等。

4. 诊断

对蓝舌病的确诊，一般需要在结合临床症状、剖检以及流行病学调查结果的基础上进一步开展实验室诊断。蓝舌病的实验室诊断主要可以分为病毒的分离鉴定以及血清学检测技术和病原学检测技术。

(1) 病毒的分离 BTV 可以在鸡胚、细胞以及绵羊身上获得增殖。一般使用 9~12 日龄的鸡胚通过静脉接种病料来进行 BTV 的分离鉴定。可以使用昆虫源性细胞（如 KC 细胞、C6/36 细胞等）进行分离鉴定，也可以用哺乳动物源性细胞（如 BHK-21 细胞、MDCK 细胞、Vero 细胞等）进行分离鉴定。哺乳动物源性细胞通常在接种 BTV 后 3~5 天出现细胞病变，主要表现为细胞变圆、折光性增强等。

(2) 血清学检测 蓝舌病的血清学检测方法主要包括琼脂糖免疫扩散试验（AGID）、血清中和试验（SNT）、酶联免疫吸附试验（ELISA）、补体结合试验（CFT）、荧光染色试验（FAT）、血凝试验（HA）等，目前应用较多的有琼脂糖免疫扩散试验、血清中和试验、酶联免疫吸附试验等。

① 琼脂糖免疫扩散试验（AGID）：AGID 方法主要是对 BTV 群特异性抗体进行检测，该方法也是最早得到推广应用的检测蓝舌病抗体的血清学检测方法之一。该方法是世界动物卫生组织（OIE）推荐使用的蓝舌病检测方法，具有简便、容易操作、成本低、实验设备要求低等优点，在进行蓝舌病的血清流行病学调查时经常被使用。但 AGID 方法仍然存在灵敏性及特异性较低等方面的缺点，在检测时与其它环状病毒属的病毒（如鹿流行性出血病病毒、非洲马瘟病毒等）感染的动物血清有交叉反应。

② 血清中和试验（SNT）：该方法用于 BTV 型特异性抗体的检测，能够区分 26 个血清型 BTV 所产生的抗体。SNT 方法被认

为具有高敏感性的和特异性的抗体检测方法，应用该方法检测时不会出现与其它环状病毒属的病毒感染的动物血清发生交叉反应。但由于SNT方法耗时长，成本过高，而且对用于检测的血清质量有很高要求，通常不用于常规检测使用。

③ELISA方法：在检测BTV抗体ELISA方法中，有间接ELISA（I-ELISA）方法、竞争ELISA（C-ELISA）方法等，其中C-ELISA方法以其高敏感性和高特异性，被OIE确定为BTV血清学诊断的首选方法。该方法与AGID检测方法相比具有更高的敏感性，但特异性较差。

（3）病原学检测　BTV的病原学检测方法主要包括捕获ELISA方法（DAS-ELISA）、病毒核酸检测、病毒中和试验（VNT）、间接免疫荧光试验（IFA）、电子显微镜观察、病毒烛斑试验等，目前应用较多的有DAS-EUSA方法和病毒核酸检测。

捕获ELISA方法主要应用于BTV的群特异性检测，该方法具有敏感性高、特异性强、成本低、速度快等特点，特别是需要在短时间内检测大批量临床样本时，该方法更为适用。

病毒核酸检测方法主要包括RT-PCR检测技术、实时荧光定量PCR技术、基因芯片技术、基因杂交探针技术等。其中RT-PCR检测技术和实时荧光定量PCR技术在BTV的检测中已被广泛应用。RT-PCR检测方法具有敏感性好、特异性强及操作简便快捷等特点。实时荧光定量PCR技术与常规PCR相比，它具有特异性更强、自动化程度高、能有效解决PCR污染等特点，该技术已被广泛应用于众多病原微生物的检测和诊断。

5. 防制

本病目前尚无有效治疗方法，普遍认为使用疫苗是预防蓝舌病的主要措施。理想的疫苗应该能阻止本地区的所有血清型的BTV，而对接种动物和胎儿没有致病作用、不会发生毒力回升、不与野毒株重组，性能稳定，价格低廉。一般可考虑使用弱毒苗、灭活苗及重组苗用于 BTV 预防，但存在的不足是 3 种疫苗均具有血清型特异性。目前，只有弱毒苗已被商业化并在几个国家得到有效使用。

BTV 弱毒苗是将分离自牛、羊野毒株中的病毒通过体外组织细胞或鸡胚连续传代后获得，是目前一直使用的疫苗。南非等国普遍应用弱毒苗控制本病，可有效预防和控制流行性蓝舌病的暴发。但这种疫苗存在毒力返还的可能性，而且有可能导致怀孕母羊流产、胎儿致畸，同时也存在在牛体内残留时间长、各血清型之间不能产生交叉保护等问题，使其应用受到限制。目前普遍应用冻干的鸡胚化弱毒疫苗预防本病。疫苗分单价和双价两种，引起的免疫期可达 1 年左右。常用的是 BTV-I 型和 BTV-16 型两种疫苗。

BTV 灭活苗不会造成传播，能避免接种后毒力恢复以及产生重组株。常用化学灭活方法有 β 丙内酯（BPL）、二氧化氯、二乙烯亚胺（BEI），物理灭活方法如射线等。灭活苗生产价格高、免疫剂量大、需使用佐剂，并且使用效果不好，所以均未进行商业化生产。

同时，几种重组技术已被用于 BTV 疫苗的研究，如杆状病毒重组表达疫苗、重组病毒样颗粒（VLPs）或核心样颗粒（CLPs）疫苗。由于重组疫苗可以采用群特异性抗原作为免疫原，所以可望产生一定的交叉保护。但这些重组疫苗使用剂量高，在 BTV 的传染防御上总体上还是无效的。因此，目前仍未进行重组疫苗的大量生产。

四、口蹄疫

口蹄疫又称"口疮""蹄癀"，是由口蹄疫病毒引起的牛、羊、猪等偶蹄兽的一种急性、热性、高度接触性传染病。本病传染性极高、传播快、流行广、发病率高，死亡虽少，但对畜牧业生产危害大，是世界各国严格控制的传染病。

肉羊常见病防治技术

1. 病原

病原为口蹄疫病毒。本病毒具有多型性，目前所知有 7 个主型，即 A 型、O 型、C 型、SAT（南非）Ⅰ型、SAT（南非）Ⅱ型、SAT（南非）Ⅲ型及 Asia（亚洲）Ⅰ型，其中 O 型较常见。口蹄疫病毒在不同条件下容易发生变异，而变异后各型之间抗原性不同，相互不产生交叉免疫。本病毒主要存在于患病动物的水疱皮以及淋巴液中。发热期，病畜的血液中病毒的含量高；退热后，在乳汁、口涎、泪液、粪便、尿液等分泌物和排泄物中都含有一定量的病毒。

口蹄疫病毒具有较强的环境适应性，耐低温，不怕干燥。该病毒对酚类、酒精、氯仿等不敏感，但对日光、高温、酸碱的敏感性很强。常用的消毒剂有 1%～2% 的氢氧化钠、30% 的热草木灰、1%～2% 的甲醛、0.2%～0.5% 的过氧乙酸、4% 的碳酸氢钠溶液等。

2. 流行特点

本病主要侵害偶蹄兽，如牛、羊、猪、鹿、骆驼等。牛对本病最易感，绵羊、山羊次之，人也可感染此病。病畜是主要传染源，痊愈家畜可带毒 4～12 个月。病毒以直接或间接接触方式传播，主要经消化道和呼吸道感染，也可经黏膜和皮肤感染。空气传播对口蹄疫的快速大面积流行起着十分重要的作用，常可随风散播到 50～100 千米外发病，故有顺风传播之说。本病一旦发生往往呈流行性，新疫区发病率可达 100%，老疫区发病率在 50% 以上。此外，本病的流行常呈现一定的季节性，表现为秋末开始，冬季加剧，春季减轻，夏季基本平息。

3. 临床表现与特征

羊感染口蹄疫病毒后一般经过 2～6 天的潜伏期出现症状，初期体温升高可达 40～41℃，食欲不好，反刍缓慢，精神沉郁，闭口流涎，开口时有吸吮声。主要特点是唇部、口腔黏膜、蹄部和乳房的皮肤发生水疱和溃烂（图3-6、图3-7）。绵羊蹄部症状明显，口黏膜变化较轻，山羊症状多见于口腔，呈弥漫性口黏膜炎，水疱见于硬腭和舌面，水疱往往经过1～2天自行破裂，形成烂斑。如果没有其它感染，烂斑在1～2周内可自愈。绵羊还可出现急性跛行（图3-8）。

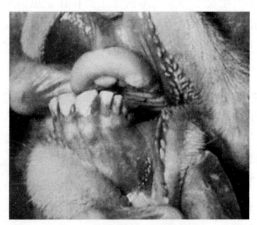

图3-6　唇部糜烂，齿龈苍白
（引自丁伯良等《羊病诊断与防治图谱》）

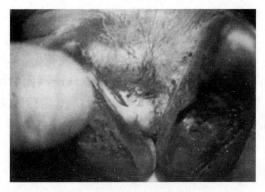

图3-7　蹄叉和蹄踵发生水疱和糜烂
（引自丁伯良等《羊病诊断与防治图谱》）

图 3-8　急性跛行

（引自丁伯良等《羊病诊断与防治图谱》）

除口腔、蹄部和乳房部等处出现水疱、烂斑外，严重病例咽喉、气管、支气管和前胃黏膜有时也有烂斑和溃疡形成。前胃和肠道黏膜可见出血性炎症。心包膜有散在性出血点。心肌松软，似煮熟状；心肌切面呈现灰白色或淡黄色的斑点或条纹，似老虎身上的斑纹，称为"虎斑心"。

4. 诊断

（1）**现场诊断**　根据急性经过、主要侵害偶蹄兽、一般呈良性经过、特征性临诊症状和病理变化可做出现场诊断。

（2）**实验室诊断**　采取病羊水疱皮或水疱液进行病毒分离鉴定。取得病料后，用 PBS 液制备混悬浸出液作乳鼠中和试验，也可用标准阳性血清作补体结合试验或微量补体结合实验；同时也可以进行定型诊断或分离鉴定，用康复期的动物血清对 VIA 抗原作琼脂扩散试验、免疫荧光抗体试验等鉴定毒型。最近国内外报道了生物素标记探针技术来检测口蹄疫病毒，从而使口蹄疫的诊断进入简便、快速、特异性强的临诊诊断技术行列。

（3）**类症鉴别**

① 与羊传染性脓疱的鉴别：是绵羊和山羊的一种由口疮病毒引起的传染病，全身症状不明显，特征是在口唇部发生水疱、脓疱

以及疣状厚痂，病变是增生性的，痂垢下肉芽组织增生明显。一般无体温反应。病料电镜观察可发现呈编织线团样的羊口疮病毒。

② 与蓝舌病的鉴别：口蹄疫是一种高度接触性传染病，而蓝舌病则主要通过库蠓叮咬传播。口蹄疫的糜烂病灶是因水疱破溃而发生，而蓝舌病的溃疡不是由于水疱破溃后所形成，且缺乏水疱破裂后那样不规则的边缘。通过血清学试验可区分口蹄疫病毒和蓝舌病病毒。

5. 防治

（1）**预防** 本病发病急、传播快、危害大，必须严格搞好综合防治措施。要严格畜产品的进出口，加强检疫，不从疫区引进偶蹄动物及产品；按照国家规定实施强制免疫，免疫时应先弄清当时当地或邻近地区流行的本病病毒的毒型，根据毒型选用疫苗。

一旦发生疫情，要遵照"早、快、严、小"的原则，立即采取严格封锁、隔离、消毒、紧急预防接种、检疫等综合扑灭措施。

对疫区或疫场划定封锁界限，禁止人畜往来；疫区的所有病羊和同群羊都要全部扑杀并作无害化处理；封锁区最后 1 只病羊死亡后 14 天，经过全面彻底消毒，方可解除封锁。消毒时可用 2% 氢氧化钠、2% 福尔马林或 20%～30% 热草木灰水。

（2）**治疗** 不允许治疗，应就地扑杀，进行无害化处理，同时封锁疫区。

五、山羊关节炎-脑炎

山羊关节炎-脑炎是由山羊关节炎脑炎病毒引起的一种慢性传染病，临床上成年山羊以慢性多发性关节炎为特征，间或伴发间质性肺炎或间质性乳腺炎。山羊羔常以脑脊髓为特征。

1974 年，Ceek 等首次报道本病，目前本病已在世界范围内，包括欧、美、澳、亚洲的十多个国家流行。各国流行情况不同，澳大利亚、美国、加拿大、法国、挪威和瑞士的感染率为 65％～81％，英国和新西兰为 10％左右。安格拉山羊的感染率明显低于奶山羊。后者可高达 70％～90％，但临床发病很少超过 10％。这种情况可能与奶山羊常集中饲养，奶山羊羔有喂混合乳的习惯，使其感染机会增多有关。1985 年以来，我国甘肃、四川、陕西、山东和新疆等省区先后发现本病。山羊关节炎-脑炎病毒琼脂试验呈阳性反应或临床症状的羊均为从英国引进的萨能、吐根堡奶山羊及其后代，或是与这些进口奶山羊有过接触的山羊。

1. 病原

病原为山羊关节炎-脑炎病毒，属于反转录病毒科慢病毒属成员。本病毒为单股 RNA 有囊膜病毒。本病毒的主要抗原成分是囊膜蛋白 gp135 的核心蛋白 p28，这两种抗原与梅迪-维斯纳病毒 gp135、p30 抗原之间有强烈的交叉反应。

山羊胎儿滑膜细胞常用于分离本病毒，无菌采取滑膜液乳汁和血液白细胞，接种于山羊胎儿滑膜细胞后 15～20 小时，病毒开始增殖 24 小时后细胞出现融合现象，5～6 天细胞层布满大小不一的多核巨细胞，本病毒虽能在山羊睾丸细胞、胎肺细胞、角膜细胞上进行复制，但不引起细胞病变。本病毒与梅迪-维斯纳病病毒在血清学试验有交叉反应，两种病毒可用分析基因组核酸序列的方法进行区别，基因组有 15％～30％的同源性。本病毒对外界环境的抵抗力不强，56℃ 10 分钟可被灭活。低于 pH4.2 可迅速死亡。常规消毒剂一般浓度均可杀灭本病毒。

2. 流行特点

易感动物属山羊最易感，以成年山羊感染居多。在自然条件下，本病毒的主要传染源是患病山羊或隐性带病毒羊，一旦感染可终生带毒，病毒经乳汁可传递给羔羊，被污染的饲草、饲料、饮水等可成为传染媒介。传播途径以消化道为主，其次是生殖道，子宫内感染偶尔发生，皮肤和医疗器械的传播也有可能。感染主要通过乳汁，其次是被感染羊的分泌物和排泄物，如阴道分泌物、呼吸道分泌物、唾液和粪尿等。传播方式为水平传播和垂直传播。该病仅在山羊间相互感染，无年龄、性别、品系间差异。一年四季均可发病，呈地方流行性。

3. 临床表现与特征

本病毒通过消化道侵入淋巴细胞、胸腺、脾、脑、脉络丛和滑膜细胞。巨噬细胞在发病机理中起主导作用，只有受侵害的组织如肺，滑膜和乳腺等的巨噬细胞受感染并复制病毒。随着病程的发展，病毒不断增殖，进入血液不断感染新的单核细胞，从而形成病毒在体内的吸收、分布、再吸收、再分布的持续感染过程，进而引起慢性关节炎、脑脊髓炎、乳房硬肿以及慢性间质性肺炎。机体不能消除病毒，炎症反应持续存在。

病山羊可表现出 3 种主要临床类型。

① 神经型：潜伏期 2～5 个月，常发生于 2～6 月龄山羔羊。病羔羊病初精神沉郁，有跛行，继而出现共济失调，一肢或数肢麻痹（图 3-9），四肢呈游泳状划动，卧地不起。有的羔羊角弓张，眼球震颤，头颈歪斜或转圈运动。羔羊一般无体温变化，呈进行性衰弱，多数于 15 天或数月后死亡。个别耐过羊留有后遗症。少数病例兼有关节炎或肺炎症状。

② 关节炎型：主要发生于 1 周岁以上的成年山羊，病程 1～3 天。疾患多见于跗关节和膝关节，病初关节肿大，周围组织肿胀，有热痛，跛行，关于逐渐僵硬，关节运动不灵活。病的后期，病羊躺卧或跪地爬行。此时关节软骨和周围组织变性坏死或钙化，形成骨赘。有的病例还可见到寰枕关节和脊椎关节发炎。本型病程较长，1～3 年不等。

③ 肺炎型：本型临床较少见，无年龄限制，病程 3～6 个月。

病羊常有半年左右的体重下降现象和呼吸困难症状。只见病羊逐渐消瘦、衰弱、咳嗽困难。肺部叩诊浊音，听诊有湿啰音。个别病例兼有关节炎症状，病程多为3～6个月。

除上述3种类型以外，哺乳期母羊偶尔发生间质性乳腺炎。多发生于分娩后的1～3天，乳房坚实或坚硬，呈硬结节性乳腺炎，仅能挤出少量乳汁，无全身反应。采集乳腺炎病例的乳汁经检测无细菌感染。

图3-9　小山羊四肢麻痹
（引自丁伯良等《羊病诊断与防治图谱》）

4. 病理变化

（1）**神经病变**　主要病变发生在中枢神经，偶尔可见在脊髓和脑的白质部分有局灶性淡褐色病区（图3-10）。严重病例可见到脑软化。组织学观察于大脑白质部和颈部脊髓有非化脓性脱髓鞘性脑脊髓炎，以及淋巴细胞型的单核细胞严重浸润。有轻度间质性肺炎变化。

（2）**关节**　在关节炎病例中，有消瘦和多发性关节炎，几乎所有病例都有退行性关节炎，通常伴有淋巴结肿大和弥漫性间质性肺炎。组织学变化可见肥大型慢性滑膜炎，可见滑膜细胞增生（图3-11），滑膜面纤维素沉着，滑膜下单核细胞浸润，邻近结缔组织可见坏死和钙化。

（3）**肺炎型病变** 肺脏轻度肿大，质地坚硬，呈灰白色，表面散在灰色小点，切面可见到大叶性或斑块状实质区。肺泡中隔和小叶间结缔组织增生，肺泡壁细胞肿大，支气管和血管周围淋巴细胞增生，形成淋巴小结或淋巴细胞套。

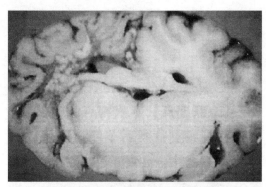

图 3-10 大脑、中脑切片的白质变性
（引自丁伯良等《羊病诊断与防治图谱》）

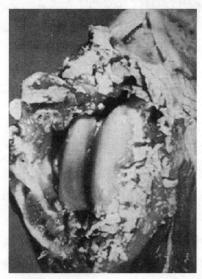

图 3-11 后肢膝关节滑膜明显增生，可见大量米粒状小体
（引自丁伯良等《羊病诊断与防治图谱》）

5. 临床诊断

在本病常发地区，根据临床症状，病理变化，结合流行病学资料，可以做出初步诊断，确诊须作实验室诊断。

(1) 病毒学诊断　无菌采取病羊关节液、滑膜、乳汁、血液白细胞等相关病料，接种于山羊胎儿关节滑膜细胞培养物，或直接用病羊滑膜细胞培养，检查有无合胞体形成。可用琼脂免疫扩散反应、酶联免疫吸附试验、直接免疫荧光抗体技术，出现阳性时可以确诊。

(2) 血清学试验　应用最广泛的是琼脂免疫扩散试验、酶联免疫吸附试验及免疫斑点试验，上述方法检测本病毒血清抗体效果很好。

本病要与以下病进行鉴别诊断。

(1) 传染性关节炎　多呈急性，跛行更为严重，中性粒细胞增多。

(2) 维生素 E 和硒缺乏症　多引起以肌肉衰弱和跛行为特征的白肌病，虽然在临床上酷似山羊关节炎-脑炎，但其血清和组织含硒量低，用维生素 E 和硒治疗有效。

(3) 李氏杆菌病　多表现为精神沉郁、转圈运动以及颅神经麻痹，早期磺胺类及抗生素治疗有效。

(4) 脑灰质软化症　以失明、精神沉郁和共济失调为特征，早期维生素 B_1 治疗有效，而山羊关节炎-脑炎很少发生失明和精神沉郁。

(5) 弓形虫病　弓形虫病与山羊关节炎-脑炎临床表现有些相似，但前者镜检组织中可检出弓形虫，血清中可检出弓形虫抗体。

6. 防制

在制定预防控制计划之前和控制计划实施中，用琼脂扩散免疫试验作山羊关节炎-脑炎血清学检测，若检测结果为阴性。通过羊群的封闭式管理，引进无山羊关节炎-脑炎病毒的种羊，以保持羊群无本病。定期对羊群进行山羊关节炎-脑炎检疫，监视羊群健康状态。一旦发现羊群感染了本病，可采取以下防控和消灭措施。

一是当群体不大时，可将羊只全群扑杀，重新建立无山羊关节炎-脑炎的羊场。二是有计划的对群体进行定期检疫，及时扑杀阳性羊和隔离饲养新生羔羊，认真执行防疫措施，经数次检疫结果表明羊群中无山羊关节炎-脑炎病毒感染。此时羊群可按无疫情羊群方式管理。澳大利亚、新西兰以及我国一些地方按上述防控措施实施，均收到了良好的效果。

六、边界病

边界病（简称 BD）是由边界病病毒（BDV）引起的以新生羔羊发生震颤和被毛异常为特征的一种疾病。该病首先发生于苏格兰和威尔士的边界地区，故称之为边界病。感染母羊在感染边界病病毒后，血清中出现对 BDV 和牛病毒性腹泻病毒（BVDV）的中和抗体，表明 BDV 和 BVDV 具有共同抗原。由于某些病羔的骨骼肌呈现特征性震颤，故又称为"摇摆病"或"舞蹈症"。我国有少量该病报道。

1. 病原

BDV 与 BVDV 和猪瘟病毒（HCV）是新近归类于黄病毒科瘟病毒属的成员。瘟病毒是有囊膜的最小的 RNA 病毒，病毒粒子呈圆形，有脂蛋白囊膜，含有非螺旋形的核衣壳。Berry 等通过克隆分析 BDV 的 PCR 产物序列发现，BDV 株间的同源性在 95% 以上，与 HCV 的同源性约为 75%，与 BVDV 同源性约为 80%。在血清学上，三者存在着明显的交叉反应。许多 BDV 毒株可以在一些牛、羔羊的原代和传代细胞上以及猪的 PK15 细胞上适应增殖。根据产生细胞病变的能力将其分为两个生物型：致细胞病变型（CP）和非致细胞病变型（NCP）。研究发现，大多数 BD 是由 NCP 型病毒引起的，只有极少数是由 CP 型病毒引起的。

2. 流行病学

本病世界性分布。绵羊是其主要的自然宿主，山羊也可以感染。最主要的传播方式是羊-羊传播。牛、猪以及许多野生反刍动物也可能是其潜在传染源。许多养羊业发达的国家和地区，都有报道分离出 BDV 和检测出血清学阳性。

传播途径包括：①水平传播。口、咽可能是主要的感染门户，易感动物与患畜同饲、鼻嘴拱触、交配等都可引起直接传播。机械和实验也可传播，肌肉、静脉、脑内、皮下、腹腔、气管内及口和眼结膜内接种都可引起 BDV 传播。②垂直传播。BDV 可以通过胎盘组织感染处于一定怀孕期的胎儿。通常见于持续性感染或怀孕期间感染 BDV 的母羊，从而使胎儿死亡或生出持续性感染的羔羊。持续感染的绵羊和羊羔是最主要的传染源。先天性感染动物表现为终生病毒血症，病毒持续通过呼吸道、消化道和泌尿生殖道排出体外。鼻黏膜、肺、腮腺、口腔黏膜和尿道拭子经常可检测出感染性病毒。

3. 临床症状

感染胎儿症状表现与感染时所处的妊娠阶段、病毒毒力、母畜感染的病毒量以及母畜的免疫状况等因素有关。主要表现为以下 4 种病症：①早期胚胎的死亡；②吸收和死胎；③生出畸形胎儿；④生出缺乏临床症状但具有免疫抑制的弱小胎儿。

据报道，BDV 表现症状与胎儿感染时的胎龄有直接关系。青年羊和成年羊感染 BDV 后表现为温和型，而且常检测不出来。胎儿感染后可导致新生羔羊的许多症状。最典型的是强直性痉挛性震颤，严重的致使羊羔不能吮奶。长茸毛样被毛也非常明显。最常见的是运动失调，出现醉样步态，后肢有时表现出特征性的双腿叉开，呈八字形姿势，羊羔比正常要小，如果怀胎数量正常则更为明显。病羊的骨骼发育异常往往表现为羊的体长正常，而高度则较正常要矮，头部畸形，头盖骨呈拱形，面骨短而宽，四肢骨短细，骨密度降低，关节弯曲、外翻等，由于持续排毒，因此禁作种用。出生后感染的羔羊临床上表现为一过性轻微发病或不明显。妊娠母羊感染难以查出，因为其只出现短期发热和白细胞减少，但胚胎和胎儿可能发生死亡，且流产之后伴有一过性阴道排液。

病理组织学损伤包括中枢神经系统、消化系统、肺、心、肾的淋巴增生性炎症变化。肌肉接种 BDV 的羔羊无肉眼和组织学病变，但脑内接种羔羊表现为程度不一的非化脓性脑炎症。子宫内感染后幸存的胎儿和新生羔羊出现广泛的病理变化，感染羔羊的大脑比正常小，主要病变为脑积水，大脑皮质缺乏或近于缺失，小脑发育不全或异常，大脑白质软化形成囊肿或空洞，肿胀的神经纤维扭转或弯曲，对髓磷脂染色亲和力低。细毛羊品种的羔羊感染后，可见体表长茸毛样被毛，偶见异常色素沉积。羊感染 BDV 初期，胎盘的子宫肉阜中隔出现坏死性炎症变化，肉眼可见出现褐色素沉着带以及子宫隐窝区灰白色坏死灶，伴有不同程度的出血。感染后 10 天，胎盘中隔血管内皮坏死，表现为内皮肿胀、管腔堵塞，随后上皮受侵，最终坏死细胞碎片释放到"胎儿-母体"间隔内，被滋养层消化。

4. 诊断

临床诊断可根据新生羔羊出现长茸毛样被毛、震颤、步态异常，怀孕母羊流产、死胎、胎儿吸收、异常、畸形胎儿、死胎等症状；尸检和病理学变化有被毛异常，初级毛囊增大，初级毛纤维增数；脑积水，囊肿或空洞形成；骨骼异常；胎盘坏死等可初步做出诊断。

进一步检测病毒抗原必须借助免疫学方法，用直接或间接免疫荧光技术检测脑、淋巴组织冰冻切片及外周血液中的病毒抗原。由于瘟病毒具有共同抗原，可利用多克隆瘟病毒抗体来检测 BDV 抗原。也可用免疫酶技术来检测冰冻切片中的抗原。

血清学试验在病毒分离株的鉴定、疫情监测等方面，有一定诊断价值。包括中和、补反、琼扩、ELLSA 等，但主要是中和、

ELLSA。在免疫耐受情况下，必须进行病毒分离检测。病毒分离是目前确诊该病的主要方法。可以从病畜组织及分泌物中分离到病毒，进行细胞培养，再根据上述方法进行检测。

5. 防制

持续性感染羊是 BDV 重要的传染源，所以病毒检测以及防止BDV 感染易感怀孕母羊而导致持续性感染羊产生，是防治本病的关键措施。血液检毒在该病检测中起着重要的作用。可在种羊配种前 2 个月接种疫苗，使其产生一定免疫力，来抵抗病毒感染。在没有 BD 病史的羊群中，应严防 BDV 的传入。在引进羊时，应进行隔离饲养观察，并进行检测，保证无持续性感染羊及带毒羊。对检出的病羊应隔离饲养，并尽快屠杀，以清除感染源。

目前，组织灭活疫苗、灭活油佐剂细胞传代苗已在国外广泛应用于该病防治，但由于 BDV 病毒株间的差异，效果不甚理想。在国内，有报道 2012 年初安徽某羊场发生腹泻的山羊病料中检测分离到边界病病毒，应亟需开发相应的病原学和血清学诊断方法，并对国内 BDV 流行分布情况进行调查，防止该病在国内流行而造成损失。

七、羊口疮

羊口疮，又叫羊接触传染性脓疱性皮炎，是一种遍布世界的病毒性疾病，主要感染小反刍兽，如山羊和绵羊，偶尔感染其它野生反刍动物如鹿、麝牛等，人也可被感染。近年来，不断有报道称发现有新的物种感染该病毒，这暗示着该病原体宿主范围存在扩大化趋势。由于羊口疮分布广泛、传染性强，对养羊业的危害日益凸显，再加之零星的跨物种传染的报道，使其成为仅次于牛痘病毒被研究最广泛的病毒。

1. 病原

羊口疮病毒是双链 DNA 病毒，属于脊索动物痘病毒科副痘病毒属。该属的其它成员为牛丘疹性口炎病毒、假牛痘病毒（两者都感染牛）和新西兰红鹿副痘病毒（感染红鹿）。羊口疮病毒为该属的代表种，其主要感染山羊和绵羊。最近发现羊口疮病毒也可感染其它宿主如猫和家养驯鹿，这暗示着其宿主范围有扩大趋势。

2. 流行病学

羊口疮呈世界性流行，常发生于夏末、秋冬季节。羊口疮普遍存在于饲养绵羊和山羊的国家，但其对经济和社会的影响被低估。实际上，该病对农业生产造成相当大的经济损失，特别是在发展中国家，羊口疮被认为是 20 个感染山羊和绵羊的最重要的病毒性疾病之一。1950 年以来，我国新疆、甘肃、青海、内蒙古、宁夏、四川等十多个省份均有该病发生的报道。2008 年吉林省 180 只小尾寒羊群暴发羊口疮，发病率为 13.9%，死亡率为 1.1%；而 60 只羔羊的发病率则为 41.7%，死亡率达 3.3%，表明该病对羔羊危害更大。2009 年湖北一山羊群暴发羊口疮疫情，到第 8 天发病率已经接近 60%，死亡率达 24.7%。2011 年山西省报道，120 只 2~4 岁波尔山羊发病率和死亡率分别为 20% 和 1.6%。表明羊口疮在我国已呈现大面积蔓延趋势，如不采取有效的预防措施会给养殖业造成更大损失。

羊口疮往往通过直接接触传播。医源性感染如外科手术中的直接接触、喷淋及钉耳标等引发的感染也时有发生。另外，动物的免疫缺陷和持续感染，也会促使病毒在自然条件下能够持续存活。某些品种的绵羊和山羊更易感。羔羊和仔羊比成年羊更易感。还可以通过直接接触而感染人。对患病动物及其副产品处理不当或免疫时的意外可造成 ORFV 的感染。因此，牧民、屠宰厂工人和兽医人员等与羊接触较多的人，感染该病毒的概率更大，应提高自身的防范意识。

3. 临床表现与特征

羊口疮在临床上主要表现局部增生性病变，常在山羊和绵羊的口唇皮肤、口腔黏膜以及鼻孔周围出现菜花状增生，有时蔓延到舌头。口腔龈部形成棕黑色疣状硬结痂（图 3-12）。母羊病变常出现在乳房和乳头上，病变部位血管丰富，当受到创伤常引起大出血。一般病变主要在表皮部位，但耳朵、眼睑、前额、蹄冠以及哺乳母羊的乳头等部位病变常深达真皮层（图 3-13，图 3-14）。

病程一般为 4～12 周，抵抗力低的动物病程会延长，康复后在病变部位留下永久的疤痕。在羊口疮病毒可感染人，其中与动物密切接触的人员如养殖人员、屠宰工人和兽医具有较高风险，此外儿童也可因接触患病动物而感染。病变常发生在手指、手掌和指关节部位，有时在嘴唇出现丘疹，但极少在脸部和鼻子上，除了局部皮肤病变，还可能出现全身的症状如发热、持续 4～5 周的淋巴结肿大。目前，尚未发现羊口疮病毒在人和人之间传播，但不能完全排除这种可能。

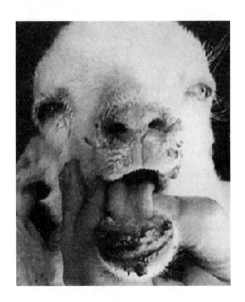

图 3-12　口腔齿龈部形成棕黑色疣状硬结痂
（引自丁伯良等《羊病诊断与防治图谱》）

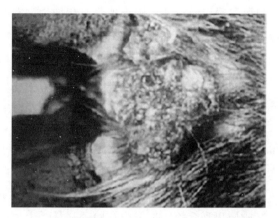

图 3-13　在蹄冠部呈血性疣状物，俗称"草莓状腐蹄"
（引自丁伯良等《羊病诊断与防治图谱》）

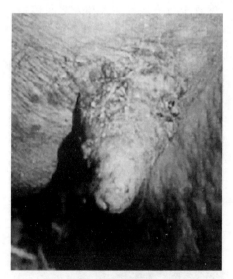

图 3-14　因继发性葡萄球菌感染乳头糜烂、溃疡
（引自丁伯良等《羊病诊断与防治图谱》）

4. 临床诊断

通过典型的临床症状就可以确诊动物的羊口疮，对于人感染羊

口疮也是如此，尤其是与感染动物有接触史的病例。近年来随着羊口疮病毒宿主范围的不断扩大，其临床症状与其它水泡性疾病如羊口蹄疫、羊痘、蓝舌病以及葡萄球菌引起的皮肤炎和嗜皮病非常相似，常常由于误诊影响对该病采取正确的预防和治疗等措施。对该病进行实验室诊断显得非常必要。一般的实验室诊断包括免疫电镜观察、病理组织学观察、病毒分离培养、血清学方法如酶联免疫吸附试验、血清中和试验、感染组织切片技术、PCR 及限制性片段长度多态性分析等。

5. 防制

（1）**药物治疗**　目前，国内尚没有发现治疗羊口疮的特效药物。临床上，多以消炎收敛为治疗原则，并应用抗生素控制继发感染。国外研究表明几种抗病毒药物可以高效地治疗人和动物的羊口疮，如无环核苷磷酸酯，尤其是无环核苷类似物西多福韦和腺嘌呤的衍生物。同时研究还发现，包含西多福韦/硫酸铝的一种胶体也有抗病毒活性，这种胶体的喷雾形式可方便地用于养殖场内群体动物的治疗。

（2）**疫苗接种免疫接种是该病唯一有效可行的防控方法**　最早用含 ORFV 的痂皮乳化制成疫苗。此后，通过细胞传代培养病毒，制备了弱毒疫苗。尽管弱毒疫苗存在安全性的缺陷，但仍然在该病的免疫防控中发挥重要作用。

第三节　肉羊常发的细菌性传染病

一、绵羊快疫

羊快疫是由腐败梭菌引起的主要发生于绵羊的一种急性染病，

发病突然，病程极短，其特征是真胃呈出血性、炎性损害。

1. 病原

病原体为腐败梭菌，是厌气的革兰氏阳性大杆菌，在动物体内外能产生芽孢，不形成荚膜，能运动。该菌一般在肝表面触片染色镜检时呈无关节的长丝状，这是腐败梭菌突出的特征，具有重要的诊断意义。

2. 流行特点

常发生于秋、冬和早春季节，当气候骤变，阴雨连绵时易发。呈地方性流行，发病率为 $10\% \sim 20\%$，病死率为 90%。绵羊最易感，山羊次之，以 $6 \sim 18$ 月龄多发，病羊的营养状况多在中等以上。病羊和带菌羊为本病的主要传染源，主要经消化道感染。腐败梭菌通常以芽孢的形式散布于自然界，潮湿低洼的环境可促使羊发病，寒冷、饥饿和抵抗力降低时也容易诱发本病。本菌如经伤口感染，则可引起羊的恶性水肿。

3. 临床症状

羊突然发病，往往未表现症状即倒地死亡。有的病羊离群独居，卧地，不愿走动，强迫行走时，则表现虚弱或运动失调。腹部膨胀，有疝痛表现。有的体温升高到 $41.5℃$，有的则体温正常。病羊最后极度衰竭、昏迷，多在发病后数小时至 1 天内死亡，痊愈者极少。羊尸体迅速腐败，天然孔流出血样液体。可视黏膜充血，呈蓝紫色。

4. 病理变化

皮下呈出血性胶样浸润，心包腔、胸腔、腹腔积有大量液体，心内、外膜有多数出血点。肝脏肿大，呈熟土色，其浆膜下可见到黑红色界限明显的斑点，切面有淡黄色的病灶，胆囊多肿胀。前胃黏膜自行脱落，并附着在胃内容物上，瓣胃内容物干涸，形如薄石片，挤压不易破碎，皱胃呈出血性炎症变化，黏膜充血、肿胀、黏膜下层水肿，在胃底部及幽门附近，可见大小不等的出血斑点，有时见溃疡和坏死。肠道充满气体，黏膜充血、出血，严重者出现坏死和溃疡。肾脏软化。

5. 临床诊断

本病生前诊断比较困难，死后主要注意第四胃变化，确诊需进行实验室检查。用病死羊肝脏被膜触片，用瑞特氏或美蓝染色液染片镜检，除见到两端钝圆、单个或短链状的粗大菌体外，还可以观察到无关节的长丝状菌体链。其他脏器组织也可发现病原体。同时也可做动物试验，将病料制成悬液，肌内注射豚鼠或小鼠，实验动物多于 24 小时内死亡。立即采集脏器组织进行分离培养，极易获得纯培养。制片镜检也可发现腐败梭菌无关节长丝状的特征表现。

6. 防治

(1) 预防

① 加强饲养管理。防止羊受寒冷刺激，严禁吃霜冻草料，避免在清晨或污染地区和沼泽区域放牧，保持羊舍卫生，定期消毒（可用 3% 氢氧化钠液、20% 漂白粉乳剂、1% 复合酚液或 0.1% 二氯异氰尿酸钠液）。

② 免疫接种。每年定期注射 1～2 次疫苗，如羊快疫、羊猝狙二联疫苗，羊快疫、羊猝狙、羊肠毒血症三联苗（羊不论大小，一律皮下或肌内注射 5 毫升，保护期达半年以上），或羊快疫、羊猝狙、羔羊痢疾、羊肠毒血症、羊黑疫、肉毒中毒和破伤风七联疫苗（即厌氧菌七联干粉疫苗，稀释后，无论大小羊，均皮下或肌内注射 1 毫升，保护期达半年以上）等，可根据当地情况选用，初次免疫后，应间隔 2～3 周加强 1 次。

(2) 治疗
病死羊及时焚烧，并深埋，防止病原扩散；隔离病羊，抓紧治疗，环境彻底消毒（20% 漂白粉乳剂、3% 氢氧化钠液）；羊群紧急接种疫苗，并迅速转移到干燥牧地放牧，减少青饲料，增加粗饲料，注意饮水卫生。治疗原则为早期诊断，早期抗菌治疗。

【处方1】青霉素 5 万～10 万单位/千克体重，注射用水 5～10 毫升，每天 1～2 次，连用 3～5 天。严重时全群注射。

【处方2】20％长效土霉素注射液 0.1 毫升/千克体重，肌内注射，每天或隔天 1 次，连用 3 次。严重时全群注射。

【处方3】青霉素 5 万～10 万单位/千克体重，生理盐水 100～500 毫升，10％安钠咖注射液 5～10 毫升，地塞米松注射液 4～12 毫克；10％葡萄糖注射液 250～500 毫升，维生素 C 注射液 0.5～1.5 克，依次静脉注射，每天 1～2 次，连用 3～5 天。或用甲硝唑注射液 10 毫克/千克体重，静脉注射，每天 1 次，连用 3 天。

【处方4】10％磺胺嘧啶注射液 70～100 毫升/千克体重，10％葡萄糖注射液 250～500 毫升，静脉注射，每天 2 次，连用 3 天。

二、羊肠毒血症

由 D 型魏氏梭菌在羊的肠道中大量繁殖产生毒素而引起绵羊的一种急性毒血症。本病发病急、死亡突然，其临床症状类似羊快疫，因此又称"类快疫"。剖检死后的病羊，肾脏呈现软泥状，肠道出血，所以又称"软肾病""血肠子"病。

1. 病原

病原体为 D 型魏氏梭菌又称产气荚膜杆菌，为粗大厌气性杆菌，革兰氏阳性，无鞭毛，不能运动。在动物体内形成荚膜，芽孢位于菌体中央，但人工培养时不易形成芽孢。在葡萄糖血液琼脂上的菌落形成双环溶血，接触空气时变绿。可产生 α 肠毒素、β 肠毒素、ε 肠毒素等多种肠毒素，导致全身性毒血症。

2. 流行特点

本病的发生有明显的季节性和条件性，常在春末夏初或秋末冬初饲料改变时被诱发，多呈散发，在发病羊群内可流行 1～2 个月。在雨季、气候骤变、低洼地区放牧或缺乏运动等，均可促使本病发生。本病开始来势凶猛，以后逐渐缓和或平息。绵羊和羔羊发生较多，山羊较少，常以 2～12 月龄、膘情较好的羊多发。病羊和带菌羊为本病的主要传染源。本菌为土壤常在菌，也存在于污水中。羊采食被芽孢污染的饲草或饮水，经消化道感染。

3. 临床表现与特征

本病发生突然，很少能见到症状，往往在观察到症状后羊便很快死亡。常在早晨发现膘情好的羊死于圈舍中，可见到的症状为病羊四肢发抖、运动不协调、抽搐。卧地，头颈、四肢伸开，流涎、磨牙，眼球转动，有的出现厌食，反刍停止，腹痛，排稀粪，步态不稳，在 1～2 天死亡。病羊死前步态不稳，呼吸急促，心跳加快，全身肌肉震颤，磨牙，甩头，倒地抽搐，头颈后仰，左右翻滚，口鼻出现白色泡沫，可视黏膜苍白，四肢和耳尖发凉，哀鸣，昏迷死亡。体温一般不高，但有血糖、尿糖升高现象。

死羊常见腹部膨大，口鼻流出泡沫性液体或黄绿色胃内容物。胸腔、腹腔和心包积液，心脏扩张，心肌松软，心外膜和心内膜有出血点。肺呈紫红色，黏膜脱落或有溃疡，以小肠为重。肾肿大，表面充血，实质柔软。

4. 实验室诊断

诊断本病时应注意采集肠内容物为检验样品，从中查出毒素并发现大量 D 型魏氏梭菌；肾脏和其他实质脏器内发现该菌，尿内发现葡萄糖，即可确诊。

5. 防治

（1）预防

① 加强饲养管理：夏季避免羊过食青绿多汁饲料，秋季避免采食过量结籽牧草，注意精、粗、青料的搭配，避免突然更换饲料

或饲养方式，搞好圈舍卫生，提供良好环境条件，多运动。

② 免疫接种：每年定期接种羊快疫、羊肠毒血症、羊猝狙三联疫苗，羊快疫、羊肠毒血症、羊猝狙、羔羊痢疾、羊黑疫五联疫苗（无论大小羊，均皮下或肌内注射 5 毫升，保护期半年以上），或羊厌氧菌七联干粉疫苗（稀释后，无论大小羊，均皮下或肌内注射 1 毫升，保护期半年以上）。初次免疫后，需间隔 2～3 周再加强 1 次。

(2) 治疗　病死羊及时焚烧或深埋，防止病原扩散；隔离病羊，抓紧治疗，环境彻底消毒；羊群紧急接种疫苗，并迅速转移到高燥牧地放牧，减少青饲料，增加粗饲料，注意饮水卫生。治疗原则为早期诊断，早期抗菌治疗。

急性病例常无法医治。对病程较缓慢的病羊，可使用青霉素肌内注射，每次 80 万～160 万单位，1 天 2 次；内服磺胺脒 8～12 克，第一天 1 次灌服，第二天分 2 次灌服；也可灌服 10% 石灰水，大羊 200 毫升，小羊 50～80 毫升，连服 1～2 次。此外，应结合强心、补液、镇静等对症治疗，有时尚能治愈少数病羊。

三、绵羊猝狙

1. 病原

羊猝狙是由 C 型产气荚膜梭菌的毒素引起的一种毒血症。其临诊特征为突然发病，急性死亡，溃疡性肠炎和腹膜炎。主要发生于成年绵羊。

2. 流行特点

本病多发于冬、春季节，呈地方性流行。常见于低洼、沼泽地区。食入带雪水的牧草或寄生虫感染等可诱发本病，常与羊快疫合并发生。主要发生于成年绵羊，以 1～2 岁的绵羊最易感。病羊和带菌羊为本病的主要传染源，主要是食入被本菌污染的饲草、饲料及饮水等，经消化道感染。

3. 临床表现与特征

病程短促，常未见到症状即突然死亡。有时发现病羊掉队、卧地、体温升高、腹痛不安、衰弱、倒地咬牙、眼球突出、剧烈痉挛，在数小时内死亡。

主要病变是出血性肠炎，小肠一段或全部呈出血性肠炎变化，有的病例可见糜烂、溃疡。肠系膜淋巴结有出血性炎症。胸腔、腹腔和心包腔有大量渗出液，浆膜有出血点。肾脏肿大，但不软。死后 8 小时，病菌在肌肉或其他器官继续繁殖，并引起气肿疽的病变，骨骼肌间积聚血样液体，肌内出血，有气性裂孔，似海绵状。

4. 实验室诊断

从体腔渗出液、脾脏取材，做 C 型产气荚膜梭菌的分离和鉴定，也可用小肠内容物的离心上清液静脉接种小鼠，检测有无 β 毒素。

5. 防治

该病防治措施同羊快疫、羊肠毒血症。

四、绵羊黑疫

羊黑疫（传染性坏死性肝炎）是由 B 型诺维梭菌引起的绵羊和山羊的一种急性高度致死性毒血症。其临诊特征为突然发病，病程短促，皮肤发黑，肝实质发生坏死病灶。

1. 病原

诺维氏梭菌属于梭状芽孢杆菌属，为革兰氏阳性大杆菌，严格厌氧，可形成芽孢，不产生荚膜，能运动。根据本菌产生的外毒素特性，通常分为 A、B、C 三型，引起羊黑疫的为 B 型诺维氏梭菌。

2. 流行特点

本菌能引起 1 岁以上绵羊发病，以 2～4 岁、营养良好的绵羊多发，山羊也可感染，牛偶有患病。本病主要在春夏发生与肝片吸虫流行的低洼潮湿地区。诺维氏梭菌广泛存在于自然界，特别是土壤之中，羊采食被污染的饲草后，在一定条件下，特别是受肝片吸虫的侵袭后，细菌大量繁殖，产生毒素，引起毒血症，导致急性休克而死亡。

3. 临床表现与特征

病羊多突然死亡，因此常常只能发现尸体。如果能看到病羊，其表现为精神不振，掉队，喜卧，1 小时内死亡，死前不挣扎。部分病例可拖延 1～2 天，病羊食欲废绝，精神沉郁，呼吸困难，体温 41.5℃，常昏睡俯卧，并保持这种状态而毫无痛苦地死去。病羊一般都营养较好。

病羊尸体的皮下静脉显著瘀血，使羊皮呈暗黑色外观（故称羊黑疫）。胸部皮下常发水肿，浆膜腔积液，左心室心内膜下常出血，皱胃幽门部和小肠黏膜充血、出血。肝脏充血、肿胀，肝的表面或内面有一个或数个略带圆形的坏死区，界限清楚，颜色黄白，直径为 2～3 厘米，周围显著充血。

4. 诊断

根据病羊临床症状，皮呈黑色外观、病理变化可做出初步诊断。实验室诊断时，死后及时采集肝脏坏死灶边缘与健康组织相邻接的肝组织作为病料，也可采集脾脏、心血等材料作为病料。染色镜检，可见粗大而两端钝圆的诺维氏梭菌。分离得病原菌后尚要结合流行病学分析、疾病发生和剖检变化综合判断才能确诊。病料悬液肌内注射豚鼠，豚鼠死后剖检，可见接种部位有出血性水肿，腹部皮下组织呈胶样水肿，透明五色或呈玫瑰色，厚度有时可达 1 厘米，这种变化极为特征，具有诊断意义。

5. 防治

(1) **预防**　控制肝片吸虫的感染，定期注射羊厌气菌病五联苗，皮下或肌内注射 5 毫升。发病时，搬圈至高燥处，也可用抗诺维氏梭菌血清早期预防，皮下或肌内注射 10～15 毫升，必要时重复 1 次。

(2) **治疗**　发现病死羊及时焚烧并深埋，防止病原扩散；隔离病羊，环境彻底消毒。羊群紧急接种疫苗，并迅速转移到干燥地区放牧，注意饲料和饮水卫生。治疗原则为早期诊断，抗菌消炎。

治疗方法可以按照羊快疫的方法治疗，也可以使用抗诺维梭菌血清 50～80 毫升，发病早期静脉或肌内注射，每天 1 次，连用 2 次。

五、羊黑腿病

黑腿病又称气肿疽或鸣疽。是反刍动物的一种急性、败血性传染病。特征是突然发病，在骨肉丰满处发生炎性气性肿胀，压之呈捻发音，并多伴发跛行。

1. 病原

梭状芽孢杆菌属气肿疽梭菌，是两端钝圆的粗大杆菌。在病料中一般为直形，单在或成对排列，这是与形成长链的腐败梭菌在形成上的主要区别之一。气肿疽梭菌有鞭毛抗原、菌体抗原及芽孢抗原，与腐败梭菌有共同芽孢抗原；可产生包括具有溶血性和坏死活性的 α 霉素、透明质酸酶及脱氧核糖核酸酶的毒素，这些外毒素不耐热。

2. 流行特点

本病传染源为病羊。其排泄物、分泌物及尸体处理不当，污染饲料、土壤及水源，特别是土壤被污染后，芽孢能长期生存，成为持久的传染来源。传染途径主要为消化道，深部创伤感染也有可能。羊只采食被这种土壤污染的饲草或饮水，经口腔和咽喉创伤侵入组织，也可由松弛或微伤的胃黏膜侵入血液。绵羊气肿疽则多为创伤感染，即芽孢随泥土通过产羔、断尾、剪毛、去势等创伤进入组织而感染。草场或放牧地，被气肿疽梭菌污染，此病将会年复一年在易感动物中有规律地重新出现。

3. 临床表现与特征

本病潜伏期多为1～3天，间或可达5天。体温升到41～42℃，精神沉郁，食欲、反刍减少或停止，步态僵硬，有的出现跛行，口角流出含泡沫唾液。臀部、股后、胸和颈部肌肉丰满处肿胀。初期肿胀部有热痛，一天后肿胀部中央发凉，疼痛消失，皮肤呈蓝红色以至黑色，触摸时有捻发音，叩诊时有鼓响音。附近淋巴结肿大，若不及时治疗，可导致死亡。因产羔而从产道感染的母羊，会阴部有暗红色肿胀，并很快死亡。

尸体因皮下结缔组织气肿及瘤胃臌气而显著膨胀。又因肺脏在濒死期水肿的结果，由鼻孔流出血样泡沫，肛门与阴门也有血气泡，有特殊的恶臭；在病变中央周围，肌肉颜色较淡，有数量不等的夹杂有气泡的黄色或淡红色的水肿液，尤以结缔组织中液体最多。淋巴结肿胀，有液体浸润及出血点。肺充血、出血、小叶间胶样浸润或气肿。肝、肾呈暗黑色，常充血，稍肿大，有豆粒至核桃大小的坏死灶，切开有大量血液和气泡流出，切面呈海绵状。有时心肌变性，色淡而脆，心脏内外膜有出血斑，心包液暗红且增多。其他器官常呈败血症的一般变化。如为产道感染，可见母羊会阴部皮肤和阴道黏膜坏死，股部肌肉肿胀，颜色变黑。

4. 诊断

因为气肿疽的症状及剖检变化特殊，很易辨认。进一步确诊取肿胀部位的肌肉、肝、水肿液，做细菌分离培养和动物试验，将病料制成5～10倍乳剂，以0.5～1毫升注入豚鼠股部肌肉，于24～48小时死亡。剖检肌肉呈黑红色，且干燥，腹股沟部通常可见少量气泡。

本病易与炭疽、巴氏杆菌病相混淆，应注意鉴别。炭疽可使各种动物感染，局部肿胀为水肿性，没有捻发音，脾高度肿大，取末梢血涂片镜检，见荚膜竹节状的炭疽杆菌，炭疽沉淀试验阳性。巴氏杆菌病的肿胀部主要见于咽喉部和颈部，为炎性水肿，硬固热痛，但不产气，无捻发音，常伴发急性纤维素性胸膜的症状与病变，血液或实质脏器涂片染色镜检，可见两极着色的巴氏杆菌。

5. 防治

（1）**预防** 本病流行地区及其周围，每年春、秋季节进行气肿疽甲醛菌苗预防注射，近年来又研制成功气肿疽、巴氏杆菌病二联疫苗，对两种病的免疫期各为1年。将同群未发病的羊只立即转移到另外的牧场或改换饲料，也可用抗气肿疽血清或抗生素、磺胺类药物进行预防治疗，常可使流行停止。病畜圈栏、用具以及被污染环境用3％福尔马林或0.2％升汞液消毒；粪便、污染的饲料和垫草等应焚烧销毁。死羊严禁剥皮吃肉，应深埋或焚烧。

（2）**治疗** 病羊应该隔离治疗。可以采用局部治疗和全身性治疗。

① 局部治疗：用加有80万国际单位青霉素的0.25％～0.5％普鲁卡因溶液10毫升，于肿胀部周围分点注射。或用1％～2％高锰酸钾水溶液于肿胀周围分点注射。

② 全身治疗：早期用抗气肿疽血清，皮下、静脉或腹腔注射30～50毫升，病情严重的可隔8～12小时再注射1次。经验证明，本病的最初阶段应用青霉素、四环素等有良好作用。青霉素80万单位，肌注，每日2次；四环素0.5～1克，溶于葡萄糖盐水中，静注，每天2次。

六、羊溶血性链球菌病

羊链球菌病是由一种溶血性链球菌所引起的急性、热性、败血性传染病，主要发生于绵羊，其特征为颌下淋巴结和咽喉肿胀，各脏器出血，大叶性肺炎、胆囊肿大。

1. 病原

羊溶血链球菌，按兰氏分类法是属于 C 群的一种兽疫链球菌。肝脾抹片镜检，本菌有荚膜，多呈双球菌排列，很少单个存在，间有 4～6 个的短链，在血液与胸腔积液中可见长链。本菌无运动性，不形成芽孢，革兰氏阳性，需氧兼性厌氧菌。本菌对外界环境的抵抗力较强，在 $-20℃$ 的条件下生存 1 年以上。对一般消毒药的抵抗力不强，2％石炭酸、0.1％升汞、2％来苏尔和 0.5％漂白粉均可在 2 小时内将其杀死。

2. 流行特点

本病以绵羊易感，山羊次之。自然感染主要经呼吸道，其次是皮肤损伤，也可通过蚊、蝇、虱等吸血昆虫传播。本病流行有明显的季节性，多在冬、春季流行，以 2～3 月间最严重。病的发生和死亡与天气有很大的关系。在新疫区危害最强，常呈流行性，而在常发地区则多为散发性。营养不良、密度过大、天气骤变、通风不良是本病发生和流行的重要诱因。

3. 临床表现与特征

病初体温升高到 41℃ 以上，精神沉郁，食欲减退乃至废绝，反刍停止。眼结膜充血，流泪，随后流出脓性分泌物。鼻孔流出浆液至脓性鼻液。病羊的特征性病状是呼吸迫促乃至困难，咽喉部、颌下淋巴结肿胀，有的舌肿胀。粪便软而混有黏液或血。孕羊发生流产。有的病羊眼睑、脖子、颊部均肿胀。濒死前磨牙、呻吟、抽搐。病程短的 1 天，长的 2～5 天，转归多死亡。

4. 诊断

通过涂片，可发现革兰氏染色阳性的球形或椭圆形球菌。进一步可进行分离培养做出诊断。

5. 防治

（1）预防　认真做好抓、保膘，修缮棚圈，抵御风雪严寒等自然灾害的袭击，避免拥挤，改善草场条件，不从疫区购入羊只及其产品。

本病常发区，每年用羊链球菌灭活苗作免疫接种，一律皮下注射5毫升，3月龄以下羊羔在第一次注射后2～3周再注射1次，免疫期6个月以上。

（2）治疗　早期病羊可用青霉素、磺胺药物治疗，每次肌内注射青霉素80万～160万单位，每日2次，连用2～3日。磺胺嘧啶每次5～6克（小羊减半）口服，每日1～2次。有条件地区最好根据药敏试验的结果选用抗生素，疗效更好。

七、羊炭疽

1. 病原

炭疽是由炭疽杆菌（革兰氏染色阳性）引起人兽共患的一种急性、热性、败血性传染病。其临诊特征为突然发病，高热稽留，脾脏显著肿大，皮下及浆膜下结缔组织出血浸润，血液凝固不良，呈煤焦油样。

2. 流行特点

本病常呈地方性流行。本病的发生有一定的季节性，多发生于6～8月，也可常年发病。特别是在干旱或多雨、洪水泛滥和吸血昆虫滋生等环境下都可促进本病暴发。病畜是主要的传染源，主要由消化道、呼吸道及皮肤伤口感染，也可由吸血昆虫的叮咬传染。

3. 临床表现与特征

本病的潜伏期一般为3～6天，有的可达14天，绵羊可以短至12～24小时。羊多为急性发作，表现为突然倒地，全身痉挛，磨牙，站立时摇摆不稳，体温升高到42℃，呼吸困难，黏膜发绀，天然孔流出带有气泡的黑红色液体，于几分钟内死亡。病程发展稍慢者，常出现兴奋不安，呼吸急促，黏膜发绀，精神沉郁，卧地不起，天然孔流出血水等症状，在数小时内死亡。有的羊出现体温升高和腹痛等症状。

4. 临床诊断

依据临床症状和病理变化可做出初步诊断。可疑炭疽的病羊禁止剖检，病羊生前采取静脉血液，死羊可从末梢血管采血涂片。必要时做局部解剖，采取小块脾脏，然后将切口用0.2%升汞或5%石炭酸浸透的棉花或纱布塞好。涂片用瑞氏染液或美蓝染液染色，置于显微镜下观察，若发现带有荚膜的单个、成双或短链的粗大杆菌即可确诊。

应注意羊炭疽和羊快疫、羊肠毒血症、羊猝狙、羊黑疫的鉴别诊断。羊快疫用病羊肝被膜触片，美蓝染色镜检可发现无关节长链状的腐败梭菌。羊肠毒血症在病羊肾脏等实质器官内可见D型魏氏梭菌，在肠内容物中能检出魏氏梭菌ε毒素。羊猝狙用病羊体腔渗出液和脾脏抹片，可见C型魏氏梭菌，从小肠内容物中能检出魏氏梭菌β毒素。羊黑疫用病羊肝坏死灶涂片，可见两端钝圆、粗大的B型诺维氏梭菌。

5. 防治

(1) **预防**　在疫区或常发地区，每年对易感动物进行预防注射（羊1岁以内不注射），常用的疫苗有无毒炭疽芽孢苗（绵羊0.5毫升，皮下注射）和Ⅱ号炭疽芽孢苗（山羊和绵羊1毫升，皮下注射），接种14天后产生免疫力，免疫期为1年。

(2) **治疗**　发现病羊，立即将病羊和可疑羊进行隔离，迅速上报有关部门，尸体禁止剖检和食用，应就地深埋；病死羊躺过的地面应除去表土15～20厘米，并与20%漂白粉混合深埋，环境严格消毒，污物用火焚烧，相关人员加强个人防护。已确诊的病羊，一般不予治疗，而应严格销毁。如必须治疗时，应在严格隔离和防护条件下进行。

【处方1】抗炭疽高免血清，预防剂量16～20毫升，治疗剂量50～120毫升，皮下或静脉注射，每天1次，连用2次。

青霉素5万～10万单位/千克体重，链霉素10～15毫克/千克体重，注射用水10～20毫升，肌内注射，每天1～2次，连用3～5天。

【处方2】青霉素500万～1000万单位，生理盐水500毫升，静脉注射，每天2次，连用3～5天。

庆大霉素注射液8万～12万单位，肌内注射，每天2次，连用3～5天。

【处方3】10%葡萄糖注射液500毫升，磺胺嘧啶钠注射液70～100毫克/千克体重，每天2次，连用3～5天。

八、绵羊出血性败血病

绵羊出血性败血病又称绵羊巴氏杆菌病，是一种主要由多杀性巴氏杆菌引起各种畜禽共患的传染病的总称。羊巴氏杆菌病多见于羔羊，绵羊发病较重。其临诊特征为急性病例发热、流鼻液、咳嗽、呼吸困难、败血症、肺炎、炎性出血和皮下水肿。

1. 病原

其病原为多杀性巴氏杆菌，本菌呈卵圆形、球杆状或多形性，不形成芽孢，不运动，革兰氏染色阴性。本菌存在于病羊全身各组织、体液、分泌物及排泄物里，健康羊的呼吸道也可能带菌。该菌对理化因素的抵抗力较弱，对干燥、热和阳光敏感，普通消毒药在数分钟内可将其杀死。

2. 流行特点

本病无明显季节性，多散发，也可呈地方性流行。多发生于羔羊和绵羊，各种年龄的绵羊均易感，山羊也易发生，多呈慢性经过。本病主要经消化道、呼吸道传染，也可通过吸血昆虫叮咬或经皮肤、黏膜的创伤感染。羊群过大、大小混养、饲养不良、饥饿、气候剧变、寒冷、闷热、挨淋、潮湿、通风不良、拥挤、运输、寄生虫病侵袭等因素作用时，机体抵抗力降低，均可诱发本病。

3. 临床表现与特征

(1) 绵羊症状 最急性型多见于哺乳羔羊，1 日龄羔羊即可发病，发病突然，表现为寒战、虚弱、呼吸困难，往往呈一过性发作，在数分钟或数小时内死亡。急性型精神极度沉郁，食欲废绝，体温升高至 41～42℃。呼吸短促，咳嗽，鼻孔常有出血，并流出黏性分泌物。眼结膜潮红，有黏性分泌物，有时在颈部、胸下部发生水肿。初期便秘，后期腹泻，有时粪便呈血水样。病羊常在严重腹泻后虚脱而死，病程 2～5 天。慢性型病羊食欲减退，消瘦，咳嗽，流出黏脓性鼻液，呼吸困难。伴发角膜炎。有时在颈部、胸下部发生水肿。病羊腹泻，粪便恶臭。临死前极度衰弱，四肢厥冷，体温下降，病程可达 21 天。

(2) 山羊症状 体温轻度升高，食欲不振，流出黏液性鼻液，长期咳嗽，营养不良，如不及时治疗，常发生大叶性肺炎，病程 10 天左右。

4. 诊断

采集病死羊的新鲜病料，肺、肝、脾及胸腔液做涂片，用碱性美蓝或瑞氏染色镜检，可见有两极浓染，中间着色较浅的卵圆形小杆菌。进一步确诊还可做细菌培养、动物接种等病原学检查。

5. 防治

(1) 预防 加强饲养管理，给予全价配合饲料和优质草料，合理分群，不过度放牧，避免各种应激因素的作用，保持圈舍卫生，定期严格消毒，发现病羊立即隔离治疗。引种前后各肌内注射氟苯尼考注射液 1～2 次，可预防发病。有条件时可注射疫苗。

（2）**治疗**　青霉素、链霉素、磺胺类药、广谱抗生素等药物对本菌都有一定疗效，可选择使用。用量每千克体重，庆大霉素 1000～1500 单位，四环素 5～10 毫克，20%磺胺嘧啶钠 5～10 毫升，均肌内注射，每日 2 次，或用复方磺胺嘧啶，口服每次每千克体重 25～30 毫克，1 日 2 次，直到体温下降，食欲恢复为止。

九、羊旋转病

羊旋转病又称李氏杆菌病，是人畜共患传染病。羊李氏杆菌病是由李氏杆菌引起的羊散发性传染病。以脑膜脑炎、败血症和孕畜流产为特征。李氏杆菌病是由李氏杆菌而导致的一种传染病，家禽、家畜、啮齿动物以及人类都能够感染。羊李氏杆菌病的发病率较低，但致病死亡率较高，因此养殖者应当重视该病的防治工作，针对发病原因及特点进行科学防范，最大程度减轻和消除该病对养羊业的危害。

1. 病原

李氏杆菌是一种小杆菌，呈革兰氏阳性，在抹片中往往单个存在、成对或者呈 V 形排列。该菌不耐酸，pH 值小于 5.0 时无法存活，pH 值达到 9.6 时仍能生长。对食盐的耐受性强，对热的耐受性比大多数无芽孢杆菌强，如 65℃需经 30～40 分钟才能将其杀灭，常用的消毒药都能够将其灭活。

2. 流行特点

李氏杆菌病能够在较大范围内发生，家畜、家禽、野生动物甚至人类基本都能够感染该菌，其中羊比较容易感染。任何年龄、性别的羊都能够发病。该病的主要传染源是病羊，并通过粪便、鼻液、生殖道分泌物以及水源蔓延传播，且发病与气候变化、卫生条件、饲养管理等紧密相关。另外，该病一般呈散发性，尽管具有较低的感染率，但具有较高的死亡率。

3. 临床表现与特征

病羊表现出精神萎靡，被毛脏乱，走动不稳，步态蹒跚，动作异常，或者向一侧旋转，有时头颈会朝向一些歪斜，向一侧作转圈走动，无法人为迫使其改变。流鼻液、流涎，采食、吞咽困难，停止反刍，机体虚弱无力，妊娠母羊往往会发生流产。头颈上弯，颈项强硬，发生角弓反张。体温明显升高，一般可达到 39～40.9℃，呼吸达到 30～40 次/分钟，心率达到 80～115 次/分钟。有些病羊出现头颈一侧性麻痹以及咬肌麻痹，眼睛紧闭，双眼流泪，下颚皮下存在积液，肌肉痉挛，腹泻，机体日渐消瘦，往往卧地不起，发出痛苦的呻吟，且四肢持续划动。发病后期，病羊会倒地无法站起，陷入昏迷，抽搐，四肢呈游泳状划动，经过 2～3 天会由于严重衰竭而发生死亡。病程最短时只能够持续 2～3 天，长时能够达到 7～20 天。

对病死羊进行剖检，通常不存在肉眼可见的特殊病变。通过组织学检查时，可在脑桥、中脑以及延脑看到典型的微脓肿以及淋巴细胞性管套。微脓肿开始是由于小胶质细胞结节和少许中性粒细胞聚集而形成，接着结节中心发生液化，并存在明显中性粒细胞浸润。这种化脓灶非常局限，不会发生较大扩展，但能够在整个白质上散布。

4. 临床诊断

(1) **临床症状** 羊李氏杆菌病的早期症状为体温异常升高至 40～41.6℃，但是不久后降至接近正常，而且常伴有精神沉郁、食欲减退及眼结膜发炎等症状。随着病情的进一步发展，病羊出现眼球突出、目光呆滞、视力障碍或完全失明等症状，而且常伴有颈部、后头部及咬肌痉挛，头颈偏向一侧及大量流涎等表现。后期病羊出现神志昏迷、颈项强直、角弓反张、四肢呈游泳状滑动等症状。一般情况下该病自发病到死亡的时间为 3～7 天，成年病羊的病程可达 1～3 周，死亡率为 10%。羔羊常因急性败血症而死，妊娠母羊经常在无任何症状下流产，胎衣滞留 2～3 天后自行排出。

（2）**病理解剖**　剖检可见淋巴结病变，表现为淋巴结肿大、湿润及水肿症状。病理切片可见肺充血或点状出血，心、肝、肾变性出血，而且伴有膜性心内膜炎，肝、脾及深层肌肉有化脓性病灶，组织切片检查可见单核细胞大量浸润的脑膜炎变化。

（3）**细菌培养鉴定**　对病死羊的肝、脑组织进行涂片染色，可见革兰氏阳性小杆菌。显微镜检查可见 V 形或并列的细小杆菌，而且菌杆两端钝圆、菌体散在、无芽孢或荚膜。将杆菌接种于亚碲酸钾血液琼脂平板上，可形成圆形、隆起、湿润且黑色的菌落；在血液琼脂平板上生长良好，而且形成狭窄的 β 溶血环；在胰蛋白琼脂平板上培养，可形成蓝绿色、具有特殊光泽的纯净透明菌落。

该病要与脑多头蚴病和羊鼻蝇蛆病进行区别。羊李氏杆菌病，病程持续时间较短，往往呈急性发病，体温明显升高且细菌学检查呈阳性。羊脑多头蚴病，能够在粪便中发现绦虫节片，且肠道中寄生有虫体。羊鼻蝇蛆病，病羊会有黏液或者脓性鼻液从鼻孔流出，经常打喷嚏，眼睑发生水肿，持续流泪。剖检鼻腔或者脑部进行检查，能够看到羊鼻蝇幼虫虫体。

5. 防治

病羊可按体重肌内注射 0.2 毫升/千克长效磺胺注射液，每天 1次。也可静脉注射 3 支 20 毫升浓糖、4 支 10 毫升 10% 磺胺嘧啶，每天 1 次，连续使用 3 天。同时，配合按体重内服 0.2 克/千克磺胺二甲嘧啶，连续使用 3 天。对于同群假定健康的羊，也要及时投服磺胺二甲嘧啶进行预防。如果病羊表现神经症状，要采取对症治疗，如肌内注射盐酸氯丙嗪，用量根据药品说明书确定，每天 1次，连续使用 5 天。另外，在羊群日粮中可添加适量的泰妙菌素、阿莫西林，同时在饮水中添加适量的葡萄糖、电解多维，改善体质，避免出现继发感染。

病羊也可采用肌内注射12%复方磺胺甲基异噁唑80毫升，每天2次，连用5天。同时肌内注射氯胺素400万单位，每天2次，连用5天。对伴有神经症状的病羊加用250毫克氯丙嗪注射液。另外还可用0.1%的高锰酸钾水做胃肠消毒，在饲料或饮水中加入土霉素，并用石炭酸消毒羊圈。

十、羊结核病

结核病是由分枝杆菌（直或弯的细长杆菌，呈单独或平行相聚排列，多为棍棒状，间或有分支状）引起人和动物共患的一种慢性传染病。其主要特征是在组织器官中形成结核结节（结核性肉芽肿）。所有家畜均能感染，牛最容易发生，羊、猪和禽类较少。

1. 病原

结核病的病原是结核分枝杆菌，又称结核杆菌，主要有三型：牛型、人型和禽型，分别为牛、人和禽结核病的主要病原，羊对牛型结核杆菌最易感，其次是禽型结核杆菌。该菌为革兰氏阳性杆菌，对干燥和湿冷抵抗力强，对热抵抗力差。常用消毒药均可杀死本菌。该菌对青霉素、磺胺类药物及其他广谱抗生素均不敏感。但对链霉素、异烟肼、对氨基水杨酸和环丝氨酸等药物敏感。

2. 流行特点

可侵害多种动物，在家畜中牛最易感，特别是奶牛。羊极少发病。

严重病羊或其他病畜的痰液、粪尿、奶、泌尿生殖道分泌物及体表溃疡分泌物中都含有结核杆菌。健康羊吃喝了被结核杆菌污染的饲料和饮水，或者吸入了含有细菌的空气，即可通过消化道和呼吸道受到传染。

3. 临床表现与特征

轻度病羊没有临诊症状，病重时食欲减退，全身消瘦，皮毛干燥，精神不振。常排出黄色稠鼻涕，甚至含有血丝，呼吸带痰音（"呼噜"作响），发生湿性咳嗽，肺部听诊有显著啰音。有的病羊臀部或腕关节发生慢性浮肿。乳上淋巴结发硬、肿大，乳房有结节并溃疡。

病的后期表现贫血，呼吸带臭味，磨牙，喜吃土，常因痰咳不出而高声叫唤。体温达 40～41℃，死前 2 天左右下降。贫血严重时，乳房皮肤淡黄，粪球变为淡黄褐色，最后消瘦衰竭而死亡，死前高声惨叫。

4. 诊断

临床诊断：当羊发生不明原因的渐进性消瘦、咳嗽、肺部异常、顽固性腹泻、体表淋巴结慢性肿胀等时，可作为疑似本病的依据。但仅根据临诊症状很难确诊。羊死后根据特异性结核病变，不难做出诊断。必要时要进行微生物学检验。

实验室诊断：用结核菌素作变态反应，是诊断本病的主要方法。诊断绵羊、山羊结核病时，用稀释的牛型和禽型两种结核菌素同时分别皮内接种 0.1 毫升，72 小时判定反应，局部有明显炎症反应，皮厚差在 4 毫米以上者为阳性。可采取病料（病灶、痰、尿、粪便、乳及其他分泌液）作抹片镜检，分离培养和实验动物接种。

5. 防治

（1）**预防** 将阳性反应的羊严格隔离，禁止与健康羊群发生任何直接或间接的接触，例如放牧时应避免走同一牧道及利用同一牧场。病羊所产的羔羊，立刻用 3% 克辽林或 1% 来苏儿溶液洗涤消毒，运往羔羊舍，用健康羊奶实行人工哺乳，禁止哺吮病羊奶。如果病羊为数不多，可以全部宰杀，以免增加管理上的麻烦及威胁健康羊群。如要增添新羊，必须先作结核菌素试验，阴性反应的方可引进。

(2) **治疗** 对于有价值的优良品种的绵羊、轻型病例，可用链霉素、异烟肼（雷米封）、对氨水杨酸钠或盐酸黄连素治疗；对于临诊症状明显的病例，不必治疗，应坚决扑杀，以防后患。

十一、羊布鲁氏菌病

羊布鲁氏菌病是由布氏杆菌引起的人畜共患慢性传染病。主要侵害生殖系统，其特征是生殖器官和胎膜发炎，引起流产、不育和各种组织的局部病灶。

1. 病原

羊布鲁氏菌病为马耳他布氏杆菌，为革兰氏阴性、不形成芽孢的小杆菌。在自然条件下，该菌生长活力比较强，在土壤、水中和皮毛上能存活几个月。在日光直射、消毒药的作用下和干燥条件下，抵抗力较弱。消毒药可用0.1％升汞、1％来苏儿、2％福尔马林、5％生石灰乳。

2. 流行特点

母羊比公羊易感性高。传染源是病羊，妊娠母羊、流产的胎儿、胎衣、羊水和阴道分泌物及乳汁中均含有大量病原菌，患该病公羊的睾丸中也存有病菌。消化道是主要感染途径，即通过被污染饲料和饮水而感染，经皮肤感染也较常见，自然交配也可相互传染。本病无明显的季节性。

3. 临床表现与特征

一般无明显症状，妊娠母羊流产是本病的主要症状，开始仅为少数，以后逐渐增多。流产前，食欲减退，喜卧、口渴、阴道流出黄色液体。流产常发生在妊娠后的3～4个月。其他可能出现的症状有早产、产死胎、乳腺炎、关节炎、跛行、公羊睾丸炎和附睾炎。山羊有的发生流产2～3次，山羊群流产率可达40％～90％。

4. 诊断

本病的临床症状、剖检变化常缺乏明显特征，而多数病羊呈隐性感染。因此，诊断时应多种方法相互配合，才能做出正确诊断。当羊群中发现有可疑病羊时，首先应观察有无布氏杆菌病的特征，如流产、胎盘停滞或关节炎以及睾丸炎等症候，了解病羊的接触史及传染源，然后进行细菌学、生物学或血清学等试验。通常是凝集试验和补体结合试验两者结合应用，以互相补充，然后进行细菌学、生物学或血清学等试验。羊血清 1：50 稀释呈现 50% 以上凝集时，可判为阳性。变态反应出现较晚，但其持续时间较长，对羊布氏杆菌病的检出率很高。在条件允许时，可用多种方法进行综合性诊断，如抗球蛋白试验、二巯基乙醇凝集反应和半胱氨酸凝集反应、酶联免疫吸附试验和乳汁环状试验等，均可根据不同情况应用。

5. 防治

（1）**预防** 最好实行自繁自养，引进羊时必须严格检疫；定期进行本病血清学检查，对阳性羊只捕杀淘汰；疫区定期进行预防接种，羊型 5 号苗皮下注射 10 亿个菌，室内气雾 50 亿个菌/立方米，饮（灌）服 250 亿个菌。猪型 2 号苗口服，山羊、绵羊一律 100 亿个菌，皮下或肌内注射山羊 25 亿个菌、绵羊 50 亿个菌。

（2）**治疗** 一般将病羊淘汰，不做治疗。对价值昂贵的种羊，可在隔离条件下治疗，用 0.1% 高锰酸钾溶液冲洗阴道和子宫，必要时用磺胺和抗生素治疗。

十二、羔羊痢疾

羔羊痢疾是由 B 型产气荚膜梭菌引起的初生羔羊的一种急性毒血症。其临诊特征为剧烈腹泻、小肠发生溃疡和羔羊大批死亡。主要危害 7 日龄以内的羔羊，以 2～3 日龄羔羊发病最多。

1. 病原

由 B 型魏氏梭菌所引起。

2. 流行特点

主要为 7 日龄以内的羔羊发病，以 2～3 日龄的羔羊发病最多，7 日龄以上的很少发病。纯种细毛羊和改良羊的适应性比本地土种羊差，其羔羊的发病率和死亡率都较高。母羊营养不良，产羔季节过于寒冷或炎热等，均有利于本病的发生。病羊及带菌羊是本病的主要传染源。可通过羔羊吮乳，或食入被本菌的芽孢污染的牧草、饲料或饮水等，经消化道感染，也可通过脐带或创伤感染。

3. 临床表现与特征

自然病例潜伏期为 1～2 天，病初羔羊精神沉郁。低头拱背，不想吃奶，随后发生持续性腹泻，粪便呈黄色或带血，恶臭，甚至排粪失禁，变为血便，病羔逐渐脱水，虚弱，卧地不起，若不及时治疗，常在 1～2 天内死亡。有的羔羊腹胀而不腹泻，或只排少量稀粪（也可能带血），四肢瘫软，卧地不起，呼吸急促，口吐白沫，头向后仰，体温降至正常体温以下，最后昏迷死亡。

4. 诊断

在常发地区，依据流行病学、临床症状和病理变化，一般可做出初步诊断。实验室诊断时，生前可采集粪便，死后常采集肝脏、脾脏及小肠内容物等作为病料。染色检查可于肠道发现大量有荚膜的革兰氏阳性大杆菌，同时于肝脏、脾脏等脏器也可检出魏氏梭菌。常用厌气肉肝汤和鲜血琼脂进行培养。纯分离物进行生化试验以便鉴定。

5. 防治

（1）预防　加强母羊饲养管理，供给配合饲料和优质饲草，保证羊舍舒适卫生，冬季保暖，夏季防暑，产羔前对产房进行彻底消毒（可用 1％～2％的热氢氧化钠液或 20％～30％的石灰水），注意接产卫生，脐带严格消毒，辅助羔羊吃奶；每年秋季对母羊注射羔羊痢疾疫苗或羊厌氧七联干粉苗，产前 2～3 周再加强 1 次。

（2）**治疗**　土霉素 0.2～0.3 克或再加胃蛋白酶 0.2～0.3 克，加水灌服，每天 2 次；磺胺胍 0.5 克、鞣酸蛋白 0.2 克、次硝酸铋 0.2 克、重碳酸钠 0.2 克，加水灌服，每天 3 次；先灌服含 0.5％ 福尔马林和 6％硫酸镁溶液 30～60 毫升，6～8 小时后再灌服 1％高锰酸钾溶液 10～20 毫升，每天 2 次；如并发肺炎，可用青霉素、链霉素各 20 万单位混合肌注，每天 2 次。在使用药物的同时，要适当采取对症治疗，如强心、补液、镇静，食欲不好者可灌服人工胃液（胃蛋白酶 10 克，浓盐酸 5 毫升，水 1 升）10 毫升或番木别酊 0.5 毫升，每天 1 次。

十三、羔羊白痢

羔羊白痢即羔羊大肠杆菌病，是由致病性大肠杆菌（为革兰氏阴性、两端钝圆的中等大小的杆菌）引起的羔羊的一种急性传染病，其特征是出现剧烈腹泻或败血症。因病羔羊常排出白色稀粪，又名羔羊白痢。多见于冬、春舍饲季节。

1. 病原

大肠杆菌属于肠杆菌科埃希氏菌属，革兰氏染色阴性，中等大小，无芽孢，能运动。病原对外界因素的抵抗力不强，60℃下 15 分钟即死亡，一般常用消毒药均可将其杀死。各种动物对本病均易感染。

2. 流行特点

本病多发于数日龄至 6 周龄内的羔羊，偶有 3～8 月龄的羊发。本病多发生于冬、春舍饲期间，放牧季节很少发生。气候多变、初乳不足、圈舍潮湿等可促进本病发生，常呈地方性流行。病羊和带菌羊是本病的传染源，主要通过消化道感染。

3. 临床表现与特征

（1）**败血型**　主要发生于 2～6 周龄的羔羊。病初体温升高至 41.5～42℃，病羊精神委顿，四肢僵硬，运步失调，头常弯向一侧，视力障碍，之后卧地，磨牙，头向后仰，一肢或数肢作划水动作，口吐泡沫，鼻流黏液，呼吸加快，很少或无腹泻，最后昏迷，多于发病后 4～12 小时死亡。有的病羊关节肿胀、疼痛。

剖检可见胸腔、腹腔和心包大量积液，混有纤维素。肘关节、腕关节等发生肿大，滑液增多而混浊，含有纤维素性脓性渗出物。脑膜充血、小点状出血，大脑沟常有脓性渗出物。

（2）**肠型**　多见于 7 日龄以内的羔羊。病初表现体温升高，随之出现下痢，体温降至正常，病羔腹痛，拱背，精神委顿，粪便先呈黄色粥状，后呈淡灰白色，含有乳凝块，严重时呈水样，含有气泡，有时混有黏液和血液，排粪痛苦，甚至里急后重，病羔衰弱，食欲废绝，卧地不起，脱水死亡，病死率 15%～75%。偶见关节肿胀。

4. 诊断

病初体温升高到 41℃ 左右，后降至正常，死前降至 36℃ 左右。病羊迅速脱水衰弱，多于病后 1～2 天死亡，延迟者少见。

（1）**败血型**　羔羊发生菌血症后突然腹泻，有时发生胸膜炎、关节炎或脑膜炎。

（2）**肠型**　主要表现下痢，粪便稀薄，呈泡沫状，恶臭，初呈黄色，继而变为淡灰白色，内含凝乳块，严重者混有血液。排粪痛苦呈里急后重。病羊沉郁，衰弱，久卧，脱水而死亡。

确诊需采集血液、内脏、肠黏膜等进行细菌学检查。

5. 防治

（1）**预防**　加强饲养管理，改善羊舍环境条件，定期消毒，保持母羊乳头清洁，羔羊及时吮吸初乳等。有条件的可对妊娠母羊接种大肠杆菌疫苗，可使羔羊获得被动免疫。

(2) **治疗** 本病病原为条件性致病菌，应及时找出诱因加以消除，是制止本病流行的关键。药物治疗可以选取以下处方：土霉素20～50毫克/千克体重，分2～3次/天灌服。也可选用多西环素注射液，每次10～12毫克/千克体重，肌注，2次/天。或选用磺胺脒片0.1～0.2克/千克体重（有败血症倾向时改为复方新诺明片20～25毫克/千克体重），碳酸氢钠片0.5～1克，硅碳银片2～5片，次硝酸铋片2～5片，颠茄片2～4毫克，加水内服，每天2次，连用3～5天。

十四、羔羊血痢

羔羊血痢是由羊沙门氏菌引起的。羊沙门氏菌病包括绵羊沙门氏菌性流产和羔羊副伤寒两种病。羔羊副伤寒，俗称血痢或黑痢，是羔羊的急性传染病。其特征是发生急性败血症和下痢。最常危害7～15日龄的羔羊，也可见于2～3日龄的羔羊。发病率约30%，死亡率约25%。

1. 病原

病原体为羊沙门氏菌。沙门氏菌分为三型，即羊流产沙门氏菌、都柏林沙门氏菌和鼠伤寒沙门氏菌，羔羊副伤寒的病原以后两种菌为主。沙门氏菌短小，两端钝圆，有鞭毛，能运动，为革兰氏阴性。对于不利的环境因素如日光、干燥、腐败及冷冻等都有较强的抵抗力，在水、土壤和粪便中能存活数月，但不耐热。一般消毒剂均可将其迅速杀死。

2. 流行特点

羔羊出生后2～3天发病的，主要是在子宫内发生了感染，或者是因为吞下羊水而受到感染。7～15天发病的，是由于在出生后经消化道受到感染。主要传染来源是病羊。污染严重的圈棚、水、奶和用具等，都是造成传染的条件。当羔羊抵抗力降低时，沙门氏菌便迅速引起胃肠发炎。

3. 临床表现与特征

病羔体温升高到40～41℃，食欲减退，严重腹泻，排黏性带血稀粪，有恶臭，精神委顿，虚弱，低头，拱背，继而倒地。病羔往往死于败血症或严重脱水。有的出现肺炎和关节炎症状。病羔耐过后，生长发育缓慢，甚至变为侏儒羊。尸体解剖的主要病变是真胃和小肠黏膜有炎症变化；黏膜潮红，有出血点。肠内容物稀薄如水。肠系膜淋巴结肿大。心外膜及肾皮质有小点出血。

4. 诊断

根据发病日龄、症状及剖检可以做出初步诊断，从肠道和肠系膜淋巴结的细菌培养能够做出确诊。血清反应特异性很高，可使用平板快速凝集反应进行诊断。

本病最容易与球虫病相混淆。但球虫病患羊的粪便中血液更多，而且可以从显微镜下查到球虫。

5. 防治

（1）**预防** 发现症状后，立刻严格隔离，以免扩大传染。同时给予容易消化的奶；可以加入开水，少量多次喂给。对于未发病的羔羊，为了增强抵抗力，可以用初乳及酸乳进行饮食预防。给予较长时间较大量的酸乳，可以使羔羊获得足够的免疫体和维生素A，并能促进生长发育和预防肠道细菌的危害。也可以在羔羊出生后1～2小时内皮下注射母血5～10毫升进行预防。

（2）**治疗** 羔羊可用土霉素每千克体重30～50毫克，分2次内服。或磺胺二甲基嘧啶，每千克体重0.15～0.20克，2次/天。也可灌服复方新诺明口服（内含有效成分1.26克/片）3片，鞣酸蛋白0.2克，次硝酸铋0.2克，重碳酸钠0.2克灌服，2次/天。如果羔羊出现血痢，可在选用以上处方的基础上另用酚磺乙胺 0.25 克，肌内注射，起止血作用。对病程较长、脱水严重的羔羊以抗菌消炎、强心止血、补液解毒为主。葡萄糖、氯化钠溶液 200 毫升，青霉素 160 万单位，5% 葡萄糖注射液 100 毫升，酚磺乙胺 250 毫克，碳酸氢钠注射液 150 毫升，静脉注射，2 次/天。另外根据脱水情况进行调整补液量。

十五、破伤风

破伤风俗称"锁口风""强直症"，是一种人、畜共患的急性、创伤性、中毒性传染病。以病羊骨骼肌持续性痉挛和对外界刺激发射兴奋性增高为特征。

1. 病原

病原为破伤风杆菌，属芽孢杆菌属，革兰氏染色阳性，可产生毒性很强的毒素。其芽孢抵抗力很强，耐热，在土壤中可存活几十年；10% 碘酊、10% 漂白粉及 30% 双氧水能很快将其杀死。

2. 流行特点

本病无季节性，通常为零星散发。多见于羔羊和产后母羊。破伤风梭菌广泛存在于自然界中，人和动物的粪便都可带有，特别是施肥的土壤、腐臭淤泥中。病原必须经伤口传播。羊常因断脐、断尾、断角、去势、手术、产后产道损伤和其他创伤或擦伤感染，特别是狭小而深的创伤（如钉伤、刺伤），伤口内发生坏死，或伤口被泥土、粪、痂皮封盖造成厌氧环境，最适合病原生长繁殖，产生大量毒素，侵害中枢神经系统。在临床上有时常找不到伤口，这可能是因为在潜伏期中创伤表面已愈合或经过损伤的子宫、胃肠黏膜感染。

3. 临床表现与特征

潜伏期为 1～2 周。该病症状表现为不能自由卧下或立起，四肢逐渐强直，运步困难，角弓反张，牙关紧闭，不能采食，口流白色泡沫，耳朵直硬，尾直，呈"木马样"。常发生轻度肠臌胀。病羊易惊，突然的声响可使骨骼肌发生痉挛，致使病羊倒地。母羊的强直症多发生于产死胎或胎衣停滞之后，羔羊多因脐带感染，病死率很高。体温一般正常，死前可升高至42℃。继发症有脱水、心力衰竭、腹泻等。

4. 临床诊断

临床表现随创伤部位不同，表现不一样，病初表现症状不明显，随着病情发展，主要表现为精神呆滞。因四肢肌肉痉挛导致起卧困难；因咬肌痉挛，引起牙关紧闭，咀嚼困难；因耳肌痉挛，引起两耳竖立；因眼肌痉挛，致使眼睑半闭，瞬膜露出，瞳孔散大，眼球振颤；因鼻肌痉挛，使鼻孔开张；因咽喉肌肉痉挛，致使吞咽缓慢，流涎；因颈部肌肉痉挛，运动不灵活，头颈伸直，有时颈部向上方反曲；因背部肌痉挛，使腰背强直；因腹肌痉挛，腹围紧缩；因后驱肌肉痉挛，引起尾根高举。检查羊体时，有时能发现明显外伤，四肢强硬，关节屈伸困难，运步障碍。根据临床症状（神志清醒、应激增高、肌肉强直、呈木马状、两耳竖起、体温正常等）确诊为羊破伤风。

5. 防治

（1）**预防** 严格处理伤口，防止感染。加强饲养管理，防止发生外伤，如发生外伤，尽快用1％新洁尔灭溶液等清洗，然后涂抹2％～5％碘酊，羔羊断脐或进行各种手术时，注意消毒，并涂抹2％～5％碘酊或撒布青霉素粉。母羊产后可用青霉素、链霉素进行子宫灌注和肌内注射，防止产道感染。

本病常发的羊场，可注射破伤风类毒素，山羊、绵羊皮下注射0.5毫升，平时注射1次即可，受伤时再注射1次。

（2）**治疗** 治疗原则为加强护理（提供舒适环境，给予优质饲

肉羊常见病防治技术

料和充足饮水）、清创、抗菌、解毒、解痉和对症治疗。

处理病灶。伤口及时扩创，彻底清除伤口内的坏死组织，用1％新洁尔灭溶液冲洗干净，注入3％双氧水，再用0.1％新洁尔灭溶液冲洗，然后灌注5％～10％碘酊或10％～20％青霉素液。也可用0.1％高锰酸钾液处理伤口。伤口处理后不包扎。

药物治疗可以使用青霉素5万～10万单位/千克体重，注射用水5～10毫升，肌内注射，或将青霉素加入5％葡萄糖氯化钠注射液100～500毫升，静脉注射，每天1～2次，连用3～5天。或用破伤风抗毒素（血清），预防量1200～3000单位，治疗量5000～20000单位，皮下或肌内注射，也可以配合5％葡萄糖氯化钠注射液100～500毫升，静脉注射，每天1次，连用2～4天。或者选用25％硫酸镁注射液5～20毫升，肌肉痉挛时皮下或肌内注射，每天1～2次，连用2～4天。也可以使用丙二醇或甘油20～30毫升、维生素 D_2 磷酸氢钙片30～60片、干酵母片30～60克，成羊加水灌服，每天2次，连用3～5天；羔羊可饮用口服补液盐水。

第四节　肉羊常发的其它传染病

一、钩端螺旋体病

钩端螺旋体病又称黄疸血红蛋白尿，简称钩体病，是由钩端螺旋体（简称钩体）引起的一种重要而复杂的人兽共患病和自然疫源性疾病。其临床特征为发热，黄疸，血红蛋白尿，流产，皮肤和黏膜出血与坏死。全年均可发病，以夏、秋放牧期间更为多见。

1. 病原

钩端螺旋体菌体纤细，长短不一，一般为长6～20微米，宽

0.1～0.2微米，具有细密而规则的螺旋，菌体一端或两端弯曲呈钩状，常为"c""s"等形状。在暗视野显微镜下可见钩体像一串发亮的微细珠粒，运动活泼，可屈曲，前后移动或围绕长轴作快速旋转。电镜下钩体为圆柱状结构，最外层是鞘膜，由脂多糖和蛋白质组成，其内为胞壁，再内为浆膜，在胞壁与浆膜之间有一根由两条轴丝扭成的中轴，位于菌体一侧。钩体是以整个圆柱形菌体缠绕中轴而成，钩体的胞壁成分与革兰氏阴性杆菌相似。

2. 流行特点

本病在夏、秋季多见（每年7～9月为流行的高峰期），一般呈散发。各种家畜均可发病，幼畜发病较多，绵羊和山羊均易感。传染源主要是病畜和鼠类。病畜和鼠类从尿中排菌，污染饲料和水源，可以通过皮肤、黏膜和消化道传给健康羊。有时也可通过交配和菌血症期间吸血昆虫叮咬等传播。

3. 临床表现与特征

潜伏期为4～5天，通常表现为隐性感染，有些羊仅出现短暂的体温升高。少数病例表现为体温升高，呼吸和心跳加速，食欲减退，反刍停止，可视黏膜黄染，口、鼻黏膜坏死，消瘦，血红蛋白尿，腹泻，粪便带血，衰竭死亡。孕羊多发生流产。

尸体消瘦，口腔黏膜有溃疡，黏膜及皮下组织黄染，有时可见浮肿，浆膜和肠黏膜有大量出血，淋巴结肿大，胸、腹腔内有黄色液体。肺脏、心脏、肾脏、脾脏等实质器官有出血斑点。肝脏肿大，质地松软，发黄，肾脏稍肿大，皮质部散在有灰白色病灶。膀胱黏膜出血，内有红色或黄褐色尿液。

4. 诊断

在病羊发热初期采取血液，在无热期采取尿液，死后立即取肾脏和肝脏，直接离心或制成匀浆后离心，取沉渣，在暗视野显微镜下检查，或进行镀银染色和姬姆萨染色，查找钩端螺旋体。

5. 防治

（1）**预防** 严格检疫隔离，严禁从疫区引进羊。必要时引进的羊应隔离观察 1 个月确认无病后才能混群。避免去低湿草地、死水塘、水田、淤泥沼泽等有水（如呈中性或微碱性则危险性大）的地方和被带菌的鼠类、家畜的尿污染的草地放牧。发现病羊立即隔离，严防其尿液污染周围环境，并用 2%氢氧化钠液、10%～20%生石灰水、1%石炭酸、0.5%甲醛液等消毒。

定期灭鼠。从事动物饲养、动物产品加工和兽医工作等的人员做好卫生防护工作，必要时接种人用钩端螺旋体多价疫苗。有条件的可接种钩端螺旋体菌苗或多价苗。

（2）**治疗** 治疗原则为早期诊断、抗菌消炎和对症治疗。

【处方 1】青霉素 5 万～10 万单位/千克体重，链霉素 15～25 毫克/千克体重，注射用水 5～10 毫升，每天 2 次，连用 3～5 天。严重时全群注射。

【处方 2】20%长效土霉素注射液 0.05～0.1 毫升/千克体重，肌内注射，每天或隔天 1 次，连用 3～5 次。严重时全群注射。

【处方 3】庆大霉素注射液 0.5 万单位/千克体重（或氨苄青霉素 50～100 毫克/千克体重），5%葡萄糖氯化钠注射液 500 毫升，10%安钠咖注射液 5～20 毫升；10%葡萄糖注射液 500 毫升，维生素 C 注射液 0.5～1.5 克，依次静脉注射，每天 1 次，连用 3～5 天。

30%安乃近注射液 3～10 毫升，肌内注射，或复方氨基比林注射液 5～10 毫升，皮下或肌内注射。

二、传染性胸膜肺炎

羊传染性胸膜肺炎也称羊支原体性肺炎，是由许多支原体所引起的一种高度接触性传染病。其临床特征为高热、咳嗽，肺和胸膜发生浆液性或纤维素性炎症，呈急性或慢性经过，病死率很高。

1. 病原

引起山羊传染性胸膜肺炎的病原体为丝状支原体山羊亚种，为细小、多变性的微生物，革兰氏染色阴性，用姬姆萨氏法、卡斯坦奈达氏法或美蓝染色法着色良好。培养基的要求苛刻，培养时低浓度（0.7％）琼脂培养基上菌落呈"煎蛋"状。在自然条件下，丝状支原体山羊亚种只感染山羊，3岁以下的山羊最易感染，而绵羊肺炎支原体则可感染山羊和绵羊。

2. 流行特点

本病常呈地方性流行，一年四季均可发生，在冬、春枯草季节，以及遭受寒冷、阴雨、拥挤等不良环境因素作用时发病率较高。病羊是主要的传染源，耐过病羊也有传染的危险性，主要通过空气或飞沫经呼吸道传播。

3. 临床表现与特征

潜伏期平均为18～20天。最急性者和急性者体温升高到41℃，精神不振，拒食呆立，发抖，咳嗽，呼吸困难，鼻液为黏液性或脓性并呈铁锈色，粘于鼻孔及上唇。按压胸部敏感疼痛，听诊有水泡音和摩擦音，叩诊肺部有浊音。最急性者4～5天病情恶化，拱背伸颈，衰弱倒地而亡，死亡前体温降至正常或正常以下。急性者病程多为7～15天，有的转为慢性病例。慢性者多见于夏季，病情逐渐好转，全身症状轻微，食欲和精神恢复正常，间有咳嗽、流涕、腹泻、消瘦等症状，如遇饲养管理不善或天气突变，病情可能急剧恶化导致死亡，病程长达数月。

4. 诊断

（1）**最急性型**　急性发病，患病羊发病初期体温迅速升高到41～42℃，目光无神，呆滞，精神十分萎靡，食欲废绝，咳嗽，呼吸节奏短而粗，呼吸不畅，可视黏膜充血，病情严重的会发出痛苦的叫声。发病羊只流铁锈红色的浆性鼻液。肺部叩诊可听到实音或浊音，肺部听诊可听到肺泡的呼吸音减弱甚至消失。有些羊只的病情较重则会出现四肢僵直、倒地不起、呼吸十分困难，并伴随着全身颤抖，后因窒息迅速死亡。最急性型发病的病程为 2～3 天，个别严重的在发病 24 小时内死亡。

（2）急性型　在病羊的发病初期，反刍次数明显减少，甚至停止。精神沉郁，反应迟钝，咳嗽、呼吸困难、流浆液性鼻液，持续高温，喜卧不愿动。发病 3～5 天后咳嗽症状加剧、鼻腔浆液呈红棕色，眼睑肿胀且有脓性分泌物。半张口，流泡沫状唾液。按压病羊胸部会出现呻吟、躲避的症状，肺部听诊有呼吸音和喘鸣音，弯腰呈弓形。怀孕母羊流产率高达 50%，病程最后阶段，病羊反刍停止，瘤胃鼓起，有一些会腹泻，死亡时体温会低于正常体温。急性型的病程通常为 6～15 天，长的能达到 1 个月，大多数病例会转为慢性发病。

（3）慢性型　慢性发病的病羊主要是出现呼吸道症状和胸腔内器官病变，大多数是由急性发病转变而来。此类型病程较长，病羊有咳嗽、腹泻的症状，被毛粗糙、杂乱无光，少部分衰竭而亡，大多数可自愈。但自愈后的病羊会成为病原体携带者，易传播疾病，而且生产性能会因此大大降低，给羊场带来损失。

实验室检查：采集肺组织或胸水涂片，进行染色镜检，革兰氏染色阴性，瑞氏染色可见球状、短杆状、丝状等极细小紫色点。在含 10% 血清琼脂培养基上 37℃ 培养 5～6 天，出现细小草帽状湿润透明菌落。涂片检查，见有革兰氏染色阴性，瑞氏染色呈紫色的丝状、球状支原体。

5. 防治

（1）预防　加强饲养管理。提供良好的营养和环境条件，做好卫生消毒工作，新引进的羊必须隔离检疫。隔离 1 个月以上，确认健康无病后方可混入大群。

免疫接种。本病流行地区应根据当地病原体的分离结果，选择使用疫苗。如山羊传染性胸膜肺炎氢氧化铝疫苗注射预防，半岁以下山羊皮下或肌内注射 3 毫升，半岁以上山羊注射 5 毫升，免疫期为 1 年。或用绵羊肺炎支原体灭活苗免疫。

（2）治疗　酒石酸泰乐菌素注射液 2～10 毫克/千克体重，皮下或肌内注射，每天 2 次，连用 3 天；或左氧氟沙星注射液 2.5～5 毫克/千克体重，5%～10% 葡萄糖注射液 500 毫升，地塞米松注射液 4～12 毫克，盐酸山莨菪碱注射液 5～10 毫克，静脉注射，每天 1～2 次，连用 3 天；也可用复方氨基比林注射液 5～10 毫升，皮下或肌内注射，每天 1 次，连用 2～3 天。

三、流行性眼炎

羊流行性眼炎又称羊传染性角膜结膜炎、红眼病。是由多种微生物引起的危害羊的一种急性传染病。其临床特征为病羊眼结膜和角膜发生明显的炎症变化，眼睛流出大量的分泌物，其后角膜混浊或呈乳白色、溃疡，甚至失明。

1. 病原

羊流行性眼炎由多种微生物引起，一般认为多由衣原体引起。

2. 流行特点

多发生在蚊蝇较多的炎热季节，一般是在夏、秋季（5～10月），以放牧期发病率最高，进入舍饲期也有少数发病的，多为地方性流行。主要侵害反刍动物，特别是山羊。病羊和隐性感染羊是主要传染源。病羊的分泌物，如鼻涕、泪、奶及尿，均能散播本病，羊通过直接接触或者间接接触而感染。蝇类或某种飞蛾可机械性传播本病。

3. 临床表现与特征

潜伏期一般为 3～7 天，主要表现为结膜炎和角膜炎。多数病羊先一眼患病，然后波及另一眼，有时一侧发病较重，另一侧较轻。发病初期呈结膜炎症状，流泪，羞明，眼睑半闭，眼内角流出浆液或黏液性分泌物，不久则变成脓性，使睫毛粘连，眼睑闭合。上、下眼睑肿胀、疼痛，结膜潮红，并有树枝状充血，个别病例的结膜上有出血斑，其后发生角膜炎，结膜上的血管伸向角膜，在角膜边缘形成红色充血带，或在角膜上发生白色或灰色小点。由于炎症的蔓延，可继发虹膜炎。1～2 天后，角膜出现混浊，甚至发生溃疡，形成角膜瘢痕。有时可波及全眼球组织，导致眼前房积脓或角膜破裂，晶状体可能脱落，造成永久性失明。病羊食欲减退，生长发育受阻，母羊拒绝哺乳。由衣原体致病的羊，还可见到角膜和结膜上的淋巴样滤泡、关节炎等。

4. 防治

（1）**预防**　加强饲养管理，供给充足的营养。圈养时创造良好的环境条件，减少饲养密度。夏季注意灭虫和遮阳，施行严格的检疫、隔离和消毒制度。有条件的种羊场，应建立健康群。引入的羊至少隔离 60 天，方可与健康者合群。发现病羊立即隔离，环境彻底消毒，防止疫情扩大。一般病羊若无全身症状，在半个月内可以自愈。

（2）**治疗**

【处方 1】可用 1％～2％硼酸液洗眼，拭干后再用 3％～5％弱蛋白银溶液滴入结膜囊中，每天 2～3 次。

【处方 2】在地塞米松眼药水中加入青霉素（0.5 万单位/毫升），点眼，每天 2～3 次。

【处方 3】红霉素眼膏涂于眼睑，每天 2～3 次。

四、痒病

绵羊痒病又称慢性传染性脑炎,是绵羊中枢神经系统的一种慢性进行性疾病,偶见于山羊。该病以潜伏期特别长、剧痒、共济失调、麻痹、衰弱、高致病率为特征。

1. 病原

痒病病原"痒病因子"是一种亚病毒,特点与其他朊病毒相似,但痒病因子对一般理化因素敏感。近年来的研究发现,痒病因子为病羊脑组织中的一种特异纤维,被命名为朊病毒蛋白质,该物质具有感染性,可以抵抗核酸灭活剂的破坏和紫外线的照射,其感染性可以因一些酶如蛋白酶 K、胰酶、木瓜蛋白酶等的溶解而减弱,一些使蛋白变性的制剂也可以降低其传染性。55 毫摩尔/升氢氧化钠、碘酊、5%次氯酸钠、90%苯酚、6~8 摩尔/升的尿素、1%十二烷基磺酸钠对病原体有很强的灭活作用。

2. 流行特点

该病潜伏期 1~5 年,故 1 岁以下的羊极少出现临床症状。痒病只发生于绵羊,偶尔见于山羊。2~5 岁的成年绵羊最为易感,18 个月以下的幼龄绵羊很少表现临床症状。不同品种和品系的绵羊,易感性不同。这一现象表明,痒病可能是一种受隐性基因控制的具有遗传性的疾病。

3. 临床表现与特征

病羊早期易惊,头颈抬起,行走时步态高举,头颈或腹肋部肌肉发生频细震颤;发展期,病羊出现瘙痒,用手抓搔其腰部,常发生伸颈、摆头、咬唇或舔舌等反射。病羊常啃咬腹肋部、股部或尾部;或在墙壁、栅栏、树干等物体上摩擦这些部位,致使被毛大量脱落、皮肤红肿发炎,甚至破溃出血。病羊体温正常,照常采食,但日渐消瘦,常不能跳跃,遇沟坡、土堆、门槛时,反复跌倒。病期几周或几个月。病死率几乎达 100％。

除尸体消瘦和皮肤损伤以外，常无肉眼可见变化。病理组织学检查，突出的变化是中枢神经系统的海绵样变性，大量神经元发生空泡化，尤在纹状体、间脑和小脑皮层最为明显，形成所谓的"泡沫细胞"。大脑皮层常无明显的变化。

4. 临床诊断

初期症状不易被发现，也无特征性。当成年绵羊发生剧痒并伴有共济失调时，应疑为痒病。在排除寄生虫和真菌性皮肤病、脑灰质软化症和地方性共济失调等疾病后，特别是当发现患病绵羊有品种或品系易感倾向或有引进患病羊的可疑线索时，可做出痒病的初步诊断。

组织学检查，发现中枢神经组织的星形神经胶质细胞异常肥大和明显增生，神经元胞体有明显空泡变性时，基本上可确诊为本病。

5. 防治

由于痒病病原的弱抗原性及不受干扰素影响的特殊性和理化性质，迄今为止，尚无有效疫苗和任何药物可用于预防和治疗，经过试验的各类药物，均无效。

由于痒病具有特别长的潜伏期和病程，以及痒病病原的特殊稳定性，采用隔离、消毒等一般性预防措施均无效，因此，坚决不从有该病病史的地区引进种羊，这是预防痒病的根本措施。

五、羊附红细胞体病

附红细胞体病是一种亚急性传染性但非接触性传染性疾病，特征为羔羊贫血和体质虚弱，成年羊主要症状为发热、黄疸、精神差、食欲低下、流产和死胎等。

1. 病原

附红细胞体的分类长期以来存在争议，有的认为是寄生虫，有的认为是立克次氏体，但近年来学术界把它归为嗜血支原体。该病原具有多种形态，常为卵圆形、球形、环形，部分为杆状和顿号形，主要附着于红细胞表面，或以游离状态存在于血浆中。在姬姆萨染色和吖啶橙染色的血涂片中，可观察到附红细胞体为直径0.5微米左右的圆形颗粒，附红细胞体革兰氏染色为阴性，瑞氏染色和姬姆萨氏染色分别为蓝色、紫红色。

2. 流行特点

附红细胞体的传播途径，多数学者认为主要是通过蚊子、虱子和蜱虫等吸血昆虫传播，因为附红细胞体寄生于动物血液内，且临床暴发季节常为夏季。除此之外，血源性传播、垂直传播、消化道传播和接触性传播也是附红细胞体的传播方式。羊附红细胞体病的临床症状主要为发热、黄疸、溶血性贫血、生殖系统紊乱等，同时羊附红细胞体病易与链球菌病、球虫病等发生共感染。该病可能在任何季节发病，其中秋季为高发时期。

3. 临床表现与特征

在4~21天的潜伏期后，虚弱、贫血、病羔生长不良，有的病例有轻度黄疸。时而发生缓解和体温波动。血液学检查显示贫血、红细胞数量减少到正常水平的25%，红细胞表面和血浆中有大量的病原微生物。发病率和死亡率都低。剖检时脾脏肿大、血液稀薄、组织黄染。

4. 诊断

根据贫血、生长不良、在染色的血液抹片中有许多附红细胞体存在来诊断本病。采羊静脉血一滴，滴加到载玻片上，然后滴加等量的生理盐水，盖上盖玻片直接进行镜检，视野可见在红细胞表面存在星形或点状的黑色颗粒，为附红细胞体。在血浆中也发现有游离的附红细胞体，确诊该群羊发生羊附红细胞体病。

5. 防治

一旦发现患病个体立即彻底清扫圈舍并消毒，然后对羊舍、墙壁、运动场等所有环境喷洒 2% 辛硫磷。发病羊立即隔离治疗，肌内注射附红优（主要成分为 10% 土霉素）0.2 毫升/千克，1 次/天，连用 3 天。也可以选用三氮脒 4 毫克/千克，肌内注射，连用 3 天。发病羊同时注射热毒清 0.1 毫升/千克，1 次/天，连续注射 3 天。给全群羊只驱蜱，皮下注射伊维菌素 0.2 毫克/千克，间隔 15 天再用药 1 次。羊只饮水中添加电解多维，给羊只全体饮用。

六、羊衣原体病

衣原体病是一种由衣原体引起的传染病，可使多种动物发病，人也有易感性。羊衣原体病的临床症状可表现为发热、流产、结膜炎和多发性关节炎等。

1. 病原

羊衣原体个体细小呈球状，具有核糖体和细胞壁，能被抗生素抑制。繁殖过程中会产生两种大小不同的颗粒。较小的为原生小体，直径 0.2～0.5 微米，呈球形或卵圆形，有传染性；较大的称为网状体，直径 0.6～1.5 微米，呈球形或不规则形，是繁殖型，无传染性。

2. 流行特点

羊衣原体性流产多呈地方性流行。密集饲养、营养缺乏、长途运输、寄生虫侵袭等可促进本病的发生和流行。病羊和带菌羊是本病的主要传染源。羊感染后可通过粪便、尿液、乳汁、泪液、鼻分泌物及流产的胎儿、胎衣、羊水排出病原体，污染水源及环境，经消化道、呼吸道及眼结膜感染，也可通过生殖道感染，有人认为厩蝇、蜱等也可传播本病。

3. 临床表现与特征

（1）**流产型（地方流行性流产）**　主要发生于牛、羊、猪。感染羊时，潜伏期为50～90天，流产通常发生于妊娠的最后1个月，一般观察不到征兆，临诊表现主要为流产、死产或产弱羔。流产后往往胎衣滞留，流产羊阴道排出分泌物可达数日。有些病羊可因继发感染细菌性子宫内膜炎而死亡。羊群首次发生流产，流产率可达20%～30%，以后流产率下降。流产过的母羊，一般不再发生流产。在本病流行的羊群中，可见公羊患有睾丸炎、附睾炎等疾病。

流产母羊胎膜水肿、增厚，子叶呈黑红色或土黄色，胎膜周围的渗出物呈棕色。流产胎儿水肿，腹腔积液，血管充血，皮肤、皮下组织、胸腺及淋巴结等处有点状出血，肝脏充血、肿胀，表面可能有针尖大小的灰白色病灶。

（2）**结膜炎型（滤泡性结膜炎）**　主要发生于绵羊，特别是肥育羔和哺乳羔。病羊一眼或双眼均可患病，眼结膜充血、水肿，大量流泪。病后2～3天，角膜发生不同程度的混浊，出现血管翳、糜烂、溃疡或穿孔。混浊和血管翳形成最先从角膜上缘开始，其后在其下缘也有发生，最后可扩展到角膜中心。数天后，在瞬膜、眼结膜上形成直径1～10毫米的淋巴样滤泡（滤泡性结膜炎）。病程6～10天，角膜溃疡者，病期可达数周。某些病羊可伴发关节炎，发生跛行。发病率高，一般不引起死亡。

（3）**关节炎型（多发性关节炎）**　主要发生于羔羊。羔羊病初体温高达41～42℃，食欲废绝，掉群离群，肌肉僵硬，肢关节（尤其腕关节、跗关节）肿胀、疼痛，一肢或四肢跛行，之后病羔拱背站立，或长期卧地，体重减轻，生长发育受阻。绝大多数羔羊同时发生滤泡性结膜炎。发病率高，病死率低，病程2～4周。

4. 诊断

采集血液、脾脏、肺脏、关节液、流产胎儿及流产分泌物等作病料，涂片染色镜检，查找病原，也可接种于 5～7 天的鸡胚卵黄囊或无特定病原的小鼠等，进行衣原体的分离鉴定。

5. 防治

（1）**预防**　禁止羊群与其他易感动物接触，严格检疫、隔离和消毒，消除各种诱发因素，防止寄生虫侵袭，增强羊群体质；流行本病的地区，每年定期用羊流产衣原体灭活疫苗对母羊和种公羊进行免疫接种，皮下注射 3 毫升，保护期在半年以上。

（2）**治疗**　发生本病时，流产母羊及其所产弱羔应及时隔离，排出的胎衣、死羔和污物等应予销毁。污染的环境用 2%氢氧化钠液、2%来苏儿溶液等进行彻底消毒。治疗原则为早期诊断、抗菌消炎和对症治疗。

【处方 1】硫氰酸红霉素注射液，2 毫克/千克体重，肌内注射，每天 2 次，连用 3 天。

【处方 2】盐酸多西环素注射液，1～3 毫克/千克体重，每天或隔天 1 次，连用 3 次。

【处方 3】20%长效土霉素注射液，0.05～0.1 毫升/千克体重，肌内注射，每天或隔天 1 次，连用 3～5 次。严重时全群注射。

【处方 4】5%氟本尼考注射液，5～20 毫克/千克体重，肌内注射，每天或隔天 1 次，连用 3 次。

第四章

肉羊寄生虫病防治技术

第一节　肉羊常见原虫病的防控

一、羊隐孢子虫病

本病是由一种或多种隐孢子虫寄生于绵羊和山羊胃肠黏膜上皮细胞微绒毛刷状缘引起的一种人畜共患原虫病。临床上病羊以腹泻为主要特征。

1. 病原

本病病原属隐孢子虫科、隐孢子虫属。能够感染和寄生于绵羊、山羊肠、胃的隐孢子虫包括肖氏隐孢子虫、微小隐孢子虫、人隐孢子虫、泛在隐孢子虫、安氏隐孢子虫、费氏隐孢子虫、猪隐孢子虫等 7 个种和绵羊基因型、猪基因型Ⅱ 2 个基因型，其中前 5 种和 pig genotypeⅡ可感染人。

2. 流行病学

隐孢子虫呈世界性分布，许多国家和我国的 20 多个省、市、自治区已报道人、畜、禽的隐孢子虫感染，106 个国家已报道有人

126　肉羊常见病防治技术

体感染病例。据报道，我国人体隐孢子虫平均感染率为 2.6％；但有关羊隐孢子虫病的报道相对较少，国外澳大利亚、美国、英国、比利时、突尼斯、意大利、波兰、西班牙、土耳其和韩国已报道羊隐孢子虫感染病例。我国报道的羊隐孢子虫平均感染率为 10.2％，其中，山羊感染率为 14.6％，绵羊为 6.7％，绒山羊为 21.1％。隐孢子虫的宿主特异性因种而异，有些种类的特异性不强，宿主范围相当广泛。除特定种类外，羊隐孢子虫感染呈现明显的年龄相关性，幼龄羊易感染隐孢子虫，断奶前羔羊隐孢子虫感染率最高，断奶后感染率明显下降，而怀孕母羊和产后母羊隐孢子虫感染率最低。感染有隐孢子虫的羊等相关动物及人均可以作为隐孢子虫病的传染来源，随粪排出的卵囊污染土壤、饲草、饲料、饮水及用具等，羊经口吃入均可导致感染。

3. 临床表现及特征

病羊常表现间歇性水样腹泻、脱水和厌食，有时粪便带血。发育缓慢甚至停滞，进行性消瘦和减重，严重者可引起死亡。羊的病程 1～2 周，病羊康复后常复发。主要危害羔羊，死亡率可达 40％；3～14 日龄的羔羊死亡率更高。但不同虫种可能只影响特定年龄段的羊，如肖氏隐孢子虫仅见于羔羊，安氏隐孢子虫发现于母羊，而泛在隐孢子虫可感染所有年龄段的羊。

4. 临床诊断

粪便中隐孢子虫卵囊的常规诊断方法包括饱和蔗糖溶液漂浮法、改良抗酸染色法等；免疫学检测方法有免疫荧光抗体试验（IFA）和酶联免疫吸附试验（ELISA）等；分子生物学方法包括聚合酶链式反应（PCR）等。取粪便用饱和蔗糖溶液漂浮法检查有大量卵囊，或取粪便、胃肠黏膜刮取物涂片，改良抗酸染色法染色、镜检发现大量特征性卵囊即可确诊。

5. 防制

(1) **预防**　加强饲养管理，搞好羊场环境卫生，定期对圈舍和运动场地用热水和蒸汽进行消毒；及时清理粪便并进行无害化处理，防止污染环境，散播病原；保持饲草料、饮水的清洁卫生；尽力消灭养殖场内的鼠类和苍蝇等，防止其机械性传播隐孢子虫；增加营养，辅以饮食疗法，给予抗生素、葡萄糖、电解质及维生素制剂，增强机体免疫力，提高动物抗病能力等，对防止合并感染或继发感染及控制本病都是必要的和有益的。

(2) **治疗**　隐孢子虫病的治疗目前尚无特效药。研究表明，硝唑尼特、巴龙霉素、拉沙洛菌素、常山酮、磺胺喹噁啉、环糊精和地考喹酯等在抗反刍动物微小隐孢子虫感染上具有明显或部分效果。卵囊对多种消毒剂和温度都有强大的抵抗力，室温保存的粪便中，卵囊可保存活力6个月，但卵囊在5‰氨水和10%福尔马林液中18小时死亡，冰冻或加热65℃30分钟才死亡。

二、巴贝斯虫病

羊巴贝斯虫病是由莫氏巴贝斯虫、绵羊巴贝斯虫等寄生于绵羊、山羊红细胞内引起的一种血液原虫病，又称梨形虫病，俗称巴贝斯焦虫病、蜱热、红尿热，临床常出现血红蛋白尿，故又称红尿症、血尿症，具有高热、黄疸、溶血性贫血、血红蛋白尿、发病急、致死率高、季节性强等特点。见于所有品种、性别的绵羊和山羊，6～12月龄的羊比其他年龄组发病率高。大多数病例出现在春季当蜱大量存在、旺盛活动的时期，常造成大批羊死亡，危害非常严重。

1. 病原

病原为两种血孢子虫，即莫氏巴贝斯虫和绵羊巴贝斯虫。巴贝斯虫均寄生于羊的红细胞内，是由原生质和染色质两部分组成的单细胞原虫。在羊红细胞内的虫体形态多样，呈单梨籽形、双梨籽形、圆形、卵圆形、椭圆形、环形、边虫形、阿米巴形、三叶形、十字形、钉子形、短杆形、纺缍形、逗点形等。姬姆萨染色血片中，原生质呈淡蓝色或着色不明显而呈空泡状，染色质呈紫红色。不同种巴贝斯虫根据其典型虫体形态、大小和结构加以鉴别。

2. 流行病学

羊的巴贝斯虫病发生和流行于世界许多国家和地区，多发生于热带、亚热带地区，常呈地方性流行。该病的发生和流行与传播媒介蜱的消长、活动密切相关。由于硬蜱的分布具有地区性、活动具有明显的季节性，因此该病的发生和流行也具有明显的地区性和季节性。不同年龄和品种的羊易感性存在差异，羔羊发病率高，但症状轻微，死亡率低。成年羊发病率低，但症状明显，死亡率高。纯种羊和非疫区引进羊发病率高，疫区羊有带虫免疫现象，发病率低。

巴贝斯虫的发育、繁殖和传播需硬蜱和家畜宿主共同参与，其不同阶段要么寄居于硬蜱体内，要么存在于羊体内，是一种永久性寄生虫，不能离开宿主而独立生存于自然界。莫氏巴贝斯虫病发生于4～6月份和9～10月份，其传病蜱包括青海血蜱、刻点血蜱、耳部血蜱、微小牛蜱、阿坝革蜱、森林革蜱、囊形扇头蜱和蓖子硬蜱等。绵羊巴贝斯虫病最早发生于5～6月份，而以6月中旬和7月中旬为发病高峰期，8月以后很少发生，其传病蜱包括囊形扇头蜱、耳部血蜱和硬蜱属的成虫。体内带有绵羊巴贝斯虫的雌蜱可经卵传递病原体给下一代，次代蜱叮咬羊吸血时把虫体注入到羊体内而传病。

3. 临床表现及特征

羊巴贝斯虫病的潜伏期一般为10～15天。病羊临床上主要以高热稽留、溶血性贫血、黄疸、血红蛋白尿和虚弱、死亡为特征。

精神沉郁，食欲减退，呼吸困难，轻度腹泻，反刍迟缓或停止，迅速消瘦，可视黏膜苍白并逐渐发展为黄染。乳羊泌乳减少或停止，怀孕母羊常发生流产。

莫氏巴贝斯虫病体温升高至 41～42℃，稽留数日，或直至死亡；因红细胞大量破坏、溶血性贫血而表现呼吸快而浅表，脉搏加快；血液稀薄，红细胞数减少至每立方毫米 400 万个以下，红细胞大小不均；黄疸，可视黏膜黄染，血红蛋白尿。有的病羊出现神经症状，表现无目的地狂跑，突然倒地死亡。

绵羊巴贝斯虫病大部分表现为急性型，体温升高至 40～42℃。患羊精神沉郁，食欲减退甚至废绝；反刍迟缓或停止，虚弱，肌肉抽搐，呼吸困难，贫血，黄疸，血红蛋白尿。血液稀薄，红细胞数减少至每立方毫米 150 万个以下。50％～60％急性病羊于 2～5 天后死亡。慢性病例少见，表现为渐进性消瘦，贫血和皮肤水肿，黄疸少见，血红蛋白尿仅见于患病的最后几天。

4. 临床诊断

根据流行病学、症状、剖检和药物疗效可做出诊断，采外周血涂片，姬姆萨法或瑞氏法染色，高倍显微镜下检查，发现典型形态虫体可确诊。补体结合试验、间接荧光抗体试验、间接血凝试验、胶乳凝集试验和酶联免疫吸附试验等血清学方法可用于生前诊断和早期诊断，尤其酶联免疫吸附试验具有较强的特异性和敏感性，但临床工作中尚未广泛应用。分子生物学技术如 PCR 技术可用于虫种的研究和鉴定。

5. 防制

(1) 预防　在流行地区，应于每年发病季节对羊群进行药物预防注射。通过系统应用杀虫剂，能减少和控制绵羊和山羊巴贝斯虫病。皮下或肌内注射 5％硫酸喹啉脲溶液 2 毫升，可防止感染绵羊巴贝斯虫病的羊发病。做好灭蜱工作，防止蜱传播疾病。对引进的羊必须经过检疫，然后再合群。

（2）**治疗**　及时治疗病羊和带虫羊，发现病羊，除加强饲养管理和对症治疗外，及时用下列药物治疗，杀灭羊体内的巴贝斯虫，防止病原散播。

① 贝尼尔：剂量按 7～10 毫克/千克，以蒸馏水配成 2% 溶液，肌内注射 1～2 次。

② 阿卡普林：剂量按 5% 的水溶液 0.02 毫升/千克体重，皮下或肌内注射。如果脉搏加快，可将总量分为 3 次注射，每两小时 1 次。必要时，24 小时后可重复用药。

③ 黄色素：剂量按 3 毫克/千克体重，配成 0.5%～1.0% 水溶液，静脉注射。注射时药物不可漏出血管外。在症状未见减轻时，可间隔 24～48 小时再注射一次。在药物治疗的同时，应辅以强心、补液等措施，并加强护理，促使患羊及早痊愈。

三、泰勒虫病

本病为一种血液原虫病，在青海、四川和康藏高原东部曾经发生。春夏之交常因此病引起大量死亡。茨盖羊、高加索羊、新疆细毛羊及石渠羊均可患病，以羔羊发病较多，死亡率很高。

1. 病原

病原为山羊泰勒虫及绵羊泰勒虫。绵羊泰勒虫病是由绵羊泰勒虫所引起，虫体寄生在羊的红细胞内。绵羊泰勒虫的形状与大小不一，多为圆形或卵圆形，少数为逗点形、十字形、边虫形及杆形等，圆形虫体的直径为 0.6～2 微米，卵圆形虫体的直径为 1.6 微米。在一个红细胞内可寄生 1～4 个，一般为一个。红细胞的染虫率一般不超过 2%。从淋巴结、骨髓及脾脏涂片中可以发现胞内及胞外"石榴体"。在淋巴结穿刺液涂片中，可见到淋巴细胞内或游离到细胞外的石榴体，石榴体的直径为 8～10 微米，个别可达到 20

微米，为紫红色染色质颗粒。

2. 流行特点

泰勒虫寄生于羊的红细胞及单核巨噬细胞中，主要通过血蜱属的蜱传播。该病的流行与整个血蜱繁殖盛期有十分密切的关系。每年立春以后的 3 个月和 9～10 月，羊只易大量感染泰勒虫病，1～4 月龄羔羊和 1～2 岁羊多发，常引发羊只大批死亡。发病率和致死率较高的是周岁以内的羔羊，2 岁以上的成年羊几乎不发病。

3. 临床表现及特征

病羊最初食欲减少，精神沉郁，结膜充血。体温升高到 40～42℃，最高可达 42℃以上。呈稽留热型，体温升高后至少保持 4 天后才开始下降，部分可持续到 1 周以上。呼吸及心跳增快。呼吸迫促，发鼻鼾声，呼吸次数可达 100 次/分钟以上。听诊时肺泡音粗粝，有时支气管呼吸音明显。心跳可达 150～200 次/分，节律不齐。

羔羊普遍表现肢体僵硬；有时前肢提举困难，有时后肢举步不易；有时四肢发软，卧下不起，如勉强扶之起立，亦站立不稳。

当病羊表现前肢（左或右）似感僵硬时，其同侧肩前淋巴结多有肿大。一般大如胡桃，最大者如鸭蛋，触诊时有痛感。

发病数日后，饮食废绝，反刍停止，肠胃蠕动微弱或完全停止。粪便稀而恶臭，杂有黏液及血液。尿色一般清亮，呈淡黄色，少数病羊尿液混浊，个别出现血尿。结膜苍白，磨牙，身体逐渐消瘦。

4. 临床诊断

根据发病季节为蜱活动猖獗的季节，羊只临床表现为消瘦、贫血、高热不退等症状和病理剖检可见胆囊、淋巴结肿大等变化，可以初步判断该病。但要确诊，则需进行实验室诊断。

(1) 涂片镜检　采取发热期病羊耳静脉血制成涂片，用姬姆萨染色液染色后镜检，发现红细胞大小不一，且1个红细胞内可观察到大小不等、各种形状的裂殖体，呈圆形或卵圆形。一般1个红细胞内有1～2个虫体，虫体胞核染成紫红色，核周围的胞质染为淡蓝色。

（2）**淋巴结穿刺检测**　用注射器对病羊肿大的淋巴结进行穿刺，抽取内容物，涂于载玻片上，待其自然干燥后，向载玻片上滴入2～3滴甲醇进行固定，然后用姬姆萨染色液染色，静置1小时后，镜检可发现具有诊断意义的石榴体，又称柯赫氏蓝体，即裂殖体。

（3）**免疫学诊断**　采用酶联免疫吸附试验进行诊断。再结合临床症状、病理变化和涂片（或穿刺）镜检可确诊羊泰勒虫病。

5. 防制

（1）**预防**　预防羊泰勒虫病的关键在于加强饲养管理，及时消灭蜱。可用0.33%的敌敌畏或0.2%～0.5%的敌百虫水溶液喷洒羊圈（舍）的墙壁，以消灭幼蜱。在发病季节（4～7月），每月用伊维菌素进行驱虫，以减少蜱的叮咬。同时对整个羊群采用贝尼尔（血虫净）或咪唑苯脲进行预防注射。肌内注射贝尼尔，用药剂量为按羊3毫克/千克体重，配成7%的溶液，每20天注射1次，可有效预防羊泰勒虫病。此外，购入或调出羊只时，既要防止将蜱带入，同时也防止本地羊将蜱带到其他地区。

（2）**治疗**　病羊治疗可用贝尼尔，按7毫克/千克体重的剂量，用蒸馏水将贝尼尔配置成7%的水溶液，分点深部肌内注射，每天注射1次，连续注射3天为1个疗程。也可使用磷酸伯胺喹啉，用药剂量为按羊体重0.75毫克/千克，每天灌服1剂，连用3剂，可有效治疗羊泰勒虫病。对出现呼吸困难、心律不齐等症状的病羊，可再肌内注射15毫升樟脑溶液，同时用维生素 B_1、维生素 B_{12} 和维生素C肌内注射进行辅助治疗。为了增强羊只营养，可静脉注射葡萄糖溶液。为了恢复羊只胃肠功能，可注射复合维生素B针。对发生便秘的羊只，可用盐水50毫升、葡萄糖100毫升、维生素C10毫升、安钠咖10毫升、碳酸氢钠20毫升和清开灵20毫升，每天静脉注射1次，连用3天。对出现贫血症状的羊只，可用5%葡萄糖500毫升、代血浆500毫升、青霉素100万单位、0.9%盐水500毫升、维生素C10~20毫升、碳酸氢钠20毫升、维生素B_6 5毫升静脉注射，必要时每只每天可加50%葡萄糖20~50毫升，每天注射1次，连用3天。

四、弓形虫病

羊弓形虫病是羊常见的一种疾病，是由刚第弓形虫寄生于多种动物体内引起的一种重要的人畜共患原虫病，临床以高热、侵害呼吸系统和网状内皮系统、传染性强、发病率和致死率高为特征，对养羊业的危害严重。

1. 病原

病原为刚第弓形虫。弓形虫属于孢子虫纲的原生动物，它是一种细胞内寄生虫，在巨噬细胞、各种内脏细胞和神经系统内繁殖。根据弓形虫发育的不同阶段，将虫体分为速殖子、包囊、裂殖体、配子体和卵囊5种类型。前两型在中间宿主体内发育，后三型在终末宿主体内发育。

2. 流行特点

弓形虫的易感动物宿主范围广泛，羊、猪、牛、人等200多种哺乳动物和禽类均可感染，在其体内进行出芽生殖，上述的机体多为中间宿主。患病和带虫动物均是本病的传染源，其肉、内脏、血液、分泌物、排泄物及乳、流产胎儿体内、胎盘和其它流产物中都含有大量各种形态的弓形虫，弓形虫的卵囊可随粪排出，污染饲草、饲料、饮水和土壤，可保持数月的感染力。

本病的感染与季节有关，7～2月检出的阳性率较3～6月为高。因为7、8、9三个月的气温较高，适合于弓形虫卵囊的孵化，这就增加了感染的可能性。

3. 临床表现及特征

急性病的主要症状是发热、呼吸困难和中枢神经障碍。本病可引起患羊早产、流产和死产。当虫体侵入子宫后，新生羔羊在生后头数周内死亡率很高。有些母绵羊和羔羊死于呼吸系统症状（流鼻、呼吸困难等）和神经症状（转圈运动）。妊娠羊常于分娩前4周出现流产，在某些地区和国家，本病可能是羔羊生前死亡的重要原因之一。

4. 临床诊断

（1）**虫体检查** 弓形虫存在于神经细胞、内皮细胞、网状细胞、胎膜、白细胞和肝实质细胞等多种细胞内，检查时最好将新鲜的脊髓液离心沉淀，迅速将沉淀物干燥，然后固定和染色。

（2）**补体结合试验** 与一般补体结合方法相同。

（3）**皮内反应试验** 感染后3～4周出现阳性反应。

（4）**间接红细胞凝集试验** 本法适用于人、畜弓形虫病的生前诊断和流行病学调查，但是否能用于急性感染的诊断，有待研究。

（5）**免疫酶标记诊断** 免疫酶技术是20世纪60年代开始应用的一种新技术，1974年后开始用于寄生虫病的诊断。免疫酶技术检查弓形虫虫病，有较高的特异性，比一般染色法检出率高。与荧光抗体相比，检出率基本一致，但酶标记设备简单，只需普通显微镜就可检查，而且试剂稳定，用量少，不存在非特异性干扰问题。因此，可作为弓形虫病的快速诊断法。

5. 防制

（1）**预防** 一是避免羊只吞食猫、狗的粪便；二是采用预防传染的一般卫生措施；三是英国研制出一种控制绵羊弓形虫病的疫苗，也可以用于山羊，每年注射 1 次，但不能用于怀孕羊。注射疫苗以后 3 周内的羊奶不能供人饮用。

（2）**治疗**　应在传染的初期抓紧治疗，对急性病例可应用磺胺类药物，或与抗菌增效剂联合使用，均有良好效果。

① 磺胺-6-甲氧嘧啶。效果很好。可配成 10％溶液，按 60～100 毫克/千克体重进行皮下注射。第二天用药量减半，连用 3～5天。可有效阻抑滋养体在体内形成包囊。也可以配合甲氧苄胺嘧啶（14 毫克/千克体重），采用口服法，每日 1 次，连用 4 次。

② 磺胺嘧啶＋甲氧苄胺嘧啶。用量为前者 70 毫克/千克体重，后者 14 毫克/千克体重，每日口服 2 次，连用 3～4 天。

③ 磺胺甲氧吡嗪＋甲氧苄胺嘧啶。用量为前者 30 毫克/千克体重，后者 10 毫克/千克体重，每日口服 1 次，连用 3～4 天。

五、住肉孢子虫病

住肉孢子虫病是绵羊的一种慢性无症状性疾病，以心肌与骨骼肌中形成包囊为特征。本病在所有品种和性别的绵羊均可发生，但在 4～7 岁的绵羊中传染更为广泛。

1. 病原

该虫主要寄生在羊的心肌、食道和骨骼肌细胞，在肌肉细胞内形成椭圆形包囊，成熟时含有数百个裂殖子，长达 1 厘米。由寄生虫和宿主产生的包囊壁向内部伸展的绒毛占据周围细胞的空泡，向外伸展形成隔膜。

2. 流行病学

当犬和猫吃了绵羊和牛肌肉中的肉孢子虫后。经 7～10 天肉孢子虫的孢子囊由粪便中排出。当绵羊吃下犬、猫粪中的孢子囊时，肉孢子虫裂殖体和包囊便在羊的肌肉中形成。这说明肉孢子虫是一种 2 个宿主的寄生虫，它在草食动物肌肉中经历裂殖生殖、在肉食动物肠道中进行孢子生殖。

3. 临床表现及特征

轻度感染不显症状。严重感染时，羊表现不安，无力，肌肉僵硬，食欲不振，发热，贫血，淋巴结肿大，腹泻，发育不良，有的跛行，后肢瘫痪，共济失调。母羊可引起流产。部分严重病羊可发生死亡。

4. 临床诊断

对屠宰绵羊与死亡绵羊尸检时，根据位于食道、腹部、膈和腰肌中的椭圆形、灰色、坚硬的包囊可以做出诊断。由包囊切片中或包囊横切抹片中裂殖子的鉴定可进一步确诊。感染刺激形成的血清学凝集素，可用于帮助鉴定发现感染的动物，为此可用孢子囊作抗原，用间接血凝和间接荧光抗体试验诊断。

5. 防制

（1）**预防** 肉食动物必须与草食动物及禽类分饲，并减少接触；加强环境卫生管理，不要用生肉饲喂动物，杀灭鼠类。

（2）**治疗** 目前尚无可杀灭虫体的有效药物。在生产中试用灭虫丁注射液，200微克/千克体重，肌内注射；其后，隔5天，再用吡喹酮，20毫克/千克体重，灌服，并补饲生长素添加剂，可使患羊康复。

第二节　肉羊常见蠕虫病的防控

一、多头蚴病

多头蚴病俗称脑包虫病或晕倒病，是牧区常见的一种疾病，在农区也不少见。容易侵袭1～2岁的绵羊及山羊，绵羊比山羊更为多见。因为多头蚴又称脑包虫，故所引起的疾病又称为脑包虫病。

1. 病原

病原为多头蚴。多头蚴是犬多头绦虫的幼虫，外形为囊状，多寄生在羊的脑子里，有时也可寄生于椎管内。长成的多头蚴呈囊状，白色，外部包以薄膜，内部充满透明液体，直径可达5厘米以上。薄膜的内壁有许多头节（原头蚴），数目可达100~250个，呈白色颗粒状。直径为2~3毫米，每一个头节上有四个吸盘和一个额嘴，上有两排小钩。脑多头蚴呈囊泡状，囊内充满透明的液体，外层为一层角质膜；囊的内膜上有100~250个头节；囊泡的大小从豌豆大到鸡蛋大。多头绦虫成虫呈扁平带状，虫体长为40~80厘米，有200~250个节片；头节上有4个吸盘，顶突上有两圈角质小钩（约22~32个小钩）；成熟节片呈方形；孕卵节片内含有充满虫卵的子宫，子宫两侧各有18~26个侧支。

2. 流行特点

是牧区常见的一种羊寄生虫病，成虫寄生于犬、狼、狐、豺等肉食兽的小肠，多发于犬活动频繁的地方。容易侵袭1~2岁的绵羊和山羊。本病主要是犬或其他肉食兽吞食了多头蚴受到感染。多头蚴在犬类动物肠道中进行发育，经41~73天发育为成熟的多头绦虫。犬（或其他肉食兽）多头绦虫的卵或含卵体节，随着粪便排出体外。羊随食物或饮水吞入虫卵以后，即受到感染。卵内的六钩仔虫，在羊的肠管中逸出，并穿透肠黏膜进入血液循环，顺血流而达到身体各部。只有进入中枢神经系统的发育良好，进到其他各部的不久即死亡。六钩仔虫入脑以后慢慢发育成多头蚴（图4-1），在脑或脊髓的表面经过7~8个月，完全长成为成熟的幼虫，此时囊的大小为豌豆至鸡蛋大，数目由一个到数个不等。多的可达到30个。寄生部位一般为大脑上面或二大脑半球之间，偶尔可见于脑侧室或小脑中。

图 4-1 多头蚴囊泡

3. 临床表现与特征

羊的多头蚴病临床表现多呈慢性和急性型。感染初期由于病原体转入脑部，引起局部发炎，病羊显出脑膜炎或脑炎症状，此时病羊体温升高，脉搏呼吸加快，有时强烈兴奋，有时沉郁，离群落后，长时间躺卧部分病羊在 5～7 天内因急性脑膜炎而死亡。耐过急性不死的病羊转为慢性，在一定时期内不显症状，在此期间多头蚴继续发育长大，大约在 6～8 周内患羊呈现视神经乳头瘀血。再经 2～6 个月，病羊精神沉郁，停止采食，因寄生部位的不同表现出下列各种症状。

（1）寄生在大脑半球的侧面时，病羊常把头偏向一侧，向着寄生的一侧转圈子。病情越重的，转的圈子越小。有时患部对侧的眼睛失明。

（2）寄生在大脑额叶时，羊头低向胸部，走路时膝部抬高，或沿直线前行。碰到障碍物而不能再走时，即把头抵在障碍物上，站立不动。

（3）寄生在大脑枕叶时，头向后仰。

（4）寄生在脑室内时，病羊向后退行。

（5）寄生在小脑内时，病羊神经过敏易于疲倦，步态僵硬，最后瘫痪。

（6）寄生在脑的表面时，颅骨可因受到压力变为薄而软，甚至发生穿孔。

（7）寄生在腰部脊髓内时，后肢、直肠及膀胱发生麻痹。同时食欲无常，身体消瘦，最后因贫血和体力不能支持发生死亡。病到末期时，食欲完全消失，最后因消瘦及神经中枢受损害而死亡。

4. 临床诊断

因该病患羊表现出一系列特异神经症状，容易确诊。但应注意与莫尼茨绦虫病、羊鼻蝇蛆病及其他脑病的神经症状相区别，这些病不会有头骨变薄、变软和皮肤隆起等现象。

当颅骨因受压迫变软时，可以用手按压出多头蚴存在的部位；柔软部位存在于所转圆圈的内侧。有时可发现柔软部对侧的肌肉或腿发生麻痹。一般的寄生部位是：向左转在左侧，向右转在右侧，抬头运动在大脑前部，低头运动可能在小脑部。如果寄生在颅后窝，将眼蒙住，便跌倒在地，若一直蒙住眼睛，就不能站起来。

实验室诊断可用变态反应诊断法，即用多头蚴的囊壁和原头蚴制成乳剂变应原，注入羊的眼睑内；如果是患羊，于注射 1 小时后皮肤出现直径 1.75～4.2 厘米的肥厚肿大，并保持 6 小时左右。

5. 防制

（1）**预防** 一是定期驱虫，犬应定期进行驱虫，尤其是牧羊犬；二是减少传染源，捕杀野犬、流浪犬等终末宿主，病羊的脑、脊髓应予销毁，以防被犬吞食而感染多头绦虫病。

（2）**治疗** 药物治疗可用吡喹酮，病羊按 50 毫克/千克体重连用 5 天，或按 70 毫克/千克体重连用 3 天，可取得 80% 左右的疗效。在头前部脑髓表层寄生的囊体可施行手术治疗，即在多头蚴充分发育后，根据囊体所在的部位实施外科手术，开口后，先用注射器吸去囊中的液体，使囊体缩小，然后完整地摘除虫体。

二、棘球蚴病

棘球蚴病也叫囊虫病或包虫病，俗称肝包虫病。绵羊和山羊都是中间宿主。它不但侵害家畜，而且使人畜遭受侵袭后，引起严重的病害。因此，本病是一种人畜共患的绦虫蚴病，它不仅危害畜牧业，而且对公共卫生有很大影响。羊只发生本病以后，可使幼羊发育缓慢，成年羊的毛、肉、奶的数量减少，质量降低，患病的肝脏和肺脏大批废弃，因而造成严重的经济损失。

1. 病原

细粒棘球蚴呈多种多样的囊泡状，大小可由黄豆粒至西瓜大，囊内充满液体。绵羊是棘球蚴最适宜的宿主，常寄生于羊的肝、肺、脾、肾等器官表面。棘球蚴是犬细粒棘球绦虫的幼虫期。成虫寄生在犬、狼及狐狸的小肠里，虫体很小，全长 2～8 毫米，由三个或四个节片组成，头节上具有额嘴和四个吸盘，额嘴上有许多小钩，最后的体节为孕卵节片，内含 400～800 个虫卵。它的形态是多种多样的，大小也很不一致，从豆粒大到人头大，也有更大的。

2. 流行特点

终末宿主狗、狼、狐狸把含有细粒棘球绦虫的孕卵节片和虫卵随粪排出，污染牧草、牧地和水源。当羊只通过吃草饮水吞下虫卵后，卵膜因胃酸作用被破坏，六钩蚴逸出，钻入肠黏膜血管，随血流达到全身各组织，逐渐生长发育成棘球蚴，最常见的寄生部位是肝脏和肺脏。如果终末宿主吃了含有棘球蚴的器官，经 2.5～3 个月就在肠道内发育成细粒棘球绦虫，并可在宿主肠道内生活达 6 个月之久。

3. 临床表现与特征

发病初期，会出现轻微的咳嗽，精神萎靡，但会在较短时间内消失，养殖者如果观察不仔细，会错过最佳治疗时机。出现典型临床症状后，患病羊主要表现为精神状态逐渐变差，消瘦，饲料利用率下降，衰弱，呼吸急促、困难，并出现轻微咳嗽，消化不良，便秘和腹泻交替出现。发病严重后，患病羊有咳嗽症状，呼吸困难症状加剧，叩诊肺部可以在不同区域听到局限性的半浊音。听诊时，肺泡呼吸音微弱，甚至完全消失。患病羊体温升高到41℃，全身症状恶化，极度虚弱。用手触摸患病羊的颈部、腹部、股内侧、四肢内侧可以感到有明显的包囊存在，用手轻轻按压，有波动感，无疼痛感。当寄生虫侵袭肝脏后，叩诊可以听到浊音区扩大，患病羊表现为疼痛，躲避。发病后期，患病羊营养不良，被毛杂乱，逆向生长，大量脱毛，并出现特殊咳嗽，咳嗽发作时，患病羊躺在地上，用力咳嗽，最后极度衰竭而死。

绵羊对本病比较敏感，死亡率比较高。

4. 临床诊断

严重病例可依靠症状诊断，或用X光和超声检查进行确诊，但须注意不可与流行性肺炎相混淆。最好的方法是用皮内变态反应作生前诊断，具体方法如下：用无菌方法采取屠宰家畜的新鲜棘球蚴液0.1～0.2毫升，在羊的颈部作皮内注射，同时再用生理盐水在另一部位注射（相距应在10厘米以上）作为对照。如果在注射后5～10分钟（最迟不超过1小时），注射部发生直径为0.5～2.0厘米的红肿，以后红肿的周围发生红色圆圈，圆圈在几分钟后变成紫红色，经15～20分钟又变成暗樱色彩的，为阳性反应。不表现红肿现象的为阴性反应。诊断的准确性可达95％。

5. 防制

尚无有效治疗方法，主要应作好预防。养殖者日常要加强肉品卫生检验，存在异常的内脏要严格按照要求无害化处理。针对流行过该种疾病的养殖场，每年要做好驱虫处理工作，禁止到低洼潮湿地带放牧，对放牧地点的粪便和污染物及时清理，防止粪便污染饲料、饮用水、牧草。日常要做好牧场灭蝇工作，防止蚊蝇传播该种疾病。

目前治疗羊棘球蚴病效果最好的是吡喹酮，使用剂量为15~35毫克/千克体重，同时对该养殖场的犬也使用吡喹酮，剂量为5毫克/千克体重，1次量。在整个治疗期间，每天清理羊舍粪便，堆积发酵，消灭粪便中的虫卵和孕节片。

三、细颈囊尾蚴病

羊细颈囊尾蚴病也叫做腹腔囊尾蚴病，俗称水铃铛。是由于感染犬的小肠内寄生的泡状带绦虫的幼虫而导致的一种寄生虫病，主要是在易感羊的肝脏、肠系膜和胃网膜等处寄生，当剖开羊的腹腔时，可发现有像装着水的玻璃纸袋子一样的囊状物，即为细颈囊尾蚴。

1. 病原

病原为细颈囊尾蚴。细颈囊尾蚴是犬泡囊带绦虫的幼虫，寄生于各种家畜的肠系膜上，有时寄生在肝脏表面。寄生的数目不定，有时可达数十个。囊的直径可达8厘米，内面充满无色液体，在囊泡上长有一个像高粱粒大的白色颗粒，就是囊尾蚴的头节。头节上有一个额嘴、四个吸盘，额嘴上长有大小两排小钩。

2. 流行特点

泡状带绦虫的终末宿主是犬，主要是由于采食患病动物的内脏而发生感染。虫体在宿主体内发育成熟，孕节片就能够经由粪便排到体外，容易导致圈舍、放牧地、饲料、饲草以及饮水等污染，当羊（中间宿主）食入孕节片后会进入消化道，并在里面逸出六钩蚴，随后侵入肠壁血管，通过血液循环到达肝实质，并不断移动到肝脏表面，最终侵入腹腔继续发育。羔羊的易感性较高，且症状比较严重，如果感染严重且没有及时采取治疗会导致死亡率较高，这主要是由于肝脏、肺脏等组织内寄生大量没有发育成熟的虫体，加之其移行过程中会严重损害组织。

3. 临床表现与特征

羊吃到绦虫卵的数目很少时，不表现症状。如果吃下虫卵很多，则因幼虫在肝实质中移行，破坏微血管而引起出血，使病羊很快死亡，尤其是羔羊更容易死亡。

发病初期，病羊通常不会表现出明显的症状，能够正常采食。之后大部分羊出现贫血、缺乏营养，机体虚弱、消瘦，皮肤和可视黏膜苍白，排出稀软粪便。如果伴发急性腹膜炎，会导致腹部膨大，且体温明显升高，能够达到 $40.2\sim40.5℃$，对腹壁按压产生痛感。发病后期还会伴有腹泻、腹水，体质衰弱，腹部逐渐缩小，食欲不振或者完全废绝，停止嗳气、反刍，最后因为严重衰竭而发生死亡。

4. 临床诊断

因症状无显著特点，单靠临诊症状很难做出诊断，主要靠病例尸检时发现肝脏的孔道和腹膜炎。新近康复的绵羊含有明显的囊尾蚴。

鉴别诊断需要考虑片形吸虫幼虫的虫道钻穿性肝炎。在此情况下，在组织的虫道或胆管里可发现肝片吸虫。

5. 防制

(1) **加强饲养管理** 羊群在容易发病的季节可从放牧饲养改成舍饲，并饲喂含有丰富营养的优质牧草（如紫花苜蓿、墨西哥玉米等）以及啤酒糟，并添加适量的微量元素、多维、麸皮、玉米和豆粕等。定期清扫圈舍，并进行消毒，清出的粪便等污物要采取无害化处理，建议进行生物热发酵。控制护场犬在一定范围内活动，且禁止其进入生产饲养场区，防止犬粪便污染场地、羊舍、用具、饮水以及草料。定期驱虫。根据当地实际情况，如季节、气候以及降雨的规律，制定合理的驱虫制度，并使用有效驱虫药物。冬春季节主要防治疥螨，常用伊维菌素等药物；夏秋季节主要防治吸虫病，常用丙硫咪唑等药物；同时全年都要驱除细颈囊尾蚴。

（2）**药物治疗**　病羊按体重口服 12 毫克/千克丙硫咪唑，每天 1 次，连续使用 3 天；也可按体重口服伊维菌素 0.25 毫克/千克，经过 7 天再服用 1 次；也可按体重口服吡喹酮 25～30 毫克/千克体重，每天 1 次，连续使用 3 天。同时，羊群增加营养，增强机体抵抗力，并在饮水中添加适量的葡萄糖、黄芪多糖、复合维生素。如果继发感染细菌，要采集病死羊的病变组织进行药敏试验，选择敏感抗菌药进行治疗；如果病羊表现出体温升高，可配合使用氨基比林等退热药，连续使用 3 天。

四、绦虫病

本病分布很广，常呈地方性流行。能够引起羔羊的发育不良，甚至导致死亡。本病在全国分布很广，三北牧区更为普遍，造成的经济损失很大。

1. 病原

本病的病原为绦虫。绦虫是一种长带状而由许多扁平体节组成的蠕虫，寄生在绵羊及山羊的小肠中，共有四种，即扩展莫尼茨绦虫、贝氏莫尼茨绦虫、盖氏曲子宫绦虫和无卵黄腺绦虫，比较常见的是前两种。

莫尼茨绦虫、扩展莫尼茨绦虫体长 1～6 米，宽 16 毫米。贝氏莫尼茨绦虫长 1～4 米，宽 26 毫米。营养的吸取是由体节进行（皮上有微细小孔）。常危害 1.5～8 个月大的羔羊。两种莫尼茨绦虫在外形上相似，所不同的是：扩展莫尼茨绦虫的节间线为大圆点状，分散排列；而贝氏莫尼茨绦虫的节间线为小点状，密集呈粗线状，在染色以后即可看出。

2. 流行特点

任何品种和年龄的羊只都能够感染该病，通常小于 1 岁的幼羊容易发生，青年羊也能够发病，还会发生死亡，超过 2 岁的羊只则相对较少发病，这是由于其已经具有较强的免疫力。该病不具有明显的季节性，即任何季节都能够发生，一般呈地方性流行，羊只通常在 2～3 月份容易发生感染，4 月份开始发病，5～7 月份达到感染最高峰，8 月份后不断降低。这是由于春、夏、秋季节气候温暖，大量地螨滋生繁殖，特别是灌木丛、森林、草地茂盛的地方，在阴雨天、黄昏或者早晨，植物的茎叶上布满很多地螨，羊只在吃草时就会将地螨食入而发病。

3. 临床表现与特征

症状的轻重与虫体感染强度及羊的年龄、体质密切相关。一般轻微感染的羊不表现症状，尤其是成年羊。但 1.5～8 个月大的羔羊，在严重感染后则表现食欲降低，渴欲增加，下痢，贫血及淋巴结肿大。病羊生长不良，体重显著降低；腹泻时粪中混有绦虫节片，有时可见一段虫体吊在肛门处。若虫体阻塞肠道，则出现膨胀和腹痛现象，甚至因发生肠破裂而死亡。有时病羊出现转圈、肌肉痉挛或头向后仰等神经症状。后期仰头倒地，经常作咀嚼运动，口周围有泡沫，对外界反应几乎丧失，直至全身衰竭而死。

4. 临床诊断

(1) 虫卵检查　绦虫并不由节片排卵，除非是含卵体节在肠中破裂，才能排出虫卵。因此一般不容易从粪便检查出来。绦虫卵的形状特殊，不是一般的圆形或卵圆形。扩展莫尼茨绦虫的虫卵近乎三角形，贝氏莫尼茨绦虫的虫卵近乎正方形。卵内都含有一个梨形构造的六钩仔虫。

（2）**体节检查** 成熟的含卵体节经常会脱离下来，随着粪便排出体外。清晨在羊圈里新排出的羊粪中看到的混有黄白色扁圆柱状的东西即为绦虫节片，长约 1 厘米，两端弯曲，很像蛆。有时可排出长短不等、呈链条状的数个节片。

5. 防制

（1）**预防** 适时进行预防性驱虫：根据当地羊绦虫病的流行特点，要在到达感染高峰期前 1 个月使用驱虫药物进行驱虫，如按 70 毫克/千克体重左右使用硫双二氯酚或者 12 毫克/千克体重使用吡喹酮等，不仅能够避免传播病原，控制发病，还要注意整群进行驱虫。一般来说，断奶羔羊每间隔 1 个月进行 1 次驱虫，至少用药 2 次，而育成羊和成年羊要分别在夏、秋季节各进行 1～2 次驱虫。

驱虫后羊排出的粪便要进行堆积发酵，通过生物措施将虫卵杀灭，最大程度上避免牧场和饲养地等环境被污染，且在该病流行的区域不能够直接使用没有进行发酵灭卵的新鲜羊粪。另外，饲养场地要定期使用药物进行消毒，羊舍和饲养用具使用 20％的生石灰水或者 5％的克辽林溶液进行喷洒和洗刷。羊群驱虫后要选择在没有地螨生长的牧区进行放牧。同时，在每年春季 3 月份到秋季 11 月份，一般选择在白天进行放牧。

（2）**治疗** 发现病羊要立即进行治疗，可按每千克体重使用 10～20 毫克丙硫咪唑，配制成混悬液给其内服 1 次，能够实现彻底驱虫，且安全无毒；也可内服 100 毫克/千克体重"别丁"（即硫双二氯酚），驱虫效果也较好；还可内服 50～75 毫克/千克体重氯硝柳胺 1 次，如果用于驱除盖氏曲子宫绦虫要注意增加用药量，一般内服 100 毫克/千克体重；还可使用 1％硫酸铜，也具有良好的驱虫效果，通常 1～6 月龄羔羊患病后服用 15～45 毫升，7 月龄的成年羊服用 45～100 毫升，一次用药的治愈率能够达到 80％左右，间隔

2～3 星期可再灌服 1 次，注意药品要当天配制当天使用，过夜则不能再用。病羊还可使用炒熟南瓜子加水煎煮后灌服，体重在 10～15 千克使用 100～150 克南瓜子，体重超过 20 千克使用 300～400 克南瓜子，煎煮的药汁选择在早晨空腹时进行灌服，接着服用槟榔汤，即使用 100～200 克槟榔加水煎煮。病羊服药后如果 2～3 小时内没有发生腹泻排虫，可立即给其服用 30～40 毫升 20% 硫酸镁。如果虫体没有完全排尽，要间隔 3～5 天再次服用 1 次药物。一般症状较轻的病羊服用 1 次就能够见效，症状较重的病羊需要服用 2 次，能够排出绦虫。

待病羊排净虫体后，为促使其尽快恢复健康，可选择服用中药香砂六君子汤，即 9 克炙甘草、6 克砂仁、12 克茯苓、6 克白术、3 克法半夏、6 克党参、6 克陈皮、3 克木香，加水煎煮后服用，具有消胀和中、补气健脾的作用，同时还能够促使损伤的肠黏膜修复。

五、双腔吸虫病

双腔吸虫病又称复腔吸虫病，是由双腔吸虫寄生于胆管和胆囊内所引起的。由于双腔吸虫虫体比肝片吸虫小得多，故有些地方称之为小型肝蛭。本病在我国分布很广，特别是在西北及内蒙古各牧区流行比较广泛，感染率和感染强度远较片形吸虫为高，绵羊和山羊都可发生，对养羊业带来的损害很大。人也可被感染。

1. 病原

病原是矛形双腔吸虫和中华双腔吸虫。

（1）**矛形双腔吸虫**　虫体扁平、透明，呈柳叶状（矛形），肉眼可见到内部器官，长 7～10 毫米、宽 1.5～2.5 毫米。虫体最大宽度在中央部分稍偏后，前端尖狭，后端圆钝。新鲜标本呈棕红色，固定后变为灰色。有口、腹吸盘各一个，睾丸两个。睾丸前后斜向排列，稍分叶或呈不规则圆形。卵黄腺分布于虫体中央部两侧。虫体后半部几乎全被曲折的子宫所充满。子宫内充满虫卵。虫卵呈椭圆形，暗褐色，卵壳厚，两边不对称，长 38～45 微米、宽 22～30 微米，卵内有发育成的毛蚴。虫卵抵抗力很强，能在 50℃ 经一昼夜不死，18～20℃ 干燥 1 周，仍有生命力，－23℃ 尚不会被杀死，并能耐受－50℃ 的低温。因此在高寒牧区本病广为分布。

(2) **中华双腔吸虫** 虫体呈透明的扁平状，位于腹吸盘前方的体部呈头锥样，后面两侧相对较宽，如同肩样突起。虫体长为 3.1～9.1 毫米、宽为 2.6～3.1 毫米。虫体为雌性同体，在腹吸盘之后并列有两个呈不正圆的睾丸，边缘略微分叶或不整齐。卵巢位于睾丸后面。虫体后部被子宫充满。虫体中部两侧分布有卵黄腺。虫卵为暗褐色，呈椭圆形或者卵圆形，大小为（38～15）微米×（22～30）微米，卵壳较厚，两侧轻度不对称。虫卵一端存在明显的卵盖，里面含有毛蚴。

虫卵具有很强的抵抗外界环境的能力，能够在土壤和粪便中生存数月后依旧具有感染性。在温度为 18～20℃ 的干燥环境下，经过 1 周依旧存活。尤其具有更强的抵抗低温的能力，如虫卵及寄生于第一和第二中间宿主体内的各期幼虫都能够安全越冬，且依旧具有感染性。另外，虫卵也具有较强的耐高温性，如在 50℃ 温度下处理 24 小时依旧具有活力。

2. 流行特点

双腔吸虫在发育过程中需要有两个中间宿主：第一中间宿主是陆地蜗牛，第二中间宿主是蚂蚁。虫卵随胆汁流入肠道，从粪便排出。含有毛蚴的虫卵被陆地蜗牛吞食，毛蚴即在肠内从卵中孵出，穿过肠壁移行至肝脏发育，脱去纤毛，变成第一代胞蚴（母胞蚴），又发育成第二代胞蚴（子胞蚴），然后在第二代胞蚴体内发育成尾蚴。以后尾蚴从第二代胞蚴的产孔逸出，沿大静脉从肝移行到蜗牛的肺，再到呼吸腔，尾蚴在此集中起来，形成尾蚴囊群，称为胞囊（每个胞囊含有 100～300 个尾蚴）。胞囊经呼吸孔排出体外，黏附在植物或其他物体上。当第二中间宿主蚂蚁吞食尾蚴形成的黏团时，在蚂蚁腹腔内即发育成囊蚴。当羊吞食含有囊蚴的蚂蚁时，即感染腹腔吸虫病。感染以后，在羊体内经 72～85 天发育成熟。

3. 临床表现与特征

病羊精神沉郁，食欲减退，机体消瘦，被毛粗乱、失去光泽，容易脱落。在放牧过程中，行动迟缓，往往位于群体最后，且呆立喘息。在中午和夜间休息时，无法正常反刍，次数不定，时少时多。贫血，可视黏膜苍白、黄染，有些发生下痢，排出棕黄色的腹泻物。随着症状的加重，病羊表现出明显的疲劳，往往卧地不起，即使人为驱赶也只能够走动几步，然后又卧地。眼睑、下颌、胸下发生水肿，用手触诊有捏面团的感觉。病羊往往会继发引起肝源性感光过敏症，即在中午放牧时，由于阳光强烈，会导致颜面部、耳部快速肿胀，对采食产生影响，全身症状加重，且肿胀处往往会发生大面积破溃、结痂或者继发引起细菌感染。最终由于严重衰竭而死亡。

4. 临床诊断

生前主要采用水洗沉淀进行粪便检查的方法发现虫卵。取病死羊肝脏，将其撕碎后放在盐水中进行多次洗涤，除去肝组织后即可检查虫体。检出的虫体放入薄荷脑溶液中，使其完全展开，然后再放入 70％酒精溶液中进行固定，放在载玻片上使用卡红染色，再使用二甲苯脱色变成透明，最后使用显微镜对内部结构进行观察，同时测量虫体大小。

5. 防制

（1）**预防** 一是定期驱虫，每年在秋末冬初、冬末春初进行两次定期驱虫，在放牧季节过后也要驱虫。二是对粪便要堆积发酵灭虫，尤其是驱虫后的粪便及虫体应严格处理，不能污染水源。三是注意饮食卫生，不要到潮湿而低洼的地方放牧，羊的饮水应来自井水、自来水等，保持水源清洁，预防感染。以定期驱虫为主，同时加强饲养管理，以提高羊的抵抗力，并采取轮牧消灭中间宿主和预防性驱虫。

（2）**治疗** 药物治疗。全群羊可选择口服丙硫苯咪唑和皮下注射阿维菌素进行治疗，具有较好的治疗效果。一般来说，羊群第一次用药后经过3～4天，可使粪便中的虫卵数量逐渐减少，在第5天开始明显减少。驱虫时，每只羊灌服25～30毫克/千克体重丙硫苯咪唑，并配合皮下注射0.01～0.02毫升/千克体重0.1%阿维菌素注射液，每次间隔1周，连续使用2～3次。如果病羊体质较差、过于虚弱，可静脉注射200～300毫升25%葡萄糖注射液、2～3毫升三磷酸腺苷注射液、2毫升肌苷注射液、50～100单位辅酶A；也可静脉注射250～300毫升18种氨基酸注射液、200毫升复方氯化钠注射液、50～100毫升10%葡萄糖酸钙、1～2毫升维生素B_{12}注射液，每天1次，1个疗程连续使用3～5天；也可肌内注射10～15毫升牲血素注射液（有旋糖酐铁），每间隔1周1次，连续使用2次。如果病羊食欲减退，可肌内注射3～5毫升复合维生素B注射液，或者2～3毫升新斯的明。

六、片形吸虫病

片形吸虫病又称肝蛭病，是一种发生较普遍、危害很严重的寄生虫病，其特征是发生急性或慢性肝炎和胆管炎，严重时伴有全身中毒和营养不良，生长发育受到影响，毛、肉品质显著降低，大批肝脏废弃，甚至引起大量羊只死亡，造成的损失很大。绵羊较山羊损失更大。

1. 病原

本病病原为肝片吸虫和大片吸虫，二者的形态各有特点。

肝片吸虫：虫体呈扁平叶状，长 20～35 毫米，宽 5～13 毫米。自胆管内取出的新鲜活虫为棕红色，固定后呈灰白色。其前端呈圆锥状突起，称头锥。头锥基部变宽，形成肩部，肩部以后逐渐变窄。体表生有许多小刺。口吸盘位于头锥的前端，腹吸盘在肩部水平线中部。生殖孔开口于腹吸盘前方。消化系统由口、咽、食道和左右两条肠管组成，肠管上又有许多侧小分支。生殖系统为雌雄同体。两个分枝状的睾丸前后排列于虫体的中后部。1 个鹿角状分支的卵巢位于腹吸盘后方右侧。卵模位于紧靠睾丸前方的虫体中央。在卵模与腹吸盘之间为盘曲的子宫，内充满黄褐色虫卵。卵黄腺由许多褐色小滤泡组成，分布在虫体的两侧。

大片吸虫：成虫呈长叶状，长 33～76 毫米、宽 5～12 毫米。大片吸虫与肝片吸虫的区别在于，虫体前端无显著的头锥突起，肩部不明显；虫体两侧缘几乎平行，前后宽度变化不大，虫体后端钝圆；腹吸盘较大，吸盘腔向后延长，形成盲囊；肠管的内侧分支较多，并有明显的小枝；睾丸分支较少，长度较小。

2. 流行特点

片形吸虫的成虫在动物的胆管内排出大量虫卵，并随胆汁进入消化道，随粪便排出体外。其卵经毛蚴、尾蚴，形成囊蚴，最后在牛羊腹腔、胆管中发育为成虫。当健康羊吞入带有囊蚴的草或饮水时，即感染片形吸虫病，囊蚴的包囊在消化道中被溶解，蚴虫即转入羊的肝脏和胆管中，逐渐发育为成虫。成虫经 2.5～4 个月发育又开始产卵，卵再随羊的粪便排出体外，此后再经过毛蚴→胞蚴→雷蚴→尾蚴→囊蚴→成虫的各个发育阶段，继续不断地循环下去。绵羊由吞食囊蚴到粪便中出现虫卵，通常约需 89～116 天。成虫在羊的肝脏内能够生存 3～5 年。本病呈地方性流行，在低洼、沼泽地带放牧的牲畜多发，流行时期多在秋季。

3. 临床表现与特征

症状的表现程度，根据虫体多少、羊的年龄，以及感染后的饲养管理情况不同而不同。对于绵羊来说，当虫体达到50个以上时才会发生显著症状，年龄小的症状更为明显。绵羊和山羊的症状有急性型和慢性型之分。

(1) **急性型**　多见于秋季，表现为体温升高，精神沉郁；食欲废绝，偶有腹泻；肝脏叩诊时，半浊音区扩大，敏感性增高；病羊迅速贫血。有些病例表现症状后3～5天发生死亡。

(2) **慢性型**　最为常见，可发生在任何季节。病的发展很慢，一般在1～2个月后体温稍有升高，食欲略见降低；眼睑、下颌、胸下及腹下部出现水肿。病程继续发展时，食欲趋于消失，表现卡他性肠炎，因之黏膜苍白、贫血剧烈。由于毒素危害以及代谢障碍，羊的被毛粗乱，无光泽，脆而易断，有局部脱毛现象。3～4个月后水肿更为剧烈，病羊更加消瘦。孕羊可能生产弱羔，甚至生产死胎。如不采取医疗措施，最后常发生死亡。

4. 临床诊断

在本病发生地区，一般可以根据下颌肿胀、不吃、下痢、贫血等症状进行诊断。

5. 防制

(1) **预防**　为了消灭片形吸虫病，必须贯彻"预防为主"的方针，同时要发动广大饲养员和放牧人员，采取下列综合性防治措施。

一是及时驱虫。驱虫是预防本病的重要方法之一，应有计划地进行全群性驱虫，一般是每年进行1次，可在秋末冬初进行；对染病羊群，每年应进行3次：第一次在大量虫体成熟之前20～30天（成虫期前驱虫），第二次在第一次以后的5个月（成虫期驱虫），第三次在第二次以后的2～2.5个月。不论在什么时候发现羊患本病，都要及时进行驱虫。

二是处理粪便。畜舍内的粪便应每天清除，对驱虫后排出的粪便和虫体应严格处理。

三是消灭中间宿主。在放牧地区消灭椎实螺，最好结合兴修水利和改造低洼地等措施进行，以改变螺蛳的生活条件。此外，还可以用化学药物灭螺，可用血防 67 和硫酸铜等。施药的方法可分浸杀和喷杀两种，也可饲养水禽消灭螺蛳。

四是注意饮水和饲草卫生。羊片形吸虫病多流行于低洼、潮湿的地区。牲畜在吃草或饮水时最易吞吃有囊蚴附着的草料，因此应尽可能选择地势较高、干燥的地区放牧。动物最好饮自来水、井水或流动的河水，并保持水源清洁，以预防感染。

（2）**治疗**　经过粪便检查确实诊断出患本病的羊只，应及时发动群众进行治疗。驱虫治疗一般在春秋两季进行。有效驱虫药的种类很多，可根据当时当地的情况选用。

① 硫双二氯酚（别丁）驱虫效果很好，驱虫率高达 98.7％～100％，但对 14～28 天龄的童虫无效。用法为 80～100 毫克/千克体重，口服。用药后一天有时出现减食和下痢等反应，但经过 3 天左右可以恢复正常。

② 六氯对甲苯（血防-846），内服，用量为 0.15 克/千克体重，无特殊优点，可取之处是用非锑剂治疗家畜吸虫病的一种药物。

③ 硫溴酚又名"抗虫一 349"，是我国合成的一种驱虫药，剂量为：绵羊用 50～60 毫克/千克体重，山羊为 30 毫克/千克体重。以少量面粉做成悬浮液，用胃管灌服。如用片剂，成年羊可用 4 片（每片 0.5 克）。一般没有明显的临床反应。

④ 六氯酚，20～30 毫克/千克体重，配成悬浮液，一次灌服。

⑤ 硝氯酚（国产拜耳 9015），根据在藏系绵羊的试验，比四氯化碳、六氯酚、硫双二氯酚和六氯乙烷的毒性都低，用量小，投药方便，是比较理想的驱杀片形吸虫的新药。按体重计算，对成虫为 4～6 毫克/千克体重，一次灌服，驱虫率可达 100％。随着剂量的减小，疗效有所下降，如 2.5 毫克/千克体重时，驱虫率为 99.38％；2 毫克/千克体重时，驱虫率为 97.56％。对童虫为 8 毫

克/千克体重。

⑥ 硫苯唑（硫苯咪唑）为广谱驱虫药，对羊安全范围很大，内服量为 5～6 毫克/千克体重。

⑦ 丙硫苯唑，又名抗蠕敏，内服，10 毫克/千克体重，对成虫的驱虫率可达 99％。

治疗时应注意：一是对怀孕 3 个月以上的羊，应等到分娩后两个月治疗，以免发生流产或造成产后奶量不足；二是下颌水肿严重造成呼吸、饮食困难时，应静脉注射 50％葡萄糖，或者刺破水肿挤出液体。

七、捻转血矛线虫病

捻转血矛线虫病又称捻转胃虫病，牧区的绵羊和山羊发生相当普遍，能引起羊只的消瘦与死亡，特别是在每年春季为造成羊死亡的主要原因之一，对养羊业危害很大。

1. 病原

病原为捻转血矛线虫。捻转胃虫寄生于羊的第四胃，是胃寄生虫中最大的一种。有时由于数目太多，也可在小肠内发现。雄虫长 10～20 毫米，为浅红色。雌虫长 18～30 毫米，从体表可见红白两色相扭缠，形成红白相间的外观；红色为充满血液的消化管，白色为生殖管，因此有些人称之为"麻花虫"。阴门位于虫体后半部，有一拇指状阴门盖。虫卵呈卵圆形，为淡黄色，长 75～95 微米、宽 40～50 微米，初排出的卵中有 24 个以上的卵细胞。

2. 流行特点

羊的捻转血矛线虫在我国草地牧区普遍流行，可引起羊贫血、消瘦、慢性消耗性症状，并可引起死亡，给养羊业带来严重损失。本病以丘陵山地牧场的羊易感，特别在曾被该病原污染过的草场放牧时。本病流行季节性强，高发季节开始于 4 月青草萌发时，5～6

月达高峰，随后呈下降趋势，但在多雨、气温闷热的8～10月也易暴发。据笔者对几个牧场的调查，发现该病都在8月底9月初闷热多雨时易暴发流行，每年都给养殖户带来不同程度的经济损失。

3. 临床表现与特征

（1）急性型 最引人注意的是肥胖羔羊的突然死亡。如果检查同群中其他羔羊，可发现结膜高度贫血。粪便干硬而少，时常便秘。如有下痢，也是因为初吃青草，或者由毛圆线虫混合感染导致。

（2）慢性型 病羊食欲减退，精神迟钝，喜欢孤立，放牧时常落在群后。羊毛干而脆。黏膜高度贫血，下痢、便秘交替发生。因为血液稀薄、液体外漏，发生典型的颌下、胸下或腹下水肿。水肿常在夜间自然消失。病羊逐渐消瘦，行走不稳，最后由于极度衰竭而死亡。

4. 临床诊断

本病临床症状及虫卵都无显著特征，只有采用以下方法进行确诊。一是虫卵检查：常用饱和盐水漂浮法，亦可用直接涂片法。二是尸体剖检：发现有大量成虫（图4-2）寄生。三是幼虫培养：取病羊粪便，与土壤混合，盛入培养皿中，在 25～30℃及 60％～70％的湿度下，培养4～5天，收集幼虫镜检。

图4-2 捻转血矛线虫所致的出血性胃卡他：黏膜潮红，附以淡红色黏液
（引自畜禽病虫害及疫病诊断图片数据库及防治知识库）

5. 防制

（1）**预防**　一是定期驱虫。全群羊只每年要进行 2 次预防性驱虫，第一次通常在晚冬或者早春进行，即 2～3 月份，用于驱除幼虫，避免出现"春季高潮"；另一次一般在秋季进行，即 8～9 月份，用于驱除成虫，防止出现"秋季高潮"，同时避免幼虫引起"冬季高潮"。如果当地容易出现该病或者羊群感染严重，可选择在 5～6 月份增加驱虫 1 次。对于断奶后羔羊，首次驱虫应在当年的 8～9 月份进行。对于新引进的羊只，要进行 1～2 次驱虫。使用药物预防该病的同时，还要注意保持放牧和饮水卫生良好，尤其要注意禁止饮水中混入清理羊场产生的污水。二是合理轮牧。在温暖季节，从虫卵发育到可感染幼虫，一般需要一周左右，因此为了防止羊受感染，应该每 5～6 天换一次牧场。

（2）**治疗**　可选用下列药物：

① 口服丙硫咪唑。按 5～20 毫克/千克体重。

② 口服吩噻嗪。按 0.5～1.0 克/千克体重，混入稀面糊中或用面粉作成丸剂使用。奶羊应避免应用，因可使奶汁变为淡红色，并发生石灰渣样沉淀。

③ 口服噻苯唑。按 50～100 毫克/千克体重，对成虫和未成熟虫体都有良好效果。

④ 驱虫净（四咪唑）。对成虫和未成熟虫体都有良好效果。按 10～15 毫克/千克体重，配成 5％的水溶液灌服。

应该注意的是：各种驱虫药要交替使用，因为经验证明，连年应用同一种驱虫药时，效果会逐渐降低。

八、仰口线虫病

仰口线虫病又称钩虫病，为绵羊及山羊常见的寄生虫病，在西北、东北、内蒙古广大牧区发生较普遍。

1. 病原

病原为羊仰口线虫，多寄生于小肠，以十二指肠部最多。羊的钩虫为乳白色或淡红色，是雌雄异体。雌虫长 15.5～21 毫米，尾钝而圆，阴门位于中部前方不远处。雄虫长 12.5～17 毫米，虫体前端弯向背面，因此口向上仰，故有仰口线虫之称。钩虫卵长 0.079～0.097 毫米、宽 0.047～0.050 毫米，颜色深，两端钝圆，一边较直，一边中部稍凹陷，在镜下观察时，显得肥胖，颇似肾脏，很容易识别。

2. 流行特点

羊仰口线虫病在羊场较为常见，且反复发生，各年龄段羊均可感染，主要发生在阴暗、高温、潮湿和多雨季节。一般饲养条件下，羊只因吞食被感染性幼虫所污染的饲料或饮水，或感染性幼虫钻进羊的皮肤而感染。侵袭性幼虫能够沿着潮湿的牧草移行，它侵入羊体的方式有二：一种是由于羊只随着吃草或饮水将其吞进消化道；另一种是由于幼虫直接钻入皮肤。羊仰口线虫病除必须有线虫寄生外，还与舍内温湿度不适宜、噪声持久、频繁更换饲料、通风不良以及消毒不严格等应激性因素有关。

3. 临床表现及特征

因为钩虫是借其发达的角质口囊吸着于小肠黏膜，以吸食血液为主，临床可见病羊进行性贫血，严重消瘦，下颌肿大，顽固性腹泻，粪便呈黑色；幼龄羊生长缓慢，发育受阻；个别羊只出现后躯萎缩和进行性麻痹等神经症状。该病死亡率较高。

4. 临床诊断

本病的症状没有特征性诊断价值，要想确诊，应该用饱和盐水漂浮法从粪便中检查虫卵，尤其是要根据剖检中发现的虫体确诊。

5. 防制

(1) 预防 一是建立切实可行的消毒制度。定期用10％～20％

石灰乳溶液或10％漂白粉溶液对羊舍、运动场、食槽和饮水用具以及车辆进行消毒。需要注意的是，不要长期应用同一种类消毒药物，要交叉轮换使用，防止病毒和细菌产生耐药性，降低消毒效果。另外，要加强对粪便的处理，每天及时将粪便集中在发酵池堆积发酵或进行生物热处理，消灭虫卵和幼虫。二是加强饲养管理，保持舍内清洁卫生。注意饮水卫生，饮用干净流水或井水，并设立固定的清洁饮水点，禁止饮用洼地积水和死水。有计划地实施轮牧，避免在低湿地方放牧，清晨、傍晚或雨后不要放牧，尽量避开幼虫活动时段放牧。三是做好预防性驱虫。根据当地仰口线虫流行资料做好预防计划。可用左旋咪唑、阿苯达唑或伊维菌素等药物在春、秋季节各进行1次驱虫。养殖户也可以委托当地动物疫病检测机构定期检测羊粪中的仰口线虫卵，然后提前进行预防和治疗，可最大限度地降低寄生虫病对羊体的危害。四是补充精饲料，在饮水中添加多种维生素和电解多维，增强羊群抗病能力。

（2）**治疗** 对发病羊群，可用阿苯达唑按10～15毫克/千克体重配成1％水悬液灌服，每天1次，连用2天。对未发病羊群，可用阿苯达唑按5毫克/千克体重一次口服，连用2天。对贫血、脱水或心衰症状严重的病羊，可用铁制剂、补液盐和强心剂等药物进行对症治疗，连续治疗5天。另外，在饮水中加入多种维生素、矿物质等，可提高治疗效果。

九、毛尾线虫病

毛尾线虫病，又称鞭虫病，是毛尾目、毛尾科、毛尾属的线虫寄生在家畜的大肠（主要是盲肠）引起的。由于毛尾线虫虫体前部细、后部粗，像鞭子，所以又称鞭虫。

1. 病原

病原主要有（绵）羊毛首线虫，寄生在牛羊（长颈鹿、骆驼）

等反刍兽的结肠和盲肠（还有球鞘、兰氏毛尾线虫等），呈乳白色，长度约30～60毫米，虫体外形像鞭子，前部细长，为食道部，食道由一串单细胞围绕着；后部短粗，为体部，内有消化、生殖器官。尾部弯曲，泄殖腔在虫体末端，交合刺一根，包在交合刺鞘内。雌虫尾不弯曲，阴门位于虫体粗细部交界处。虫卵腰鼓形，两端有卵塞，卵呈棕黄色，卵壳厚，刚排出时含一个卵细胞。

2. 流行特点

毛首线虫病养羊地区都有发生，以危害幼龄羊为主。该虫为土源性线虫，其发育不需要中间宿主，随粪便排出的虫卵在外界发育到含第二期幼虫时即具有感染能力，羊吃草和饮水摄入感染性虫卵而感染。幼虫在其进入小肠后端时孵出，钻入肠黏膜发育，8天后移行到盲肠和结肠内，以前段食管部固着在肠黏膜上发育为成虫。由于卵壳厚，抵抗力强，故感染性虫卵可在土壤中存活5年。羊一年四季均可感染该病，但夏季感染率最高。

3. 临床表现及特征

一般感染病羊不表现明显症状，严重感染可见下痢、贫血、消瘦，粪中常见黏液和血液，病羊食欲不振，发育受阻。本病主要侵害幼畜，严重时可引起死亡。

4. 临床诊断

漂浮或沉淀法查到粪便中腰鼓形虫卵或死后在大肠查到虫体可确诊。

5. 防制

（1）**预防**　加强饲养管理，搞好环境卫生；做好治疗性或预防性驱虫，并无害处理粪便。

（2）**治疗**　左旋咪唑，10毫克/千克体重，配成5%水液肌内注射；或10～15毫克/千克体重，口服；或左咪唑透皮剂0.1毫升/千克体重，涂擦耳根部，均有良效。

伊维菌素或阿维菌素，0.3 毫克/千克体重，内服或皮下注射。

十、食道口线虫病

食道口线虫病是由食道口线虫引起的。由于幼虫阶段引起肠壁上形成黄绿色结节，因而又称为结节虫。因为发生结节的肠子不能制作肠衣，所以造成的经济损失很大。

1. 病原

病原为食道口线虫。该虫寄生的部位是结肠的肠壁和肠腔。在我国，寄生于羊的食道口线虫共有四种：①哥伦比亚结节虫，雄虫长 12~13.5 毫米，雌虫长 16.7~18.6 毫米。②甘肃结节虫，雄虫长 14.5~16.5 毫米，雌虫长 18~22 毫米。③微管结节虫，雄虫长 12~14 毫米，雌虫长 16~20 毫米。④粗纹结节虫，雄虫长 13~15 毫米，雌虫长 17.3~20.3 毫米。除了甘肃结节虫只见于绵羊外，其他 3 种在绵羊和山羊都有寄生。甘肃食道口线虫较大，哥伦比亚结节虫较小，其余两种介于二者之间。从外形看，前两种相似，虫体前部都弯曲呈钩状；而后两种虫体的前部并不弯曲。不管是哪一种，都是洁白色。

2. 流行特点

本病主要发生在春秋季节，且主要侵害羔羊。虫卵在外界适宜的条件下，1~2 天即孵出幼虫，3~6 天内蜕皮 2 次，发育为带鞘的感染性幼虫。经口感染，幼虫在肠内脱鞘，感染后 1~2 天，大部分幼虫在大肠黏膜下形成大小 1~6 毫米的结节，感染后 6~10 天，幼虫在结节内第三次蜕皮，成为第四期幼虫。之后返回大肠肠腔，第四次蜕皮，成为第五期幼虫。感染后 38 天或 50 天发育为成虫。成年羊被寄生的较多。感染性幼虫可以越冬，在室温 22~24℃的湿润状态下，可生存 10 个月。虫卵在 60℃ 高温下迅速死亡，干燥容易使虫卵和幼虫致死。放牧羊在清晨、雨后和多雾时易受感染。

3. 临床表现及特征

临床症状可分为急性和慢性两期。

（1）急性期　是由于幼虫钻入肠黏膜所引起的。其特征是顽固性下痢，粪便呈黑绿色，带有很多黏液，有时带有血液。病羊疝痛，食欲减退。拱背，翘尾，伸展后肢。有痉挛性排尿。按压其腹壁时，有疼痛表现。有些病畜可出现抽搐，口吐泡沫，此乃因寄生在肠道的食道口线虫分泌物产生强烈的毒害作用所致。如不及时治疗，可引起羊只极度消瘦而死亡。

（2）慢性期　是成虫寄生阶段所引起。病羊呈间歇性下痢，经久时消瘦衰弱，终至虚脱而死。

如果感染轻微，除了初期表现间歇性下痢以外，再无其他症状。

4. 临床诊断

剖检时见到肠壁上的大量黄绿色结节（图4-3），以及在结节或肠腔内含有虫体。因为症状及虫卵均无显著特征，不容易在生前进行确诊。如果要根据虫卵进行诊断，必须特别注意与捻转胃虫的卵相区别：结节虫卵的颜色较深，虫卵中的胚细胞比捻转胃虫卵少（只有4～16个，捻转胃虫卵的胚细胞则有24个或更多），而且卵细胞的界限较不明显。如有条件，还可根据从粪便中培养出的侵袭性幼虫的形态进行诊断。

图4-3　食道口线虫幼虫在肠壁引起的结节
（引自畜禽病虫害及疫病诊断图片数据库及防治知识库）

5. 防制

(1) 预防

①预防性驱虫：一年分两次驱虫，做到全群进行一个不漏。第一次驱虫可在秋末冬初进行，这次驱虫的目的是防止奶羊冬季发病。入冬以后，天冷草缺，奶羊体质逐渐转弱，该病易乘虚而入。第二次驱虫，安排在冬末春初进行，目的在于减少食道口线虫病的散播，这次驱虫可消灭冬季驱虫后残留在羊体内的虫体。②药物预防：从春末到秋末期间，每头羊每天给硫化二苯胺1克混入食盐或精料中口服。③粪便处理：处理好带有虫卵的家畜粪便是防制食道口线虫病的重要环节。处理方法是将粪便堆集起来，使之发酵产热，利用这种生物热杀灭虫卵。驱虫后五六天内排出的粪便更要严格处理不能散失。④注意饮水和饲草卫生：饮水最好是井水，饮河水最好建立固定饮水处，保持清洁。割草饲喂时，最好用水清洗或晒干后再用。参照捻转胃虫病的预防方法，采用定期驱虫、药物预防（长期服用吩噻嗪）及粪便生物热杀虫处理等综合措施。

(2) 治疗

除参照捻转胃虫病的治疗方法以外，还可应用下列方法治疗：

①可采用磷酸左旋咪唑，羊6～8毫克/千克体重一次口服，或用硫化二苯胺10～25克/头（按羊年龄体重大小而定）混入食盐或精料中口服。②敌百虫治疗：50～60毫克/千克体重，配成水溶液，一次灌服。③驱虫净治疗：10～20毫克/千克体重，一次口服，或配成5％的水溶液肌注。④1％伊维菌素，按0.02毫升/千克体重皮下注射，1周后再重复注射1次。⑤吡喹酮，60毫克/千克体重内服，间隔3天后再服用1次。

十一、夏伯特线虫病

本病在西北分布很广，危害相当严重，在干燥高寒地区某些羊群中的寄生和危害，比捻转胃虫病或绦虫病还要严重。春乏时期为害最严重，受害最大的是1岁左右的绵羊。

1. 病原

本病是由夏伯特线虫寄生于大肠内引起的。该虫虫体粗壮，呈淡黄白色。头端为圆形，有半球形口囊，口孔开向前腹侧，因为口孔宽大，故称阔口线虫。雄虫长14～22.5毫米，雌虫16～26毫米。雄虫交合伞发达，1对交合刺较细。雌虫阴门靠近肛门。

2. 流行特点

本病在我国西北牧区分布很广，在高寒干燥地区其危害甚至超过了捻转血矛线虫病和绦虫病，尤其是在牧区的春乏时期表现尤为明显。该病发生在温暖季节，羊主要通过污染的牧场传染。夏伯特线虫也是土源性线虫，虫卵随粪便排出体外，在适宜的温度和湿度下，经24小时孵化出幼虫，在1周时间内经两次蜕皮后发育成侵袭性幼虫。虫卵对外界的抵抗力比较强，在牧场可以存活2～3个月，侵袭性幼虫也有向光、向湿、向温暖性，尤其是在清晨和傍晚，幼虫出现在草叶上的概率最高，这也是感染的最好时机。当羊吃草时吞入侵袭性幼虫可感染。幼虫通常在1个月左右繁育成成虫。

3. 临床表现及特征

本病的临床症状与捻转胃虫病相似。夏伯特线虫以强大的口囊在肠黏膜吸食血液，造成肠黏膜损伤。由于虫体在肠道不断随吸血移行寄生位置，导致肠黏膜多处损伤，易并发细菌感染。成虫还能分泌毒素，对羊的健康危害很大。患羊表现黏膜苍白，排出浆液性或黏液性带血粪便。病羊食欲减退，饮欲增加。病程长的表现消瘦、贫血。严重的可以引起衰竭死亡。

4. 临床诊断

本病可以用1％福尔马林灌肠，进行诊断性驱虫，根据对所排出虫体的鉴定，诊断是否为本病。死后根据剖检时发现的虫体（图4-4），可以进行确诊。

图 4-4　夏伯特线虫所致的慢性肠炎：肠黏膜组织增生，
故其表面呈密集的结节状，有些虫体吸附于黏膜上
（引自畜禽病虫害及疫病诊断图片数据库及防治知识库）

5. 防制

（1）每年春秋两季，用敌百虫或驱虫净进行预防驱虫。

（2）敌百虫治疗，50～60毫克/千克体重，配成水溶液，一次灌服。

（3）驱虫净治疗，10～20毫克/千克体重，一次口服；或配成5%的水溶液肌注，10～20毫克/千克体重。

十二、肺丝虫病

本病在绵羊和山羊都可发生，各地牧区常有流行，往往造成羊只的大批死亡。因此与莫尼茨绦虫病、捻转胃虫病及片形吸虫病一起称为羊的四大蠕虫病。

1. 病原

该病的病原体是肺丝虫，肺丝虫分为大型肺丝虫（丝状网胃线虫）和小型肺丝虫（原圆科线虫）两类。大型肺丝虫成虫寄生于羊气管和支气管内，具有极强的致病力。寄生的成虫可以大量产卵，并经咳嗽咳出或咽下后经粪便排出。幼虫能在水和粪便中自由生活，6～7天后发育成侵袭性幼虫，由消化道进入血液，再由血液循环到达肺部。小型肺丝虫极易感染幼龄羊，通常寄生于羊的支气管和肺泡内，雌虫可在肺内产卵，幼虫经气管上行至口腔，通过咳嗽咳出体外或咽下后经粪便排出。羊只通过采食被污染的饲草或饮水而食入病原体后，病原体进入消化道内，再经由血液循环侵入肺部，再次重复整个生活史。

2. 流行特点

该病常发生于夏秋季节和潮湿牧地。成年羊和没有进行驱虫的放牧羊群感染率较高，一般呈散发或地方性流行，可造成羊群尤其是羔羊大批死亡。

3. 临床表现及特征

感染初期和感染轻的羊，症状不明显。当感染大量虫体时，经过1～2个月即开始表现短而干的咳嗽。最初个别羊咳嗽，以后波及多数，咳嗽次数亦逐渐增多。在运动后和夜间休息时咳嗽更为明显。在羊圈附近可以听到患羊呼吸困难，呼吸如拉风箱。常见患羊鼻孔流出黏性液体，液体干后变为痂皮。听诊肺部有湿性啰音。患病久的羊，食欲降低、身体瘦弱、被毛干燥而粗乱。放牧时喜卧地上，不愿行走。随着病势的发展，逐渐发生腹泻及贫血，眼睑、下颌、胸下和四肢出现水肿。最后由于严重消瘦而死亡。当虫体与黏液缠绕成团而堵塞喉头时，亦可因窒息而死亡。在剧烈感染时，死亡率为10％～70％。

4. 临床诊断

（1）虫体检查　采用贝尔曼法用于分离虫体。在漏斗（10厘米）柄上装置长约6厘米的橡胶管，通过弹簧夹将其封闭后，再将漏斗放在蒸馏瓶架上，漏斗盛满水。同时在水中放入一块边长为9厘米的正方形薄纱，将病羊的新鲜粪便置于薄纱上，继而折起薄纱四角覆盖至粪便上，于室温下静置过夜，次日通过橡皮管放出少量液体。在凹窝式反应板的凹窝内直接检查或使用显微镜检查，可以观察到大小不同的肺丝虫。

（2）**鉴别诊断**　临床上应做好该病与羊支气管炎和羊鼻蝇蛆病的鉴别诊断。羊支气管炎主要由于羊只受到寒冷侵袭以及感冒所致，该病的主要症状是支气管黏膜和黏膜下层组织出现炎症，临床上表现出带有疼痛感的咳嗽，听诊肺部有啰音，病羊呈腹式呼吸，但是没有吸气性呼吸困难症状；羊鼻蝇蛆病主要是在鼻腔及其周围的腔窦内寄生羊鼻蝇幼虫而引发慢性鼻炎，发病高峰期为夏季，病羊在临床上表现出摇头、打喷嚏、头向一侧倾斜且不断旋转、运动失调、可视黏膜呈淡红色、视力和听力均有所下降等症状，重症病例出现痉挛和无法站立等神经症状，最终倒地而亡。

5. 防制

（1）**预防**　注重日常的饲养管理工作，采取轮牧放养的饲养方式，放牧季节可给羊群灌服适量的吩噻嗪，并且严禁到低洼潮湿的地方放牧，确保羊群不饮死水。羊群舍饲时饲喂晾晒后的青草料，保证饮水洁净卫生。及时将羊舍中的粪便清除，同时集中堆积发酵处理，彻底消灭虫卵或幼虫。对羊群进行定期体内外驱虫，在放牧地区或该病的流行地区，给羊群注射疫苗能够有效防控羊肺丝虫病的发生和流行。

（2）**治疗**　该病的治疗原则是早诊断、早隔离和早治疗，每天及时清除病羊排出的粪便，并进行无害化处理，避免出现二次感染。对病羊可灌服伊维菌素 0.2 毫克/千克体重或丙硫苯咪唑 1.0 毫克/千克体重，1 次/天，间隔 1 周后再用药 2 次。针对大型肺丝虫采用碘溶液（碘片 1 克、碘化钾 1.5 克、蒸馏水 1500 毫升），煮沸消毒后，温度降至 20～30℃气管注射法治疗，一次的注射剂量为羔羊 8 毫升、幼羊 10 毫升、成年羊 13 毫升。针对小型肺丝虫，可在 100 毫升蒸馏水中溶解水杨酸钠 5 克，通过灭菌消毒后注入到气管内，通常幼龄羊的用药剂量为 10～15 毫升、成年羊的用药剂量为 20 毫升。针对出现肺炎的病羊，需要缓慢静脉滴注 3% 氨茶碱 70 毫升、10% 维生素 C30 毫升、5% 盐酸普鲁卡因 10 毫升、10% 葡萄糖 500 毫升，或者缓慢静脉滴注添加 160 万单位青霉素钠的 5% 葡萄糖，1 次/天，连用 3 天，同时最好采用抗生素进行消炎。

十三、绵羊吸吮线虫病

绵羊吸吮线虫病的发生与季节有关，仅见于蝇子活动的季节，一般在 5～9 月份。其主要特征是引起结膜角膜炎。

1. 病原

本病是由吸吮线虫引起的。吸吮线虫又叫结膜丝虫或东方眼虫，寄生在羊的结膜囊内、第三眼睑（瞬膜）下或泪管中。一般隐藏在眼内角瞬膜之后，偶尔可以迅速横过角膜。虫体有雌雄之分，致病的都是成熟的雌虫。从外形看，虫体为线状，呈乳白色，雄虫长 8～13 毫米、宽 0.275～0.75 毫米，尾卷曲，肛门周围有乳突（肛前 10 对，肛后 2～5 对），2 对交合刺长短不一。雌虫长 16～20 毫米、宽 0.5～0.8 毫米，肛门在虫体前端。虫卵呈椭圆形，壳薄，长为 54～60 微米、宽 34～37 微米，产出时已含有胚胎。中间宿主为家蝇属的蝇类。

2. 流行特点

本病流行和家蝇活动季节有关，每年 5～6 月发病，8～9 月达到高峰。雌成虫在羊眼寄生部位产出能活动的幼虫（胎生），幼虫随眼的分泌物流出，存在于眼内角及其附近的眼分泌物中。当蝇子舔食眼分泌物时，即将幼虫咽下，幼虫在蝇体内发育成侵袭性幼虫，移行到蝇子的吻突中。当蝇子再吸吮健康羊的眼分泌物时，即将侵袭性幼虫排入健羊眼内。经过 20 天左右，幼虫发育为成虫，在眼内活动，引起眼虫病。在眼内越冬的幼虫，成为第二年春季本病流行的传播来源。

3. 临床表现及特征

主要表现为结膜炎、角膜炎。病羊流泪、畏光，结膜发红肿胀，甚至有时发生溃烂。角膜有不同程度的混浊。严重时在角膜上造成圆形或椭圆形的溃疡，少数病例可引起失明。在一只眼内寄生的虫体可以多达12条。

4. 临床诊断

当羊群中的结膜角膜炎有增多趋势时，可以怀疑有本病存在，即应多次检查眼睛，注意有无虫体寄生。为了便于检查，可用1‰～2‰地卡因或2‰～4‰可卡因对眼球进行表面麻醉，使其失去知觉，在检查时保持安静状态，同时可促使虫体爬出或随麻醉液排出。

5. 防制

（1）**预防** 一是进行预防性驱虫。在本病流行地区，于冬春季节（12～次年3月）每月进行一次。驱虫方法可用2‰～3‰硼酸水、0.5‰来苏儿或1‰敌百虫溶液2～3滴点眼。二是进行成虫期前驱虫。一般在6～7月上旬，用上述驱虫方法进行，每月二次。三是消灭蝇类。注意羊棚舍内外的清洁卫生，用适当农药喷洒灭蝇。

（2）**治疗** 治疗原则是除去虫体，对炎症进行对症治疗。

① 用机械方法取出虫体。可用镊子取出或棉花拭子刷掉虫体，事前应该用可卡因或地卡因进行麻醉。如果需要重复麻醉，最好用地卡因，因为可卡因有刺激性，重复应用时，有可能使角膜变为不清亮。取出虫体以后，用2‰～3‰硼酸水冲洗眼睛。

② 用药液杀死虫体。可用1‰的敌百虫、克辽林或5‰胶体银点眼，早晚各一次。

③ 用药液将虫体冲洗出来。可用 2‰～3‰ 硼酸水或（1∶1500）～（1∶2000）碘溶液，隔 5～6 天冲洗一次，共冲洗 2～3 次。

④ 对症治疗。对结膜角膜炎可用抗生素眼药水或眼药膏进行治疗。

⑤ 内服左咪唑。剂量为 8～10 毫克/千克体重，每天 1 次，连用 2 天。也可用 5‰～10‰左咪唑溶液点眼。

第三节　肉羊常见蜘蛛昆虫病的防控

一、锥蝇蛆病

锥蝇蛆病是绵羊的损伤性侵袭，以受损伤的组织受到难以忍受的侵入与摄食为特征。

1. 病原

病原为嗜人锥蝇的幼虫。成蝇为蓝绿色，长度为 12～15 毫米，头为橙色，胸部有三根长黑条纹。成熟的幼虫后部大、前部细，每一体节具有表皮刺丛。幼虫的形态很像一个木螺丝钉。

2. 流行特点

锥蝇蛆病发生于所有品种、性别与种属的温血动物。锥蝇攻击有组织损伤的区域，例如意外创伤、外科切口与分娩性露出的部分。对蝇子飞翔与侵袭的有利条件是晚春、夏季与初秋的温暖月份。

3. 临床表现及特征

幼虫引起羊难以忍受的疼痛，使羊起卧不安，有时沉郁，有时兴奋。病羊离群独居，啃咬、搔抓受侵袭的创伤部位。体温可能升高。创伤渗出液发出恶臭，并吸引各种蝇子。仔细检查创伤，可发现锥蝇团块与它们所造成的蛆洞。如不治疗，侵袭区域可通过新卵块的增加继续扩张。在末期表现沉郁，通常虚脱。经约 10 天发生死亡。

4. 临床诊断

通过在伤口中发现锥蝇幼虫，即可诊断为锥蝇蛆病。引人注意的症状是离群、搔抓、咬、摩擦受损的组织。

鉴别诊断需考虑普通丽蝇侵袭，它在坏死的创伤面到处可产单卵，幼虫不聚成团，能单独在创伤周围活动。

5. 防制

（1）**预防**　必须在侵袭早期进行治疗，并需移除所有幼虫，保护羊只不受再侵袭。剪短侵袭部位周围的羊毛，移除幼虫和碎屑，清洁创伤，并用药物杀死与驱逐幼虫与蝇。

应避免意外损伤和在有蝇季节分娩。如在有蝇季节发生损伤或进行外科手术，必须使用驱蝇剂，或用蝇毒磷喷雾剂。

（2）**治疗**　较满意的防制方法是地区性的锥蝇根除法。虽然开始的花费高，但对以后的经济节约要超过投资的偿付。成功的根除计划包含以下项目：①有计划地战略性释放不育的雄性蝇到自然界的蝇群体中；②检查带蝇的所有进口家畜；③对局部暴发地区进行严格检查；④对群众宣传根除计划。

二、羊狂蝇蛆病

羊狂蝇蛆病又称羊鼻蝇蛆病或羊鼻蝇幼虫病，是一种慢性鼻炎及鼻窦炎，主要特征是羊只流鼻液和不安。本病在西北地区危害严重，在内蒙古、华北及东北分布也很广，对养羊业造成的损失很大。山羊较绵羊患病少，受害较轻。

1. 病原

本病是由羊狂蝇所引起的。当狂蝇蛆寄生在羊的鼻腔和鼻窦内时，即因为刺激作用而引起发病。

2. 流行特点

羊鼻蝇成虫多在春、夏、秋季出现，尤以夏季为多。成虫在6、7月份开始接触羊群，雌虫在牧地、圈舍等处飞翔，钻入羊鼻孔内产幼虫。经3期幼虫阶段发育成熟后，幼虫从深部逐渐爬向鼻腔。当患羊打喷嚏时，幼虫被喷出，落于地面，钻入土中或羊粪堆内化为蛹，经1~2个月后成蝇。雌雄交配后，雌虫又侵袭羊群再产幼虫。

3. 临床表现及特征

病羊表现的症状分为两个阶段：

羊鼻蝇幼虫进入羊鼻腔、额窦及鼻窦后，在其移行过程中，由于体表小刺和口前钩损伤黏膜引起鼻炎，可见羊流出多量鼻液，鼻液初为浆液性，后为黏液性或脓性，有时混有血液。当大量鼻液干涸在鼻孔周围形成硬痂时，使羊发生呼吸困难。病羊表现不安，打喷嚏，时常摇头、摩鼻，眼睑浮肿，流泪，食欲减退，日渐消瘦。临床表现可因幼虫在鼻腔内的发育期不同而持续数月。通常感染不久呈急性表现，以后逐渐好转，到幼虫寄生的晚期，则疾病表现更为剧烈。有时当个别幼虫进入颅腔损伤了脑膜或因鼻窦发炎而波及脑膜时，可出现神经症状，病羊表现为运动失调，旋转运动，头弯向一侧或发生麻痹，最后病羊食欲废绝，因极度衰竭而死亡。

4. 临床诊断

主要靠症状观察。如在大羊群中普遍有症状时，可以作尸体剖检，找寻幼虫，进行确诊。虫体在浅部时容易检出，易于诊断。

5. 防制

（1）预防　根据不同季节鼻蝇的活动规律，采取不同的预防措施。夏季：尽量避免在中午放牧。夏季羊舍墙壁常有大批成虫，在初飞出时，翅膀软弱，不太活动，此时可发动群众进行捕捉，消灭成虫。连续进行 3 年，可以收到显著效果。也可用诱蝇板，引诱鼻蝇飞落板上休息。每天早晨检查诱蝇板，将鼻蝇取下消灭。冬春季：注意杀死从羊鼻内喷出的幼虫，同时在春季从羊圈的墙角挖蛹，将其杀灭。

（2）治疗　按照羊鼻蝇幼虫和成虫的个体活动情况，采用不同的治疗方法。

① 静脉注射依维菌素，剂量按 0.2 毫克/千克体重计算。

② 皮下注射 20％碘硝酚，剂量为 10～20 毫克/千克体重，只用 1 次，效果很好。

③ 在羊鼻蝇幼虫尚未钻入鼻腔深处时，给鼻腔喷入 3％来苏儿溶液，杀死幼虫。但需要大量劳力，广泛进行困难较大，不如口服或注射药物。

④ 在羊鼻蝇幼虫从羊鼻孔排出的季节，给地上撒以石灰，把羊头下压，让鼻端接触石灰，使羊打喷嚏，亦可喷出幼虫，然后消灭之。

三、蠕形螨病

蠕形螨病是由蠕形螨属的螨寄生于羊的毛囊和皮脂腺引起的皮肤病，故又称毛囊虫病或脂螨病。我国西北地区的山羊群中常有发现。

1. 病原

病原为蠕形螨属的螨。该螨的虫体细长，由头、胸、腹三部构成，体长为 0.25～0.3 毫米、宽约 0.01 毫米。头部有口器和一对脚触器；胸部有四条短腿，均分三节；腹部背面有细线状横纹。雌虫的阴门在腹面。雄虫的雄茎突出于胸部背面。虫卵为梭形，长0.07～0.09 毫米。

2. 流行特点

蠕形螨寄生于羊皮肤的毛囊和皮脂腺内，全部生活史均在宿主体内进行。雌虫产卵,卵孵化出 3 对腿的幼虫。经第一次蜕皮变为 3 对腿的幼虫,再经第二次蜕皮变为成虫。本病为接触性感染。健康羊接触病羊或其污染的用具均可能受到感染。

3. 临床表现及特征

病羊主要表现为皮炎、皮脂腺-毛囊炎或化脓性皮脂腺-毛囊炎。病变多在眼、耳、头上,其他部位也可能发生。除损害皮肤外,常在皮下发生脓性囊肿。

4. 临床诊断

切开皮肤上的结节或囊肿,刮取分泌物或脓汁,作涂片镜检,如发现虫体即可确诊。

5. 防制

(1) **预防** 对病羊及早进行隔离,避免与健羊接触;认真消毒被污染的圈舍和用具;彻底清理病羊活动过的运动场。

(2) **治疗** 可根据当时条件选用以下方法:

① 用 14％碘酒涂擦患部,共用 6～8 次。

② 用 5％福尔马林浸涂患部 5 分钟,每隔 3 天 1 次,共用 5～6 次。

③ 安息香酸甲苯 33 毫升,软肥皂 16 克,95％酒精 51 毫升,混合,涂擦患部。间隔 1 小时后再涂擦 1 次。

④ 对脓疱型病例,应兼用局部疗法和化学疗法。化学疗法可用 1％台盼蓝溶液静脉注射,台盼蓝用量按 0.5～1 毫克/千克体重计算,每 6 天注射 1 次,共注射 2～3 次。病情严重者,还可肌内注射青霉素。

四、虱病

本病比较常见,山羊比绵羊发生更多。

1. 病原

病原为羊虱。羊虱可分为两大类：一类是吸血的，有山羊颚虱、绵羊颚虱、绵羊足颚虱和非洲羊颚虱等；另一类是不吸血的，为以毛、皮屑等为食的羊毛虱。山羊颚虱寄生于山羊体表，虫体色淡，长 1.5～2 毫米。头部呈细长圆锥形，前有刺吸口器，其后方陷于胸部内。胸部略呈四角形，有足 3 对。腹呈长椭圆形，侧缘有长毛，气门不显著。

2. 流行特点

羊虱是永久寄生的外寄生虫病，有严格的畜主特异性。虱在羊体表以不完全变态方式发育，经过卵、若虫和成虫三个阶段，整个发育期约 1 个月。成虫在羊体上吸血，交配后产卵，成熟的雌虱一昼夜内产卵 1～4 个，卵被特殊的胶质牢固黏附在羊毛上，约经 2 周后发育为若虫，再经 2～3 周蜕化三次而变成成虫。产卵期 2～3 周，共产卵 50～80 个，产卵后即死亡。雄虱的生活期更短，一个月内可繁殖数代至十余代。虱离开羊体，得不到食料，1～10 天内死亡。

虱病是接触感染的，可经过健羊与病羊直接接触传播。

3. 临床表现及特征

虱在吸血时，分泌有毒的唾液，刺激皮肤的神经末梢而引起发痒，羊通过啃咬或摩擦而损伤皮肤。当大量虱聚集时，可使皮肤发生炎症、脱皮或脱毛。由于虱的长期骚扰，病羊烦乱不安，影响采食和休息，以致逐渐消瘦、贫血。幼羊发育不良，奶羊泌乳量显著下降。羊体虚弱，抵抗力降低，严重者可引起死亡。

4. 临床诊断

在体表发现虱和虱卵即可确诊。

5. 防制

(1) 预防 一是加强饲养管理及兽医卫生工作，保持羊舍清洁、干燥、透光和通风，平时给予营养丰富的饲料，以增强羊的抵抗力。

二是对新引进的羊只应加以检查，及时发现、及时隔离治疗，防止蔓延，对羊舍要经常清扫、消毒，垫草要勤换勤晒，管理工具要定期用热碱水或开水烫洗，以杀死虱卵。

三是及时对羊体灭虱，应根据气候不同采用洗刷、喷洒或药浴。常用的灭虱药物及方法参照螨病疗法。

(2) 治疗

① 消灭畜体上的毛虱。a.人工捕捉，在羊只饲养量少、人力充足的条件下，要经常检查羊的体表，发现毛虱时应立即将其杀死。b.粉剂涂擦，可用 3％马拉硫磷、2％害虫敌、5％西维因等粉剂涂擦羊的体表，在毛虱病的流行季节，每隔 7～10 天处理 1 次，羊的用量一般为 30 克/只。c.药液喷涂，可使用 1％马拉硫磷、0.2％辛硫磷、0.2％杀螟松、0.25％倍硫磷、0.2％害虫敌等乳剂喷涂畜体，用量为 200 毫升/（只·次），每隔 3 周处理 1 次。d.药浴，可选用 0.05％双甲脒、0.1％马拉硫磷、0.1％辛硫磷、0.05％毒死虱、0.05％地亚农、1％西维因、0.0025％溴氰菊酯、0.003％氟苯醚菊酯、0.006％氯氰菊酯等乳剂，对羊进行药浴。此外，也可用阿维菌素进行皮下注射，剂量为 0.2 毫克/千克体重。

② 消灭羊舍内的虱，有些虱在圈舍的地面、饲槽等缝隙中生存，可选用上述药物喷洒或粉刷后，再用水泥、石灰或黄泥堵塞缝隙。

五、硬蜱病

羊体硬蜱密集寄生能引起山羊体质消瘦，部分怀孕母羊流产，羔羊与分娩后的母羊死亡率很高。

1. 病原

本病的病原是硬蜱科的 6 个属，即硬蜱属、璃眼蜱属、血蜱属、革蜱属、肩头蜱属和牛蜱属。其共同的形态特征是：成虫虫体呈长椭圆形，背面稍隆凸，腹面扁平；无头、胸、腹之分，三者融合为一体，前端有一假头；假头由一对螯肢、一个口下板、一对脚须组成，螯肢和口下板之间为口孔；虫体腹面有 4 对脚，每个脚由基节、转节、股节、胫节、前跗节和跗节组成，跗节上有 1 对爪，爪间有爪垫；蜱的背面有盾板，雌蜱的盾板小，只占背部的前 1/3～1/2，而雄蜱几乎占整个背面。在盾板上有各种花纹、刻点和沟。雌雄异体，大小相差悬殊，未吸血的雌蜱和雄蜱如同芝麻粒大小，而吸饱血后的雌蜱大如蓖麻籽，呈暗红色或红褐色，雄蜱吸饱血后，大小变化不大。

2. 流行特点

在我国硬蜱科蜱的分布随各地的气候、地理、地貌等自然条件不同而不同，有的蜱分布于深山草坡及丘陵地带，有的分布于森林及草原，也有的栖息于家畜圈舍及家畜停留处。一般成蜱在石块下或地面缝隙内越冬，各蜱的活动季节也随蜱科的不同而不同，一般 2 月末至 11 月中旬都有蜱活动在畜体上。羊被蜱侵袭，多发生于放牧采食过程中，寄生部位主要在被毛短少部位。

3. 临床表现及特征

硬蜱侵袭羊体后，由于吸血时口器刺入皮肤可造成局部损伤，组织水肿，出血，皮肤肥厚。有的还可继发细菌感染引起化脓、肿胀和蜂窝组织炎等。当幼羊被大量硬蜱侵袭时，由于过量吸血，加之硬蜱的唾液内的毒素进入机体后破坏造血器官，溶解红细胞，形成恶性贫血，使血液有形成分急剧下降。此外，由于硬蜱唾液内的毒素作用有时还可出现神经症状及麻痹，造成"蜱瘫痪"。

4. 临床诊断

用肉眼或手触摸羊体表少毛部位（唇、眼周围、耳壳内外、胸腹下部、四肢内侧及尾根下凹陷处等）（图 4-5），可发现虫体，即可诊断。

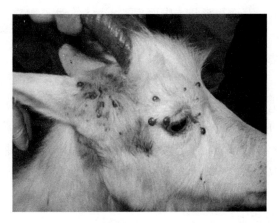

图 4-5 眼周围、耳壳内外的蜱

5. 防制

（1）**预防** 一是人工捕捉或用器械清除羊体表寄生的蜱。二是消灭圈舍内的蜱，有些蜱可在圈舍的墙壁、缝隙、洞穴中栖息，可选用上述治疗药物喷洒或粉刷后，再用水泥、石灰等堵塞。三是消灭大自然中的蜱，根据具体情况可采取轮牧，相隔1～2年时间，牧地上的成虫即可灭亡。

（2）**治疗**

① 皮下注射阿维菌素，剂量0.2毫升/千克体重。

② 药浴、喷洒、涂擦，可选用的药物有：0.05％的双甲脒溶液、0.1％的马拉硫磷溶液、0.1％的新硫磷溶液、0.05％的毒死蜱溶液、0.05％的地亚农溶液、1％的西维因溶液、0.0015％的溴氰菊酯溶液，0.003％氟苯醚菊酯溶液，严重的7天后再来一次。

③ 药液喷涂可使用1％马拉硫磷、0.2％辛硫酸、0.25倍的硫磷等乳剂喷涂畜体，剂量为每次200毫升，每隔3周处理1次。

第五章

肉羊普通病防治技术

第一节　肉羊普通内科疾病的防治

一、口炎

羊口炎是口腔黏膜表层和深层组织的炎症。在病理过程中，口腔黏膜和齿龈发炎，可使病羊采食和咀嚼困难，口流清涎，痛觉敏感性增高。临床常见单纯性局部炎症和继发性全身反应。

1. 病因

（1）**卡他性口炎**　这是一种单纯性口炎，在口腔黏膜表层会有轻度的炎症，出现这种情况是机械性、物理性以及其他因素刺激造成的。如果采食粗硬、有芒刺或者刚毛的饲料都会导致口腔损伤，或者采食了发霉的饲料，出现这种卡他性口炎之后还会继发感染性咽炎、唾液腺炎、胃炎、肝炎等维生素缺乏症。

（2）**水泡性口炎**　在口腔黏膜会生产透明浆液，是饲养不当引起的；或者羊吃了带有绣病菌、黑穗病菌的饲料，发芽的马铃薯等，都会引起。

（3）**口腔溃疡** 出现口腔溃疡是坏死的特征，是口腔不洁、被细菌或者病毒感染所致。

（4）**继发性羊口炎** 继发性羊口炎是由口蹄疫、羊痘、霉菌性口炎、过敏反应、营养不良引起的。

2. 症状

主要临床症状为食欲减少、口内流涎、咀嚼缓慢，欲吃而不敢吃，当继发细菌感染时有口臭。卡他性口炎时表现为口腔黏膜发红、充血、肿胀、疼痛，特别在唇内、齿龈、颊部明显；水疱性口炎在上下唇内有很多大小不等、充满透明或黄色液体的水疱；溃疡性口炎（图5-1）在黏膜上出现有溃疡性病灶，口内恶臭，体温升高。上述各类型可以单独出现，也可相继或交错发生。在临床上以卡他性（黏膜的表层）口炎较为多见。继发性口炎常伴随出现有关疾病的其它症状。严重者可见有出血、糜烂、溃疡或引起体质消瘦。

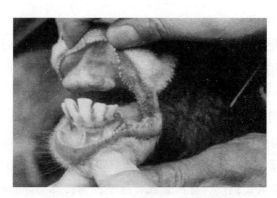

图 5-1　口腔黏膜潮红、糜烂
（引自养羊群网站）

3. 诊断

根据其特殊的症状、病史做出判断。

4. 防治

治疗一般着重去除病因。给病羊饲喂青嫩、多汁、柔软的饲草，采取消炎，收敛、净化口腔等治疗措施，促进康复过程。轻度口炎可用 0.1% 高锰酸钾溶液或 2% 食盐水冲洗，每日 3～4 次。口腔发生糜烂及渗出时，用 2%～3% 明矾溶液或 1% 食盐水洗涤口腔；有溃疡时，选用碘甘油（碘酊与甘油 1：9）、龙胆紫溶液或蜂蜜涂擦。病羊体温升高、继发细菌感染时，用青霉素 40 万～80 万单位，链霉素 100 万单位，肌内注射，每日 2 次，连用 2～3 天；也可服用或注射磺胺类药物。

中药可用青黛散（青黛 9 克、黄连 6 克、薄荷 3 克、桔梗 6 克、儿茶 6 克，共为细末）或冰硼散，装入长形布袋内口衔或直接散布于口腔，效果也很好。

预防主要做好饲养管理工作，防止化学、机械、草料内异物、饲草霉变等因素对口腔造成损伤。饲喂青嫩柔软的干草，对幼龄羊适当增加富有维生素（维生素 B 族或维生素 C）的饲料。另外，经常使用 2% 碱水消毒刷洗饲槽，防止某些致病因素传播。

二、食道阻塞

食道阻塞是羊食道被食物或异物堵塞而发生的以咽下障碍为特征的疾病。

1. 病因

该病主要是由于羊抢食、贪食一大口食物或异物，又未经咀嚼便囫囵吞下所致，或在垃圾堆放处放牧，羊采食了菜根、萝卜、塑料袋、地膜等阻塞性食物或异物而引起。

继发性阻塞见于异嗜癖（营养缺乏症）、食管狭窄、扩张、憩室、麻痹、痉挛及炎症等病程中。多因过度饥饿，采食过急，采食中突然受惊吓，咀嚼不全，吞咽过猛，食团阻塞于食道而致病。阻塞物常为块状饲料，如甜菜根、马铃薯、甘蓝根、甘薯、萝卜及西瓜皮等。

有时也可因异物引起，如瓶盖、毛巾、布片、毛线球等异物。

2. 症状

该病一般多突然发生。一旦阻塞，病羊会突然停止采食，伸颈摇头，惊恐不安，伴有疼痛，有时还会表现出咳嗽、持续做吞咽动作。如果阻塞物存于食道上部，病羊会持续有大量泡沫状的白色涎液从口腔流出，并附着在下唇端不断垂涎，此时就会导致鼻腔内有涎液流出的现象。如果阻塞物存在于颈中下部，病羊会间歇性出现伸直头颈（图 5-2），且左颈沟出现逆蠕动波，接着有大量的清亮水样黏液从口鼻流出，这是羊发生颈中下部食道阻塞典型的临床症状。随着症状的加重，病羊肋部会明显隆起，呼吸急促，脉搏加速，结膜发绀，直到呼吸困难，最终运动失调，无法稳定站立，并倒地死亡。

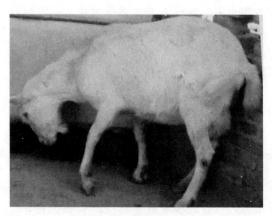

图 5-2　羊食道阻塞时头颈伸直
（引自养羊与羊病防治服务热线网站）

3. 诊断

食道阻塞分完全阻塞和不完全阻塞两种情况，使用胃管探诊可确定阻塞的部位。完全阻塞，水和唾液不能下咽，从鼻孔、口腔流出，在阻塞物上方部位可积存液体，手触有波动感。不完全阻塞，液体可以通过食道，而食物不能下咽。

诊断时，应注意与咽炎、急性瘤胃膨气、口腔疾病相区别。

4. 治疗

治疗可采取以下方法。

(1) **吸取法**　阻塞物如为草料食团，可将羊保定好，送入胃管后用橡皮球吸取水，注入胃管，在阻塞物上部或前部软化阻塞物，反复冲洗，边注入边吸出，反复操作，直至食道畅通。

(2) **胃管探送法**　阻塞物在近贲门部位时，可先将2%普鲁卡因5毫升、石蜡油30毫升混合后，用胃管送至阻塞部位，待10分钟后，再用硬质胃管推送阻塞物进入瘤胃中。

(3) **砸碎法**　当阻塞物易碎、表面光滑并阻塞在颈部食管时，可在阻塞物两侧垫上软垫，将一侧固定，在另一侧用木槌或拳头砸（用力要均匀），使其破碎后咽入瘤胃。

治疗中若继发瘤胃膨气，可施行瘤胃放气术，以防病羊发生窒息。

三、前胃弛缓

前胃弛缓是因饲喂不合理引起前胃兴奋性和收缩力降低的疾病，临床症状是食欲减退，反刍、嗳气障碍，前胃蠕动力量减弱或停止，甚至继发酸中毒。

1. 病因

饲管不当，饲料单一，长期饲喂难以消化的饲料如秸秆、麦麸等，长期饲喂过多精饲料而运动不足，饲喂霉败、冰冻、缺乏矿物质的饲料，都可使消化功能紊乱，胃收缩力降低而引发本病。此外，瘤胃膨气、瘤胃积食、胃肠炎以及其他一些疾病也可引起继发性前胃弛缓。

2. 症状

发生急性前胃弛缓时,前胃因大量食物积聚而扩张,病羊食欲消失,反刍停止,瘤胃蠕动力减弱或停止,瘤胃内容物发酵,产生气体,故左腹围增大,触诊感不坚实。发生慢性前胃弛缓时,病羊精神沉郁,倦怠无力,喜卧地,食欲减退,反刍缓慢,瘤胃蠕动力减弱,次数减少。如为继发性前胃弛缓,常伴有原发病的临床症状。

3. 诊断

本病通常根据病畜食欲减退、反刍异常、前胃蠕动减弱、消化功能发生障碍等病情分析和判定。

4. 治疗

如为过食引起,可采取饥饿疗法,禁食2～3顿,然后供给易消化的饲料,使胃功能慢慢恢复。

重症者可先用泻剂清理胃肠,成年羊用硫酸镁20～30克(或人工盐20～30克)、液状石蜡100～200毫升、番木鳖酊2毫升、大黄酊10毫升,加水500毫升,一次灌服。为加强瘤胃蠕动,可用10%氯化钠注射液20～30毫升、10%氯化钙注射液10毫升、生理盐水100毫升,混合后一次静脉注射;或用2%毛果芸香碱注射液1毫升,皮下注射。也可用酵母粉10克、红糖10克、酒精10毫升、陈皮酊5毫升,混合后加水适量灌服。为防止酸中毒,可灌服碳酸氢钠10～15克。

四、胃肠炎

羊胃肠炎是羊胃肠黏膜及黏膜下层组织的剧烈性炎症过程,是羊常见的一种肠道性疾病,属现代羊场中的高发病。

1. 病因

(1) 原发性胃肠炎 多种因素都能够引起该类型胃肠炎,主要是由于羊只饲养管理不规范，或者饲养环境突然发生改变，导致机体自我调节能力减弱，胃肠菌群发生紊乱等引起。当羊只饲喂品质低劣的饲料，如在放牧过程中食入过多的冰冻饲草，发生霉变的青贮、干草、豆饼、玉米以及精饲料等；采食使用农药或者化学药品处理的种子，各种有毒植物；饲草料中存在刺激性的化肥，如硝铵和过磷酸钙等，或者饮水不卫生；食入大量的芒硝、芦荟和蓖麻油等；圈舍湿度过大、卫生条件较差，冬春气候寒冷季节机体瘦弱，缺乏营养；长期服用过量的驱虫药物，都能够引起胃肠炎。

（2）**继发性胃肠炎** 当羊只患有其他前胃疾病、某些传染病（如羊快疫、羔羊大肠杆菌病、羊巴氏杆菌病和羊副结核等）或者寄生虫病（如羊钩虫、肝片形吸虫、结节虫等）都能够继发引起该病。另外，羊只其他器官发生病变，如口腔、牙齿、心脏、肝脏、肺脏、肾脏等，也能够继发引起胃肠炎。

2. 症状

该病临床上主要特征是发热、腹痛、消化机能紊乱、腹泻、脱水以及毒血症。病羊表现出精神萎靡、食欲不振或者完全废绝，明显口臭，且舌苔较重；发生腹泻，排出水样或者粥样粪便，并散发腥臭味，且往往混杂黏液、脱落的黏膜组织以及血液，有时甚至混杂脓液；明显腹痛，肌肉不停震颤，肚腹蜷缩。

发病初期，肠音有所增强，之后逐渐减弱，甚至完全消失；如果导致直肠发生炎症，会出现里急后重的排粪现象。

发病后期，肛门明显松弛，排粪失禁。体温明显升高，心率加速，呼吸急促，眼窝凹陷，眼结膜发绀或者暗红，皮肤弹性变差，尿液量减少。

随着症状的加重，病羊体温开始逐渐降低，低于正常水平，四肢厥冷，体表静脉萎陷，精神萎靡，甚至陷入昏迷或者昏睡状态。病羊患有慢性胃肠炎，表现出食欲多变，时坏时好，或采食量不断减少，往往出现异食癖，从而出现经常舐食泥土或者舐厩舍墙壁的现象。

3. 诊断

综合该病症的发病原因、临床症状和病理表现进行分析，确定相关的病症。

4. 防治

（1）**预防**　完善饲养管理制度，注意饲料质量和饲养方法，饲料变换要逐渐过渡；加强饲养员的业务培训，提高饲养管理水平；饲喂要定时定量，勤添少量，先干后湿，先粗后精；注意饲料保管和调配工作，杜绝用发霉变质饲料喂羊；饮水要清洁卫生，平时要保证饮水的质量和数量，炎夏要防止暴饮，严寒季节要温水饮羊；注意观察羊只，发现采食、饮水及排粪异常时应及时治疗，加强护理。

（2）**治疗**

西药治疗羊胃肠炎：①病羊可灌服由50克硫酸镁、2克鱼石脂、10毫升酒精以及适量饮水组成的混合溶液1次，并配合按每千克体重肌内注射4毫克庆大霉素，每天2次，连续使用3天。②为避免发生脱水，病羊可静脉注射由300毫升5％葡萄糖、4毫升10％樟脑磺酸钠、20毫升维生素C组成的混合溶液，每天2次，连续使用3天。③为防止发生酸中毒，病羊可静脉注射500毫升氯化钠或者100毫升5％碳酸氢钠，连续使用2～3天，也可内服由300毫升饮水、100毫克盐酸异丙嗪、50克腐殖酸钠、2克链霉素组成的混合溶液。④病羊恢复阶段，为促使食欲尽快恢复可使用健胃散，如内服10毫升龙胆酊或者人工盐10克与适量饮水组成的混合溶液，每天2次，连续使用2天。

中药治疗羊胃肠炎。方法一：取白芍、秦皮、银花、当归、黄芩各20克，甘草、山楂、木香、郁金各10克，加水煎煮后取药液给病羊内服。方法二：取木香、黄连各 4 克，内金、陈皮各 18 克，24 克白头翁，山楂、泽泻、茯苓各 12 克，山栀、大黄、黄芩各 6 克，加水煎煮后给病羊灌服。

五、羔羊肠臌气

肠臌气是初生羔羊的一种多发性、死亡率很高的疾病。

1. 病因

其病因是由于吃奶过多，饲喂方法不当，以及气候突然变化，而导致胃肠蠕动机能减弱，乳汁不能充分消化吸收，停滞在胃肠内的食物分解发酵或肠球菌大量繁殖，产生过多气体。该病引起羔羊腹部臌胀、呼吸频繁、全身出汗、震颤、腹痛等一系列症状，严重时引起高度呼吸困难、窒息而死亡，死亡率高达 75%，本病在夏季多见。母羊患乳腺炎时，羔羊吃了腐败变质的母乳，也能发生"胀肚"，造成一系列病变。

2. 症状

病的初期，往往易被放牧人员忽视，当病情发展，腹部臌胀明显时，则为时已晚，因而多数病羔羊的治疗不能收到预期效果。临床表现病羔羊行走摇摆，站立时痴呆，时起时卧。腹部明显增大，腹壁紧张，尤以右侧为甚，叩诊呈鼓音。听诊腹部，肠蠕动音由弱渐至消失，既不排粪，也不放屁。结膜潮红或发绀，呼吸频繁，呈胸式呼吸。脉搏随呼吸障碍而增加。病情严重时常全身出汗，前肢肌肉颤抖，甚至全身震颤。若同时伴有胃扩张时，插入胃管可放出多量有酸臭味的气体。

3. 诊断

病羔羊腹痛明显，腹围迅速增大，腹部隆起，两耳及四肢发凉，全身出冷汗、颤抖，肠蠕动全部停止，叩诊腹部呈鼓音。在诊断上要与急性胃扩张相区别。左侧腰腹臌胀明显，病羔羊不安和呼吸困难是胃扩张的典型症状，送入胃管时有大量气体放出，症状很快缓解。继发肠胀气时，一般羔羊有食毛癖时，腹部臌胀发生缓慢，病程稍长。

4. 防治

主要加强初生羔羊的护理，防止其饥饱不均或过食。食后要让羔羊适当活动，避免在牧地躺卧时间过长影响消化功能。放牧人员要勤观察，早发现，快处理，使病情不致恶化，对有食毛癖的羔羊应进行原发病的治疗。母羊患有乳腺炎症时应立即停止吮乳，改吃保姆奶或喂奶粉。

治疗方法：

① 排气止酵。当腹围显著增大，呼吸高度困难危及生命时，要尽快采取穿肠放气。先确定放气部位，术部剪毛消毒，然后选用14号针头消毒后刺入腹部膨胀最明显处。盲肠放气常在右侧腹肷窝中间，结肠放气常在左侧腹肷窝。放气要缓慢，待腹围缩小后，为防止继续发酵或细菌繁殖，可由穿刺孔注入鱼石脂酒精溶液（鱼石脂5克、95％酒精10～20毫升、加温水100毫升），再肌注青链霉素各20万～40万单位。

② 清肠通便。为了清除胃肠内容物和秘结粪便，可用导尿管代替胃管灌服液体石蜡油或蓖麻油20～30毫升。也可用胡麻油代替。为排出停滞积粪，加强肠蠕动，可施行灌肠。羔羊灌肠时仍可用导尿管代替，在温水内加入少量肥皂或食盐灌入，水量在200～300毫升。

③ 镇痛解痉。当羔羊疼痛不安时，可立即皮下注射10％安乃近2毫升或肌内注射安痛定1～2毫升。

④ 促进机能恢复。对病羔羊要加强护理，尽可能防止打滚，鼓气停止后应防止受寒或过热，要使其安静休息避免饱食。继发肠臌气应着重治疗原发病。

六、羔羊肠痉挛

羔羊肠痉挛是因受寒等不良因素的刺激，使肠平滑肌发生痉挛性收缩，出现间歇性疼痛。该病多发生于羔羊哺乳期。

1. 病因

寒冷刺激是该病发生的主要原因。冬春季节羔羊受气候突变影响或受风雪、冰雹、暴雨突然侵袭而发病。母羊乳汁不足或品质不佳，羔羊处于饥饿或半饥饿状态时也可致病。

2. 症状

羔羊突然发病，病羊体温正常或偏低，耳鼻及四肢冰凉，结膜苍白，口吐清涎水。轻症者，肠痉挛多表现弓背、卧地、腹泻、回头顾腹、打滚等，有的亦做排尿姿势；严重腹痛时，病羊急起急卧，匍匐不起，四肢蹬直或转圈。腹部听诊胃肠蠕动增强，有时腹部胀满，下痢排稀粪。疼痛停止后羔羊恢复健康。

3. 诊断

结合病史和临床症状，参照突然发病，弓背、卧地、腹泻、回头顾腹、打滚，腹部听诊胃肠蠕动增强等症状，可以做出初步诊断。

4. 防治

① 加强母羊和羔羊的饲养管理，注意羔羊保暖，防止受寒。禁止用酸败、发霉、冰凉的饲料饲喂羔羊。

② 为了暖胃，可用姜酊 10 毫升或茴香酊 10 毫升，加适量温水灌服。30％安乃近 5 毫升，肌内注射；或用 2％普鲁卡因 2 毫升、10％硫酸镁 10 毫升，一次静脉注射。

③ 预防时可用清热健胃散，羊每头每次 20～50 克，拌入饲料中口服或灌服。

七、瘤胃臌胀

瘤胃臌胀是羊采食了易发酵饲料，在瘤胃内发酵产生大量气体，致使瘤胃体积迅速增大，以过度臌胀为特征的一种疾病。特别是在左侧腹部胀大更明显，左侧肷部隆起，叩诊可闻鼓响声音。病羊呼吸加快，反刍停止。

1. 病因

羊采食大量易发酵饲料，如豆苗、青苜蓿等多汁易胀饲料；误食某些可发生瘤胃麻痹的植物如毒芹、秋水仙或乌头等；采食大量易臌胀的干料，如豆类、玉米、麦子、稻谷、油饼类等；采食难以消化的饲料，如麦秸、干甘薯藤、玉米秸等；采食大量豆科牧草、雨后水草、露水未干的青草等；以及缺乏运动、消瘦、消化机能不好、饮水不足、突然变换饲料等，均可诱发本病。

2. 症状

病初羊只食欲减退，反刍、嗳气减少或很快食欲废绝，呻吟、努责，腹痛不安，回头顾腹（图5-3），腹围显著增大，尤以左肷部明显。触诊腹部紧张性增加，叩诊呈鼓音。经常做排粪姿势，但排出粪量少，为干硬带有黏液的粪便，或排少量褐色带恶臭的稀粪，尿少或无尿排出。鼻、嘴干燥，呼吸困难，眼结膜发绀。重者脉搏快而弱，呼吸困难，口吐白沫，但体温正常。病后期，羊虚乏无力，四肢颤抖，站立不稳，最后昏迷倒地，因呼吸窒息或心脏衰竭而死亡。

3. 诊断

根据病史表现，参照瘤胃臌胀、腹围膨大、发病急剧、叩诊有鼓音、呼吸困难等症状，基本可确诊。但是，也有急性瘤胃臌气而导致死亡不明的情况。此时，必须要确诊瘤胃臌气为原发性还是继发性。因为创伤性网胃炎、慢性前胃弛缓等，病羊同样会出现周期

图 5-3　病羊回头顾腹
（来源于养羊与羊病防治服务热线网站）

性臌胀的症状。

4. 防治

（1）**预防**　该病多发生在春季，防治重点为加强饲养管理，促进消化机能，保持其健康水平。由舍饲转为放牧时，最初几天在出牧前先喂一些干草后再出牧，并且还应限制放牧时间及采食量。在饲喂易发酵的青绿饲料时，应先饲喂干草，然后再饲喂青绿饲料。尽量少喂堆积发酵或被雨露浸湿的青草。不让羊暴食幼嫩多汁豆科植物，不在雨后或有露水、下霜的草地上放牧。舍饲育肥羊，应在全价日粮中至少含有10％～15％的铡短的粗料，粗料最好是禾谷类稿秆或青干草，避免饲喂用磨细的谷物制作的饲料。

（2）**治疗**　病的初期，轻度气胀，让病羊头部向上站在斜坡上，用两腿夹住羊的头颈部，有节奏地按摩腹部，连续5～10分钟，对治疗瘤胃臌胀有一定效果。气胀严重的，应用松节油20～30毫升、鱼石脂10～15克、95％酒精30～50毫升，加适量温水，一次内服。或用醋20毫升、松节油3毫升、酒精10毫升，混合后一次灌服；或用克辽林 2～4 毫升加水 20～40 毫升，一次灌服；或用大蒜酊 15～25 毫升，加水 4 倍，一次灌服，具有消胀作用。病羊危急时，可用套管针在左腹肋部中央放气，此时要用拇指按住套管出气口，让气体缓慢放出，放完气后，用鱼石脂 5 毫升加水 150 毫升，从套管注入瘤胃。

八、感冒

感冒是养羊常见的一种普通疾病，感冒是机体由于受风寒侵袭而引起的以上呼吸道炎症为主的急性全身性疾病。

1. 原因

羊感冒大多发生在天气突变的情况下，引起感冒的主要原因就是天气所引起的，其次是羊群的管理不当也会使羊感冒，羊舍的卫生环境不干净或羊舍比较潮湿、通透性差、空气流通不顺畅也会引发感冒。比较冷的天气进行牧放会导致羊群受寒而感冒以及过量运动或运动后出汗后直接关入羊舍也会引起感冒。营养不良导致身体免疫力下降，细菌进入呼吸道并且进行大量繁殖，也会引发感冒。

2. 症状

羊感冒的症状表现为体温上升，但四肢冰凉，精神状态不佳并且嗜睡，逐渐地呼吸会显得很急促，有上气不接下气的感觉，然后眼睛出现红色血丝并且有分泌物溢出，再出现流鼻涕以及不断咳嗽，最后不怎么吃东西，并且鼻子干燥，排出的粪便干燥并且奇臭无比，有时也会出现腹泻。

3. 诊断

根据病史表现，参照天气突变或突然被雨淋湿，出现上呼吸道炎症等症状，基本可确诊。

4. 防治

（1）预防 一是在羊舍环境和羊的管理上，要尽量避免温差过大对羊造成的侵袭。无论是放牧的羊还是设施圈养的羊，要避免羊淋雨。在温差过大的季节或地区，要在傍晚将羊赶到羊舍内部，关闭门窗。羊在入睡的时候抵抗力是最低的，这时气温突然降低容易造成感冒。在北方，冬季也应该将羊在夜晚赶到羊舍内部。早上太阳出来的时候再放出来，要根据实际情况灵活运用。

二是圈舍内外的排水性能要好，要保持圈舍的干燥。羊喜欢干燥，细菌、病毒却喜欢潮湿。

三是圈舍消毒杀菌工作要做好，春季、秋季、冬季可以每月消毒1次，夏季可以每10日或15日消毒1次。

四是夏季可以饮维生素C水来预防感冒。电解多维也可以经常溶解到水里饮用。春、秋、冬季可以在换季时和气温起伏变化比较大时在水里添加黄芪多糖，以提高羊的抵抗力。

(2) **治疗** 以解热镇痛、祛风散寒为主。肌内注射30％安乃近5～10毫升或复方氨基比林5～10毫升或安痛定10～20毫升。病重呈继发感染的，配合10％～20％磺胺嘧啶，首次0.2克/千克体重，维持量0.1克/千克体重，或用青霉素和链霉素混合应用4000单位/千克体重，每天3次，连续应用3～7天。还可配合清热解毒针10～20毫升，静脉滴注5％～10％葡萄糖300～1000毫升，每天1次。

为防止继发感染，可与抗生素类药物同时应用。复方氨基比林10毫升、青霉素160万单位加蒸馏水10毫升稀释。硫酸链霉素50万单位加蒸馏水10毫升稀释，分别肌注，每日2次连用3～5天。当病情严重时，也可静脉注射青霉素160万单位（4支），同时配以皮质激素类药物，如地塞米松等。

九、支气管炎

1. 病因

主要致病原因是寒冷与感冒，如天气剧变、风雪侵袭、缺乏防寒设施等。羊在剪毛后被雨淋而受寒，致使羊呼吸道防御机能降低，使常在菌如肺炎球菌、巴氏杆菌、链球菌等大量繁殖。羊舍通风不良，存在大量的有害气体；饲草中混有尘土；霉菌与寄生虫的侵害。继发于痘病、口蹄疫、山羊传染性支气管炎等传染性疾病。慢性支气管炎多见于急性支气管炎治疗不彻底和肺线虫病。

2. 症状

病初表现疼痛、干性咳嗽，咳声短促，痛苦，随着分泌物的增多，疼痛减轻，变为湿咳。胸部听诊可听到粗粝的干、湿音。体温升高1℃左右。病至3天后鼻腔流出黏脓性渗出物，咳嗽时其量增多。当炎症侵害到细支气管时，病羊体温升高1～2℃，呈腹式呼吸，并见有吸气性呼吸困难。咳嗽频繁，声音低哑、疼痛。听诊肺区可见到小水泡样湿音，肺泡呼吸音增强、尖锐。胸部叩诊呈代偿性肺区扩大，肺界后移倒数1～2肋间。病羊精神沉郁，食欲减弱，被毛粗乱，放牧掉群。

3. 诊断

结合病史和临床症状，根据咳嗽情况，初为干短咳后变成长而湿咳；大量流清涕，痰液增多，呼吸音迫促；可视黏膜发绀，严重时体温升高，肺部啰音增大，可以做出诊断。

4. 防治

消除支气管炎的致病原因，建立良好的饲养管理制度，注意环境卫生，避免尘埃、毒菌的侵害，饲喂营养丰富的饲料。

（1）可用镇痛止咳药物，如伤风止咳糖浆50毫升，加水适量，灌服，每日1次，连用3天；或用氯化铵1克、吐酒石0.5克、人工盐20克、甘草末10克，加水适量，灌服，连用3天。

（2）体温升高者，可用解热镇痛剂，如柴胡注射液或复方氨基比林10毫升，肌内注射，每日2次，连用3天。

（3）消除炎症，可用磺胺嘧啶2～8克。加水灌服，每日1次；

或用 10％磺胺嘧啶钠 20 毫升，肌内注射，每日 1 次，连用 3 天。

（4）使用绿健先锋（头孢噻呋钠冻干粉）消除和减轻支气管黏膜肿胀，一天一次连用 2～3 天，能够彻底控制病情。

十、小叶性肺炎

小叶性肺炎是支气管与肺小叶或肺小叶群同时发生炎症。临床特征为：病羊呼吸困难，呈现弛张热；叩诊胸部有局灶性浊音区；听诊肺区有捻发音。肺脓肿常由小叶性肺炎继发而来。

1. 病因

羊受寒感冒；受物理性、化学性因素刺激（即环境应激）；受条件性病原菌的侵害，如巴氏杆菌、链球菌、化脓放线菌、坏死杆菌、铜绿假单胞菌、葡萄球菌等的感染，皆可导致该病，同时可见于肺线虫病、羊鼻蝇蛆症、乳腺炎、创伤性心包炎等病的病理过程中。该病可继发于口蹄疫、放线菌病、羊子宫炎和乳腺炎；可继发肺脓肿。

2. 症状

病羊呼吸困难，呈现弛张热；叩诊胸部有局灶性浊音区；听诊肺区有捻发音。肺脓肿常由小叶性肺炎继发而来。肺脓肿常呈散在性特点，是小叶性肺炎没有治愈、化脓菌感染的结果。

小叶性肺炎初期呈急性支气管炎的症状，即咳嗽，体温升高，呈弛张热型，高达 40℃ 以上；呼吸浅表、增数，呈混合性呼吸困难。呼吸困难的程度，随肺脏发炎的面积大小而不同，发炎面积越大，呼吸越困难，呈现低弱的痛咳。胸部叩诊，出现不规则的半浊音区。浊音则多见于肺下区的边缘，其周围健康部的肺脏，叩诊音高朗。听诊肺区肺泡音减弱或消失，初期出现干啰音，中期出现湿啰音、捻发音。

3. 诊断

根据病羊的临床表现即可确诊。但应注意与大叶性肺炎、咽炎、副鼻窦的疾病加以区别。

4. 防治

(1) **预防** 加强饲养管理，保持圈舍卫生，防止吸入灰尘。勿使羊受寒感冒，杜绝传染病感染。要防止插胃管时误插入气管中。应与大叶性肺炎、咽炎和副鼻窦疾病加以区别。

(2) **治疗** 消炎止咳。可选用10％磺胺嘧啶20毫升或抗生素（青霉素、链霉素），肌内注射。亦可用氯化铵1～5克、酒石酸锑钾0.4克、杏仁水2毫升，加水混合灌服。

解热强心。可用复方氨基比林或水杨酸钠2～5克，口服；10％樟脑水注射液2毫升，肌内注射。

十一、吸入性肺炎

吸入性肺炎是羊将异物吸入肺部（食物、药物、呕吐物或腐败细菌侵入肺部）从而引起肺局部坏死、分解形成所谓坏疽的一种病症，因而该病又称为异物性肺炎或坏疽性肺炎。在临床上主要以呼吸困难、呼出恶臭气体，流脓性味臭的鼻液，听诊出现明显啰音为典型特征。

1. 病因

本病多因吸入或误咽入呼吸道中的异物，如小块饲料、黏液、血液、脓液、呕吐物，以及反刍物和其它异物所引起。

投药方法不得当也是引起该病的主要原因之一，如投药时，头抬得过高、速度过快，造成吞咽困难，使药物误入气管引起发病。

一些羊吞咽功能失调时也可引起吸入性肺炎，而当有些羊患急性咽炎或咽区脓肿等疾患时，若试图采食和饮水，极易将异物吸入呼吸道引起发病。

此外，药浴驱虫时，如果操作不当，药液吸入气管，投药投错部位等均可引起本病的发生。

2. 症状

发病急促，体温迅速升高达40℃，为弛张热。呼吸困难，脉搏增数，呈腹式呼吸，痛性咳嗽，初期干咳，随着病情的发展转变为湿咳。病羊精神沉郁，食欲减退或废绝。肺部听诊有明显的湿啰音，叩诊肺区呈浊音。

鼻腔流出浆液性或黏脓性鼻液，当发生肺坏疽时，呼出的气体恶臭，是本病的主要特征之一，并流出恶臭而污秽的鼻液，呈褐灰带红或污绿色，当羊低头或咳嗽时大量流出。将鼻液收入大玻璃试管中可分为三层，上层为黏液性的，有气泡；中层是浆液性的并含有絮状物；下层为脓液，混有很多小的或大的肺组织碎块，有时可见吸入的异物。将流出的液体混于10％ NaOH 溶液，煮沸后离心，把沉淀物进行镜检，可看到肺组织内的弹力纤维，是本病的又一特征。

3. 诊断

根据呼吸困难症状很容易诊断肺炎，确诊必须经过实验室检查。将流出的液体混于10％氢氧化钠溶液，煮沸后离心，把沉淀物进行镜检，可看到肺组织内的弹力纤维；血液检查时，白细胞总数增多达 $(1.5\sim2)\times10^{10}$ 个/升，嗜中性粒细胞增加，核左移。到后期发展为脓毒血症时，由于影响了造血器官而引起白细胞下降，核右移。X 光检查，可见到被浸润组织轻微局限性阴影。

4. 防治

（1）**预防** 由于该病发病急、病死率高，所以要以预防为主。

① 正确掌握投药方法，投药时要确定胃管进入胃部，方可灌入药液。对有呼吸困难、吞咽障碍病症的患羊，不要经口投药。

② 经口投药或灌油时，尽量放低头部，速度要缓慢，药量要

控制在一定范围，保证羊能一次下咽，不得呛入气管。

③绵羊药浴时，药浴池要规范，药液不能太深，头在药液中的时间不宜过长，以防吸入药液。

(2) 治疗 以排出异物、抗菌消炎、防止肺组织腐败分解及对症治疗为主要治疗原则。

① 使羊保持安静，尽量站在高坡上头向下低，尽最大可能咳出吸入的异物。同时反复注射兴奋呼吸的药物如樟脑制剂。每4～6小时一次并及时注射2%盐酸毛果芸香碱，使气管分泌物增加，促使异物的排出。

② 不论吸入的是什么异物，都要立即应用抗生素，常用的有青霉素80万～160万单位，链霉素0.5～1克，肌注2～3次/日，连用5～7天。也可用10%磺胺嘧啶钠注射液20～50毫升，混于500毫升糖盐水中，静注2次/日，连用5～7天。

③ 在治疗过程中还要根据病羊的实际进行对症下药，为增强心脏功能而使用樟脑磺酸钠5～10毫升，皮下或肌内注射，连用几日。

④ 对症治疗还包括解热镇痛、调节酸碱和电解质平衡、补充能量等。

十二、尿路结石症

尿结石是由尿液中盐类晶体在尿路内形成凝结物所致的疾病。主要表现有排尿困难、少尿、尿痛、肾区疼痛等，尿结石是肾结石、输尿管结石、膀胱结石、尿道结石的总称。常发生在公羊、羯羊，母羊很少发生。

1. 病因

根据临床病例分析，该病常与以下因素有关：

① 长期饲喂高蛋白、高热能、高磷的精饲料，特别是谷类、

高粱、麸皮等，含磷高，缺乏钙，易造成钙磷比例失调，导致尿结石。

② 长期饲喂萝卜、颗粒饲料等块根饲料。

③ 饲料中缺乏维生素A，特别是长期饲喂未经加工的棉籽饼，导致结石的形成。

④ 饮水中含镁盐较多，导致结石形成；同时饮水不足，造成尿液浓缩，导致结晶浓度过高而发生结石。

⑤ 肾和尿路感染，使尿中有炎性产物积聚，变成结石的核心。

2. 症状

尿结石常因发生的部位不同症状也有差异。尿道结石，常因结石完全或不完全阻塞尿道，引起尿闭、尿痛、尿频时，才被人们发现，病羊排尿弓背努责（图5-4），痛苦咩叫，尿中混有血液。尿道结石可致膀胱破裂。膀胱结石在不影响排尿时，无临床症状，常在羊死后才被发现。肾盂结石有的生前无临床症状，在死后剖检时才被发现肾盂处有大量结石。肾盂内多量较小的结石可进入输尿管，使之扩张，可使羊发生疝痛症状。

图5-4　病羊呈现排尿弓背努责
（引自微畜牧网站）

3. 诊断

诊断时，观察临床症状，出现尿频、无尿、腹痛等现象，取尿液于显微镜下观察，可见有脓细胞、肾上皮组织或血液。非完全阻塞性尿结石可能会与肾盂炎或膀胱炎相混淆，只能通过直肠触诊进行鉴别。尿道探诊不仅可以确定是否有结石，还可判明尿石部位。还应注重饲料构成成分的调查，综合判断做出确诊。

4. 防治

(1) 预防

① 地区性尿结石。应查清动物的饲料、饮水和尿石成分，找出尿石形成的原因，合理调配饲料，使饲料中的钙磷比例保持在1.2∶1或者1.5∶1的水平。并注意饲喂维生素 A 丰富的饲料。

② 磁化饮水。饮水通过磁化后，pH 值升高，溶解能力增强，不仅能预防尿石的形成，而且能使尿石疏松破碎而排出。水磁化后放入水槽中，经过 1 小时，让病羊自由饮水。

③ 对泌尿器官炎症性疾病应及时治疗，以免出现尿潴留。

④ 平时应适当增喂多汁饲料或增加饮水，以稀释尿液，减少对泌尿器官的刺激，并保持尿中胶体与晶体的平衡。

⑤ 在羔羊的日粮中加入 4% 的氯化钠对尿结石的发病有一定的预防作用，同样，在饲料中补充氯化铵，对预防磷酸盐结石有令人满意的效果。

(2) 治疗

尿路结石的治疗可应用一些切实可行的方法，主要是解除疼痛、保护肾脏功能，尽可能找到病因并采用内、外科方法消除或排出结石，防止结石复发。对种公羊，在尿道结石时可施行尿道切开术，摘除结石。由于肾盂和膀胱中小块结石可随尿液落入尿道，形成尿道阻塞，故在施行肾盂及膀胱结石摘除术时，对预后要慎重。

① 中医药治疗：中医称尿路结石为"砂石淋"。根据清热利

湿、通淋排石、病久者肾虚并兼顾扶正的原则，一般多用排石汤（石苇汤）加减：海金沙、鸡内金、石苇、海浮石、滑石、瞿麦、萹蓄、车前子、泽泻、生白术等。

② 水冲洗：导尿管消毒，涂擦润滑剂，缓慢插入尿道或膀胱，注入消毒液体，反复冲洗。适用于粉末状或沙粒状尿石。

③ 尿道肌肉松弛剂：当尿结石严重时可使用 2.5％的氯丙嗪溶液肌内注射，羊 2～4 毫升。

④ 手术治疗：尿石阻塞在膀胱或尿道的病例，可实施手术切开，将尿石取出。

十三、中暑

羊中暑症是日射病、热射病的统称。日射病是由于羊的头部被日光直射，引起脑及脑膜充血的急性病变；热射病是由于天气潮湿闷热，机体产热大于散热，使体内积热而引起中枢神经系统紊乱的疾病。

1. 病因

羊是耐寒而恶热的动物，因此在高温炎热的夏季，羊群容易发生日射病。而高温、拥挤的环境又会导致羊群发生热射病。简单来说，日射病是羊受强烈的阳光长时间直射所引起的急性脑病，而热射病则是因为羊舍闷热潮湿，或者运输的时候过于拥挤，导致羊体内剩余的热量过多，引起神经机能紊乱。

2. 症状

病羊初期表现精神极度沉郁，食欲减退或废绝，步态不稳，摇晃不定，心跳亢进。脉搏快速而弱，呼吸次数增多，呼吸困难，体温升高，可视黏膜潮红，肌肉震颤，全身出汗；有的在发病后出现兴奋状态。后期常因虚脱而卧地不起，或突然倒地不动，呈昏迷状态，最后因心脏麻痹发生死亡。

3. 诊断

（1）神经紊乱、不安静、张口伸舌、呼吸迫促、头部炽热、走路摇摆。

（2）体温急骤上升达 42℃ 以上、可视黏膜充血、瞳孔时大时小、心悸亢进。

4. 防治

（1）夏季做好防暑降温工作，及时通风换气；运输时容纳羊只不宜过多，注意多饮冷水。

（2）发现病羊立即移到阴凉通风的地方，同时用冷水灌肠。

（3）颈脉放血 200～300 毫升，然后静脉补液，补生理盐水或复方氯化钠溶液，每次静脉注射 500～1000 毫升。

（4）肌内注射 10％安钠咖，每次 5～10 毫升，或 10％樟脑磺酸钠溶液，每次 5～10 毫升。

（5）使用中药治疗中暑，治疗处方为：防风 20 克、香薷 20 克、独活 20 克、枣仁 30 克、远志 20 克、柏子仁 20 克、半夏 20 克、南星 15 克、龙胆草 30 克、柴胡 20 克、勾丁 15 克、藿香 15 克、僵蚕 20 克、黄芩 20 克、桔梗 20 克、石莲子 20 克、栀子 20 克、菖蒲 15 克、薄荷 15 克、甘草 12 克。将这些药材研磨成细末，用开水调剂，候温灌服，连服 4 剂。

第二节　肉羊代谢性疾病的防治

一、酮病

羊的酮病其实就是蛋白质、脂肪和糖代谢紊乱症，又称羊酮尿病、醋酮血病、酮血病，是由于蛋白质、脂肪和糖代谢发生紊乱，在血液、乳、尿及组织内酮的化合物蓄积而引起的疾病。多见于营养好的羊、高产母羊及妊娠羊，死亡率高。奶山羊和高产母羊泌乳的第一个月易发。圈养的羊没有季节性。

1. 病因

原发性酮病常由于大量饲喂含蛋白质、脂肪高的饲料（如豆饼、油饼），而碳水化合物饲料（粗纤维丰富的干草等）不足，或突然给予多量蛋白质和脂肪的饲料，特别是缺乏糖和粗饲料的情况下供给多量精料，更易致病。在泌乳峰值期，高产奶羊需要大量的能量，当所喂饲料不能满足需要时，就动员体内贮备，因而产生大量酮体，酮体积聚在血液中而发生酮血病。

该病还可继发于前胃弛缓、真胃炎、子宫炎和饲料中毒等过程中。主要是由于瘤胃代谢紊乱而影响维生素 B_{12} 的合成，导致肝脏利用丙酸盐的能力下降。另外，瘤胃微生物异常活动产生的短链脂肪酸，也与酮病的发生有着密切关系。

妊娠期肥胖，运动不足，饲料中缺乏维生素 A、维生素 B 族以及矿物质不足等，都可促进本病的发生。

2. 症状

病羊初期食欲减退，食草不食料，呆立不动，空嚼，口流泡沫状唾液，驱赶强迫其运动时，步态摇晃。后期意识紊乱，不听召唤，视力消散。神经症状常表现为头部肌肉痉挛，并出现耳、唇震颤，由于颈部肌肉痉挛，故头后仰或偏向一侧，亦可见到转圈运动。若全身痉挛则突然倒地死亡。在病程中病羊食欲减退，前胃蠕动减弱，黏膜苍白或黄疸，体温正常或低于正常，呼出气及尿中有丙酮气味。

3. 诊断

根据临床症状及应用亚硝基铁氰化钠法检验尿液可做出诊断。

4. 防治

（1）预防

① 加强妊娠母羊的饲养管理，供给营养充足富含维生素和矿物质的饲料，最好保持在八分膘情，使之不要过肥，也不要过瘦。

② 给予母羊充足的活动场地，加强分娩前的运动，必要时进行驱赶运动或诱导运动。

③ 避免突然更换饲料，更换饲料时要采取新旧品种按比例增减，逐渐过渡的方式进行。

④ 根据生产情况需要增加精料饲喂量时，要采取在完全消化的情况下逐日缓慢增量或增加每日饲喂次数的方式来提高精料饲喂量。

⑤ 羊是草食动物，忌草料主次换位。一定要保证饲草的比例和品质，同时注意饲草料的细碎程度。籽实饲料和牧草秸秆的粉碎减少了家畜咀嚼对能量的耗用，但是过细乃至粉末状的情况下会影响羊的反刍消化，甚至会导致瘤胃积食，诱发代谢病的发生。草料粉碎的程度应以反刍及消化的情况来定。

（2）治疗

① 静脉注射 25% 葡萄糖 100～150 毫升，连注 3 天。

② 应用糖皮质激素（5 毫克地塞米松或 50 毫克氢化可的松，但有胎的母羊禁用地塞米松）。

③ 饲喂丙二醇 20 克/天，连用 5 天。

④ 如遇母羊怀胎过多，卧地不起则需要诱导分娩。

二、羊谷物酸中毒

也称瘤胃酸中毒，俗称"丰收病"，是因为羊只采食谷物饲料过多，从而引起瘤胃内产生乳酸的异常发酵，使得微生物群和纤毛虫生理活性降低的一种消化不良疾病。

1. 病因

肉羊采食了过量精料、谷物类饲料、糖类饲料、酸类饲料等。比如肉羊在短期内吃了大量玉米、麸皮、饼粕、甜菜、啤酒渣、发酵饲料等；或者肉羊突然从放牧转为舍饲养殖，由于快速育肥需要，饲喂了较多精饲料或酸度过高的青贮饲料，引起肉羊瘤胃内酸过多，导致体内酸碱平衡失调而发生瘤胃酸中毒。

2. 症状

（1）轻度酸中毒临床症状　病羊反刍减少，神情惊慌恐惧，瘤胃蠕动性能减弱，瘤胃发胀，有轻度腹痛，所排粪便松软且可能伴有腹泻发生。

（2）中度酸中毒临床症状　病羊反刍停止，食欲废绝，磨牙流涎，粪便呈稀水状，有酸臭味，体温正常或者偏低，瘤胃蠕动音减弱或消失。

（3）重度酸中毒临床症状　病羊行动蹒跚，走路不稳，瞳孔对光线反射反应迟钝，卧地不起，频频回视自己腹部。有的病羊还会表现出兴奋和狂躁不安，到处乱跑或原地转圈，随着病情加重，病羊瘫痪后卧地昏迷，不久即死亡。

（4）最急性酸中毒临床症状　这种最急性酸中毒尤其可怕，致死率几乎100%。病羊往往在采食精料后起先没有任何症状，但会在采食后3～5小时内突然死亡。

3. 诊断

肉羊采食了大量精饲料后3～5天内表现出精神沉郁、厌食、跛行、腹泻但体温正常，然后卧地昏迷死亡，病程在2～6天之内者，可以怀疑病羊得了此病。

剖检时会发现病羊双眼下陷、皮肤脱水无弹性，瘤胃内的物质为粥状，酸臭难闻，pH值通常在4左右。

进行瘤胃触诊时，瘤胃内容物异常坚实或呈面团感，可以根据这点做出判断。

4. 防治

(1) **预防** 加强饲养管理，不可突然增加谷物饲料喂量，应严格控制喂量，逐渐增加，让羊有一个适应过程，同时严防羊偷食谷物。

应按照正常标准饲养，喂食。要保证按标准严格执行，不能随意加减饲料。同时可以在饲料中加入少量碳酸氢铵与氧化镁，比例控制在 $1\%\sim1.5\%$ 之间。这样能够有效降低饲料的酸度，从而实现预防目的。但在进行粗料换精料时，要设计过渡程序，逐渐变更。如果快速改变饲料的，也会导致羊发生不适的症状，进而引起瘤胃酸中毒。饲养人员要对饲养槽进行清理与改善，保证所饲养的羊能够同时进食，避免羊因饥饿而暴食引发疾病。

(2) **治疗** 对于肉羊轻度酸中毒，可投服氢氧化镁 100 克，或 10% 石灰水 $500\sim1000$ 毫升。经过此治疗方案，病羊一般会在 24 小时之后开始进食。

如果肉羊过量食用了谷物类精料，可以在食后 $4\sim6$ 小时内灌服青霉素 50 万单位或土霉素 $0.3\sim0.4$ 克，能使产酸菌在一定程度上受到抑制，从而起到防治酸中毒的效果。

此病的治疗原则为排出瘤胃内容物，中和瘤胃中的酸性物质，补充体液，恢复病羊瘤胃蠕动。可给病羊静脉注射 5% 的碳酸氢钠溶液 $20\sim30$ 毫升，及生理盐水或 10% 葡萄糖氯化钠溶液 $500\sim1000$ 毫升。对于病情严重的肉羊，要对其瘤胃先进行冲洗，冲洗方法有胃管导入法和瘤胃切开术。胃管导入法具体操作方法为：先用开口器张开病羊的口腔，再把内直径 1 厘米的胃管经口腔插入胃中，将瘤胃内容物排出，并对瘤胃用 10% 石灰水 $1000\sim2000$ 毫升进行反复冲洗，多次冲洗完最后再灌入 $500\sim1000$ 毫升 10% 的石灰水。

三、羔羊瘫软病

羔羊瘫软症即以新生羔羊为主要发病对象，以倒地瘫软为主要症状的一类疾病的统称。

1. 病因

本病多发生在上一年 9 月份后怀孕、来年 2 月份后产的羔羊。母羊怀孕期间主要在冬季圈内饲养，怀孕母羊管理粗放、饲粮单一、营养缺乏、光照不足、运动量小、胎儿发育不良，所产羔羊先天不足、体质差，是造成该病的主要原因之一。

由于羔羊出生后先天不足、体质弱、胃功能不健全、羔羊活动少、肠蠕动慢，胃酶分泌量少，乳汁在胃内消化慢停留时间长，造成消化不良，胎粪排出慢，胃肠道内滞留未消化的食物发酵造成自体中毒。这一系列原因造成羔羊发病，解剖病死羊可见胃内有大量乳块，气味酸臭，肠道内容物呈黄色、白色、绿色，粪便有干、稀两种情况。

羔羊出生后由于体温调节中枢不健全，外界温度对羔羊的影响很大。由于我们一直把羔羊当畜牲养，管理粗放，不注意保温，也是羔羊发病的关键性诱因。

2. 症状

新生羔羊 3~15 天内发病最多，绝大部分突然发病，发病早期体温正常或者稍高，主要表现为精神沉郁，前期呼吸加快、心率加快，后期心跳迟缓，反应迟钝，黏膜苍白或者发绀，发病时常发出尖叫声。而后耳、鼻冰凉，四肢无力，有时两前肢跪地或者两后肢拖地行走，吮乳困难，强力驱赶时步态不稳（图 5-5），似醉酒样四处乱撞，继而表现为卧地不起，全身瘫软，大多数腹部发胀，不能吮乳。严重时病羊有空口咀嚼现象，眼球、肌肉震颤，角弓反张，四肢挛缩，有的呈阵发性痉挛或前肢无目的的划动。或平躺着地，前期不见大小便或者大便干结，排便困难，后期大便失禁，大多数发病羔羊排出黄色带黏液粪球或黏液性稀便。24～48小时后，体温下降至36℃以下或者不能测出体温，最后在昏迷中死亡。病程2～5天不等，早发现、早治疗一般绝大部分能迅速康复；救治不及时，到后期因羔羊不能吮乳，或者管理失当，多数转归死亡。

图 5-5　四肢无力，站立不稳
(引自兽医在线-兽药招商网)

3. 诊断

该病主要是由母羊孕期不良造成的，结合临床症状和病因可以做出初步诊断。

4. 防治

(1) **预防**　加强怀孕母羊的饲养管理，母羊在怀孕中、后期营养需要量大，必须满足胎儿和自身的营养需要，但这时由于胎儿的增大，母羊腹腔内压高，胎儿的压迫使胃肠道容积减少、蠕动减弱，容易出现营养缺乏，所以母羊在怀孕中后期要饲喂优质草料，特别是维生素、微量元素、蛋白质、能量以及一些常量元素的补充。

母羊在怀孕中后期要让怀孕羊多活动，每天不少于 3～4 小时，冬季让怀孕母羊多晒太阳以增强母羊的抵抗力。

注意羔羊的保温，产房温度要不低于 25℃，让羔羊有充足的活动场地。

做好消毒工作，对产房每天消毒 1 次，用 2～3 种消毒药交替使用，接生人员注意手和接生物品的消毒，严防接生过程中细菌感染小羊口腔，母羊在产前和吃初乳前要对乳头清洗消毒 2～3 次，尽量减少羔羊吃初乳时的感染。

羔羊生后第 1～3 天用亚硒酸钠维生素 E 1～2 毫升、右旋糖酐铁 1～2 毫升注射，同时口服土霉素或者磺胺药物进行预防。

(2) **治疗**　此病可用静脉注射补糖、补钙法治疗，也可用口服葡萄糖＋葡萄糖酸钙法。本方法起效慢，一般 12 小时以后见效果，对严重病例不能起到急救作用。瘫痪灵对出现腹泻症状的，一般用药后 6～8 小时就明显见效，2～3 天可以痊愈，如果加上口服葡萄糖＋葡萄糖酸钙法，对病羔有明显的康复效果，经此病的羔羊日后大部分会出现生长缓慢，同时治愈后一定要用专用预混料或全混合日粮。

四、骨软病

羊骨软病主要是由于磷缺乏引起的成畜疾病，以消化紊乱、异嗜癖、跛行、骨质疏松及骨变形为特征。

1. 病因

骨软病是成年羊比较多发的因骨质性脱钙、未钙化的骨基质过剩而骨质疏松的一种慢性疾病。主要是由于草料内磷不足或缺乏所致。

2. 症状

病羊出现慢性消化障碍症状和异嗜，舔墙吃土，啃嚼石块，或舔食铁器、垫草等异物。四肢强拘，运步不灵活，出现不明原因的一肢或多肢跛行，或交替出现跛行。弓背站立，经常卧地，不愿起立。骨骼肿胀、变形、疼痛。尾椎骨移位、变软，肋骨与肋软骨结合部肿胀，易折断。

3. 诊断

根据日粮组成中的矿物质含量及日粮的配合方法，饲料来源及地区自然条件，病畜年龄、性别、妊娠和泌乳情况，发病季节，临床特征及治疗效果，不难诊断。血清钙、无机磷和碱性磷酸酶水平的测定有助于诊断。

4. 防治

（1）**预防** 预防本病主要在于调整草料内磷钙含量和磷钙比例，经常补喂骨粉。加强管理，适当运动，多晒太阳。

（2）**治疗** 治疗本病主要是应用磷制剂，通常可用骨粉内服，每日1次，5～7天为1疗程；磷酸二氢钠、维生素E，每日1次，连用3～5天；20%磷酸二氢钠液或3%次磷酸钙液，静脉注射，每日1次，连用3～5天。

【处方1】

① 20%磷酸二氢钠注射液400毫升。用法：半量静脉注射，半量皮下注射。

② 维丁胶性钙注射液10万单位。用法：一次肌内注射，用2万单位。

③人工盐300克、骨粉250克。用法：分别拌料喂服，每天1次，5～7天为一疗程。

【处方2】人工盐300克，骨粉250克，用法：分别拌料喂服，每天1次，5～7天为一疗程。

五、羔羊低血糖症

羔羊低血糖症是新生羔羊由于由血糖浓度降低而引起的中枢神

经系统机能障碍为特征的营养代谢病。该病常见于冬、春季节，绵羊、羔羊多发。

1. 病因

一是母羊缺乳或拒绝喂乳。主要是由于哺乳母羊的营养状况较差，泌乳量不足，乳汁营养成分不全，母羊母性差，拒绝羔羊吃奶，或产羔过多，初生羔羊吃奶过迟，天气寒冷，使羔羊缺乳、过度饥饿、能量消耗过多。

二是羔羊吃不到乳或患病。如羔羊发育不良，体质虚弱，吮乳困难，或患有羔羊痢疾、消化不良、肝脏疾病（影响糖异生）等。

2. 症状

羔羊精神沉郁，不活泼，体温下降，皮温降低，黏膜苍白，呼吸微弱，但呼吸次数增加，肌肉紧张性降低，行走无力，侧卧着地，脱水，消瘦。严重时空口咀嚼，口流清涎，角弓反张，眼球震颤，四肢拳缩，嗜睡，甚至昏迷死亡。

3. 诊断

根据发病史：此病多发生在 5 日以上的羔羊，有无乳或受寒的病史。结合羔羊低血糖症有体温下降和血液检查血糖浓度降低的两项特征，腹腔注射葡萄糖疗效显著，可以做出初步诊断。

4. 防制

（1）**预防**　加强对母羊妊娠期和哺乳期的饲养管理，按饲养标准供给日粮，并补充优质青干草。产房冬春季节注意保暖，防止羔羊受冻。羔羊要吃足初乳，提前补饲。防止母羊患病和羔羊痢疾。对拒乳的母羊，要人工驯服或者人工哺乳。

（2）**治疗**　临床上可采取保暖、加强营养、补糖为治疗方案。主要是辅助羔羊吃乳，早期补料，必要时采取寄养或人工哺乳。

① 用 10%～20%的葡萄糖注射液 20 毫升，静脉注射、腹腔注射或口服均可，每天 2 次。

② 复方氨基酸注射液 50 毫升，每天静脉注射 1 次，连用 3 天。

③ 口服能量合剂 20～40 毫升，每天 1 次，连用 3 天。

④ 口服葡萄糖、葡萄糖酸钙各 20 克，每天 2 次。

六、异食癖

羊异食癖是由于代谢机能紊乱导致味觉异常的多种疾病的综合征。临床特征为羊到处舔食、啃咬通常认为无营养价值而不应该采食的东西。该病多发生于冬季和早春舍饲的羊。

1. 病因

（1）营养因素 当饲料中的蛋白质和某些必需氨基酸缺乏时，一部分羊有喝尿和食粪的异食现象。当常量矿物质元素，如钙、磷、钠、钾、硫以及微量元素，如锌、钴、铁等绝对给量不足，或彼此之间的比例失衡时，羊会舔食泥沙、墙壁、槽行以及啃食金属。当某些维生素（如维生素 A、维生素 D、维生素 E）给量不足，或由于多种原因，瘤胃微生物合成数量过少时（如缺乏钴而致维生素 B_{12} 合成数量太少）羊也出现食粪、喝尿的现象。在夏季饮水缺乏时也会形成异食现象。

（2）环境因素 如果运动场和羊舍面积过小、饲养密度过大以及光照、通风较差等，也能够出现异食现象。

（3）疾病因素 一些羊因患寄生虫病，如线虫、绦虫、蛔虫、囊虫病等，都可以出现异食现象。

2. 症状

（1）啃骨症 啃骨羊的食欲极差，身体消瘦，眼球下陷，被毛粗糙，精神不振。当放牧时，常有意寻找骨块或木片等异物吞食，如果被发现而要夺取异物时，则到处逃跑，不愿舍去。时间长久时，产乳量大为下降，羊只极度贫血，终至死亡。

（2）食塑料薄膜症 临床表现与食入塑料的量有密切关系。当食入量少时，无明显症状。如果食入量大，塑料薄膜容易在瘤胃中相互缠结，形成大的团块，发生阻塞，低头拱腰，反复腹泻或连续腹泻，有时回顾腹部。进一步发展时，表现食欲废绝，反刍停止，可视黏膜苍白，心跳增数，呼吸加快，羊显著消瘦、衰竭。病程可达 2～3 个月。

3. 诊断

结合病史和临床表现，可以做出初步诊断。

4. 防治

（1）**预防**　改善圈舍设计和环境卫生。要确保圈舍干净卫生，设计合理。气候寒冷的地区羊舍可以采用单列式设计，方位是东西走向，运动场地要向阳，要有足够的光照时间和运动空间。搞好养殖场所的环境卫生，定期清粪排污。清理圈舍和运动场内一切肉羊能够采食的不能消化异物，如塑料皮、尼龙绳等。要合理安排圈舍的养殖密度，营造羊群良好的生长环境。

加强饲养管理。在羊整个生长发育过程中，要确保满足其所需的各种营养成分，促使能量、蛋白质、矿物质、微量元素以及维生素含量适宜。羊群供给充足的饮水，防止出现缺水现象。对于妊娠母羊和高产母羊，还要注意增加钙质饲料的喂量。羊群要采取在固定的统一时间饲喂，并固定喂量。在冬季和春季，羊群不仅要饲喂品质优良的青干草和青贮饲料，还要配合增加饲喂一些含有丰富维生素的饲料，如麦芽、谷芽等。给羊群创造良好的饲养环境，确保羊舍干燥、清洁。在放牧地、运动场以及羊舍内存在的杂物（如塑料、铁钉、木片和绳头等）要定时进行清理，避免羊误食，从而防止其形成不良习惯。羊群要坚持适量运动，并增加光照，从而提高体质，还要预防胃肠炎，确保钙、磷吸收正常，也是防止发生该病的重要措施之一。

（2）**治疗**　药物治疗早期发现异食癖的肉羊要立即采取措施，

坚持以缺什么补什么为原则。可用酵母片 100 克、石膏粉 40 克、滑石粉 40 克、多糖钙片 40 片、复合维生素 B 20 片、人工盐 100 克混合，1 次内服，1 日 1 剂，连用 5 日，进行瘤胃环境调节。如患羊厌食，食欲不振，可按缺钠处理，口服人工盐、氯化钠、碳酸氢钠。如患羊出现佝偻病、营养不良等应补充钙盐，如磷酸氢钙，注射一些促进钙吸收的药物，如维生素 AD 针 5～10 毫升/日，肌内注射；或复合维生素 B 20～30 毫升/日，肌内注射。对于因吞食少量塑料薄膜引起的消化不良，可多次给予健胃药物，促使瘤胃蠕动，也可通过反刍让塑料返回口腔嚼碎。或应用盐类泻剂，促进排出塑料及长期滞留在胃肠道内腐败的有害物质。

七、羊铜缺乏症

羔羊铜缺乏症是一种地方性代谢病，在世界各地均有发生。主要发生于哺乳期羔羊，发病时期一般在 2～7 月，高峰期在 5 月。

1. 病因

主要由于饲草中存在着某些继发性因素，可阻止铜的吸收和利用，导致相对缺铜而致病。铜钼比小于 2∶1 及存在锌、钼等干扰因子，都可造成继发性铜缺乏。

2. 症状

本病主要发生于土壤缺乏铜的地区或高钼地区。发病羔羊比较消瘦，眼结膜苍白，被毛缺乏光泽，粗乱，弹性降低。呼吸、体温基本正常，心律不齐，心跳快。病羊跗关节僵硬，屈曲困难，球节着地，后肢站立困难，出现左右摇摆的现象，常拖着一条后腿走路，有时倒向一侧。驱赶时后肢运动障碍，有时两后肢呈"八"字站立，后期个别羔羊出现神经症状并出现抽搐。病羔极度衰弱，不能站立吮乳，后肢麻痹，转圈运动，后卧地不起，痉挛抽搐，以死亡转归。

3. 诊断

以被毛异常、骨关节变形、食欲不振、腹泻、贫血、共济失调和走路摇摆为临床特征，作为羊铜缺乏症的临床诊断依据。病区牧草含铜量低于 5 毫克/千克（干重）为缺铜临界值，低于 3 毫克/千克则为缺铜。病羊肝中铜含量低于 27 毫克/千克、羔羊肝中铜含量低于 13 毫克/千克，可诊断为铜缺乏症。病区饲料中铜钼比例低于 2：1 时，可诊断为钼中毒继发的铜缺乏症。羔羊铜缺乏应与硒缺乏症、羔羊腰风湿症相区别，通常羔羊摆腰病无肌肉坏死变化，而硒缺乏症无大脑软化和脊髓脱鞘变化，腰风湿既无肌肉坏死变化，也无脊髓脱鞘和大脑软化变化。

4. 防治

改善日粮比例及组成，保证日粮干物质中含铜量高于 5 毫克/千克，即可预防该病。给舔盐中加入 0.5% 的硫酸铜，让羊舔食 100 毫克/周，也可产生预防效果，但如舔食过量，则可能发生慢性铜中毒。还可灌服硫酸铜溶液，成年羊每个月 1 次，每次灌服 20 毫升 3% 硫酸铜溶液。但 1 岁以内的羊容易中毒，不应采用灌服法。当在待产羊中第一次发现跛行症状时，给所有待产羊灌服硫酸铜 1 克（溶于 30 毫升水中），可预防此病。产羔前用同样方法处理 3～6 天，即可预防羔羊发病。在母羊妊娠期间，从妊娠第二星期开始到产羊后 1 个月灌服 50 毫升 10% 硫酸铜溶液，每 15 天灌服 1 次，共 6～8 次。预防铜缺乏最有效的办法是每年给牧草地喷洒硫酸铜溶液。

本病的主要的治疗方法是补铜，特别是妊娠母羊应及时补铜，强化对病羊的饲养管理。内服硫酸铜 10～20 毫克/千克体重，每服用 2～3 周后，需间隔 2 周，直到症状消失，同时配合使用钴制剂效果更好。食盐内添加适量硫酸铜，制成舔剂，供羊自由舔食，剂量为 0.4%～0.5%。如果病羊已产生心肌损伤，则难以完全恢复，可考虑淘汰。

八、羔羊白肌病

羔羊白肌病是幼畜的一种以骨骼肌、心肌纤维以及肝组织等发生变性、坏死为主要特征的疾病，因病变肌肉色淡甚至苍白而得名。本病多发生于秋冬、冬春气候骤变，青绿饲料缺乏之时，以病羔弓背、四肢无力、运动困难、喜卧等为主要特征。

1. 病因

本病的发生主要是饲料中硒和维生素 E 缺乏或不足，或饲料内钴、锌、银等微量元素含量过高而影响动物对硒的吸收。当饲料、饲草内硒的含量低于千万分之一时，就可发生硒缺乏症。维生素 E 是一种天然的抗氧化剂，当饲料保存条件不好，高温、湿度过大、淋雨或暴晒，以及存放过久、酸败变质，则维生素 E 很容易被分解破坏。在缺硒地区，羔羊发病率很高。羊机体内硒和维生素 E 缺乏时，使正常生理性脂肪发生过度氧化，细胞组织的自由基受到损害，组织细胞发生退行性病变、坏死，并可钙化。病变可波及全身，但以骨骼肌、心肌受损最为严重，可引起运动障碍和急性心肌坏死。

2. 症状

以骨骼肌、心肌发生变性为主要特征。病变部肌肉色淡，似煮过，甚至苍白，故得名白肌病。多呈地方性流行，3～5 周龄的羔羊最易患病，死亡率有时高达 40%～60%。生长发育越快的羔羊，越容易发病，且死亡越快。

（1）**急性型**　病羊常突然死亡。

（2）**亚急性型**　病羊精神沉郁，背腰发硬，步样强拘，后躯摇晃，后期常卧地不起。臀部肿胀，触感较硬。呼吸加快，脉搏增数，羔羊每分钟可达 120 次。初期心搏动增强，以后心搏动减弱，并出现心律失常。

（3）**慢性型**　病羊运动缓慢，步样不稳，喜卧。精神沉郁，食欲减退，有异嗜现象。被毛粗乱，缺乏光泽，黏膜黄白色，腹泻，多尿。脉搏增数，呼吸加快。

3. 诊断

初诊可根据病羔羊表现精神不振，运动无力，站立困难，卧地不愿起立；有的呈现强直性痉挛状态，随即出现麻痹、死亡前昏迷、呼吸困难；有的羔羊病初不见异常，往往于剧烈运动或过度兴奋而突然死亡；该病常呈地方性同群发病，应用其他药物治疗不能控制病情。经验诊断：可抱起羔羊离地 1 米左右高度突然把羊放下，如果羔羊能够立即站起奔跑说明健康，如趴下慢慢站起说明可能患有白肌病。根据上述临床检查，病理剖检见到的骨骼肌和心肌变性呈鱼肉样外观，病变部位对称，可做出诊断。

4. 防治

（1）**预防**　在缺硒地区，对每年所生新羔羊于出生后 20 天，先用 0.2%亚硒酸钠液，皮下或肌内注射，每次 1 毫升，间隔 20 天后再注射 1.5 毫升，注射开始日期最晚不得超过 25 日龄；加强母羊饲养管理，供给豆科牧草，对怀孕母羊补给 0.2%亚硒酸钠液，皮下或肌内注射，剂量为 4~6 毫升，能预防新生羔羊白肌病。

（2）**治疗**　对发病羔羊，可颈部皮下注射 0.1%亚硒酸钠溶液 2~3 毫升，隔 20 天再注射 1 次。如同时肌内注射维生素 E 10~15 毫克，则疗效更佳。

九、羊锌缺乏症

锌缺乏症是由于饲草、饲料中锌含量过少而引起的一种微量元素缺乏症。其临床特征是生长发育受阻、皮肤角化不全、骨骼异常和繁殖机能障碍。

1. 病因

原发性锌缺乏。主要是由于饲喂锌含量在正常范围（30～100毫克/千克）以下地带生长的牧草，其锌含量少于 10 毫克/千克和谷类作物中锌含量少于 5 毫克/千克会导致发生本病。

继发性锌缺乏是由于饲喂的饲料中含有过多的钙或植酸钙镁等，阻碍羊机体对饲料中锌的吸收和利用，而发生锌缺乏症。

2. 症状

严重缺锌的病羊，皮肤角化不全，脱毛，尤以鼻端、尾尖、耳部、颈部损伤最为明显；趾间皮肤增殖，发生蹄病；繁殖机能紊乱，母羊发情延迟、不发情或发情配种而不妊娠。

发病羔羊发育不良。鼻镜、阴门、肛门、后肢和颈部等处皮肤易发生角化不全、瘙痒、干燥、皱裂、肥厚、弹性减退，四肢、阴囊、鼻孔周围、颈部等处的毛脱落，出现皱襞。后肢弯曲，关节肿胀、僵硬，四肢乏力，步态强拘。

公羊精液量和精子减少，活力降低，性功能减弱。

3. 诊断

除根据病史调查、临床症状和病理变化观察外，宜结合血液和各个脏器中锌含量的检测结果，予以确诊。

注意与真菌性皮肤病、疥螨病、渗出性皮炎等病区分。

4. 防治

（1）**预防**　在每吨饲料中加 180 克硫酸锌或碳酸锌饲喂。对饲养和放牧在锌缺乏地带的羊群，要将饲料中的钙含量严格控制在 0.5%～0.6%，同时，宜在饲料中补加硫酸锌 25～50 毫克/千克混饲。

在饲喂新鲜的青绿牧草时，适量添加一些含不饱和脂肪酸的油类，如大豆油，对治疗和预防锌缺乏症都可收到较好的效果。

（2）**治疗**　立即改换病羊的饲料。改为饲日粮结构合理的饲料，补充饲喂配方合理的精饲料。并对病羊口服硫酸锌，剂量为每头 1 克，1 次内服，每周 1 次；羔羊可连续服用硫酸锌，剂量为 100 毫克/千克体重，连用 3～4 周。

十、羊钴缺乏病

羊钴缺乏症，又称营养不良、丛林病、地方性消瘦、海岸病、湖岸病等。本病临床上以食欲减退、贫血和消瘦为特征。仅发生于绵羊、山羊和牛等反刍动物。

1. 病因

主要是由于土壤中含钴量太少，因而羊吃到的饲料中钴量不能满足需要。

2. 症状

主要表现为渐进性的消瘦和虚弱，最后发生贫血症，结膜及口鼻黏膜发白。常常发生下痢，眼睛流出水样分泌物，毛的生长也受到影响。

小羊比成年羊的表现严重。但只要钴缺乏达数月，任何年龄的羊都会死亡。如果将病羊转移到钴正常地区，可以很快痊愈，若返回发病地区，又会重新发病。

3. 诊断

在怀疑患有钴缺乏症时，试用钴制剂治疗，观察有无良好反应。最重要的是先要获得确切的诊断。但困难的是，此病的症状与很多病的症状相同，尸体剖检也没有特征性变化，因此常常会在诊断上造成混淆。为了获得正确诊断，最好对土壤、牧草进行钴含量的分析，土壤钴含量低于 3 毫克/千克、牧草中钴含量低于 0.07 毫克/千克，可认为是钴缺乏。同时要注意与寄生虫病，铜、硒和其他营养物质缺乏引起的消瘦症相区别。

4. 防治

(1) 预防　根据大群试验，每只羊每月给予一次 250 毫克的钴，具有显著的预防效果，而且也会发生中毒。

(2) 治疗　在疾病还不十分严重时，如果羊能移到其他钴含量正常地区，往往可以迅速恢复。

羔羊在瘤胃未发育成熟之前，可肌内注射维生素 B_{12}，每次 100～300 毫克。

口服氯化钴或硫酸钴，用法为每羊每天 1 毫克钴，连用 7 天，间隔两周后重复用药；或每周两次，每次 2 毫克；或每周 1 次，每次 7 毫克钴。也可按每月 1 次，每次 300 毫克，不仅可减少死亡，而且可使动物生长较快。

十一、碘缺乏症

碘缺乏症指由于自然环境碘缺乏造成机体碘营养不良所表现的一组疾病的总称。

1. 病因

(1) 原发性碘缺乏　主要是羊摄入碘不足。羊体内的碘来源于饲料和饮水，而饲料和饮水中碘与土壤密切相关。土壤缺碘地区主要分布于内陆高原、山区和半山区，尤其是降雨量大的沙土地带。许多地区饲料中如不补充碘，可产生碘缺乏症。

(2) 继发性碘缺乏　有些饲料中含碘拮抗物质，可干扰碘的吸收和利用，如芜菁、油菜、油菜籽饼、亚麻籽饼、扁豆、豌豆、黄豆粉等含拮抗碘的硫氰酸盐、异硫氰酸盐以及氰苷等。这些饲料如果长期喂量过大，可产生碘缺乏症。

2. 症状

怀孕母羊患病时，常产出死胎、弱胎或畸胎。所生患有甲状腺肿病羔，体弱多病很难存活，多因肺炎或腹泻而死亡。怀孕母羊的甲状腺肿如由长期饲喂大量致甲状腺肿物质所致，其临床表现虽无异常，但肿大的甲状腺可触摸到，所产羔羊软弱无力（图5-6），不能站立，低头偏向一侧，不能吮乳；颈下可见鸡蛋至拳头大的肿块；呼吸极度困难；头颈皮肤、眼眶、眼睑、四肢水肿，关节弯曲；于出生后数小时至24小时死亡。

图5-6　羔羊碘缺乏
（引自养羊群网）

3. 诊断

临床上甲状腺肿大易于诊断。无甲状腺肿时，如果血液碘含量低于24微克/升、羊乳中碘低于80微克/升可诊断为碘缺乏。

4. 防治

（1）**预防**　在碘缺乏区内，坚持对怀孕和泌乳期母羊以及羔羊补碘。补碘的方法很多，如饮水中每只羊每天加入50微克碘化钾或碘化钠；舍饲羊的饲料中加入含碘添加剂或在食盐中加碘化钾或碘化钠1毫克/千克，让绵羊自由采食。怀孕期和泌乳期母羊，禁止饲喂含致甲状腺肿物质和硫脲类物质的饲料或植物。

（2）**治疗**　一旦发现羊群中有甲状腺肿病羊，立即用碘化钾或碘化钠治疗，每只羊每天5～10毫克混于饲料中饲喂，或在饮水中每天加入 5％碘酊或 10％复方碘液 5～10 滴，20 天为 1 疗程，停药 2～3 个月，再饲喂 20 天，即可达到治疗效果。

十二、羊维生素 A 缺乏症

当羊的饲料中缺乏胡萝卜或维生素 A 时，易引起维生素 A 缺乏症。

1. 病因

饲料收割、加工、贮存不当，烈日暴晒饲料以及存放过久、陈旧变质；长期饲喂维生素 A 缺乏的饲料（如棉子饼、干谷、马铃薯等）。

对维生素 A 或胡萝卜素的吸收、转化、贮存、利用发生障碍。

对维生素 A 的需要量增多，可引起维生素 A 相对缺乏，如妊娠和哺乳母羊以及生长发育快的羔羊，对维生素 A 的需要量增加。

消耗增多，如长期腹泻、患热性疾病的羊，维生素 A 的排出和消耗增多。此外，饲养管理不良，羊舍污秽不洁、寒冷、潮湿、通风不良、过度拥挤，缺乏运动以及阳光照射不足等因素都可诱发该病。

2. 症状

缺乏维生素 A 的病羊，特别是羔羊，最早出现的症状是夜盲症，常发现在早晨、傍晚或月夜光线朦胧时，患羊盲目前进，碰撞障碍物，或行动迟缓，小心谨慎；继而骨骼异常，使脑脊髓受压和变形，上皮细胞萎缩，常继发唾液腺炎、肾炎、尿石症等；后期病羔羊的干眼症尤为突出，导致角膜增厚和形成云雾状。

3. 诊断

主要诊断依据是根据长期缺乏青绿饲料及维生素 A 缺乏史，结合眼睛干燥、皮肤角化和鳞屑，共济失调，繁殖受损等临床表现可做出初步诊断。血浆、肝脏维生素 A 和胡萝卜素含量的分析为确诊本病提供了依据。

4. 防治

(1) **预防**　主要是养殖过程中改善饲养，配合日粮时，必须考虑维生素 A 的含量，供给胡萝卜素 0.1～0.4 毫克/千克体重；对妊娠母羊要特别重视供给青绿饲料，冬季要补充青干草、青贮料或胡萝卜；有条件可喂部分发芽豆谷，适当运动，多晒太阳。

(2) **治疗**　主要是补充富含维生素 A 及胡萝卜素的饲料，辅以药物治疗。前者，主要是增加日粮中黄玉米、胡萝卜、鱼粉和三叶草等。药物治疗，在日粮中加入青饲料和鱼肝油，可获得迅速治愈。鱼肝油的口服剂量为 20～50 毫升。当消化功能紊乱时，可皮下或肌内注射鱼肝油，用量为 5～10 毫升，分点注射，每隔 1～2 天注射一次。亦可用维生素 A 注射液进行肌内注射，用量为 2.5～3 万单位。

十三、羊维生素 B_1 缺乏症

维生素 B_1 的缺乏症是指体内硫胺素（即维生素 B_1）缺乏或不足，引起的以神经机能障碍为主症的一种营养代谢病。该病多发生于羔羊。

1. 病因

(1) **饲料中硫胺素缺乏**　日粮组成中缺乏硫胺素含量高的饲料，如青绿饲料、禾本科谷物、发酵饲料，或蛋白性饲料缺乏、糖类过剩，或单一饲喂谷物类精料，长期食欲废绝，长期应用广谱抗生素，使瘤胃微生物紊乱、硫胺素合成障碍。

(2) **硫胺素受到破坏或拮抗**　羊大量食入绿豆、米糠、油菜籽、棉籽和亚麻籽等含有硫胺素拮抗因子的饲料。长期大量应用抗球虫药氨丙啉可以拮抗硫胺素。芽孢杆菌属的细菌产生的硫胺素酶能分解、破坏硫胺素。

(3) **机体需要量增加**　羊处在特殊的生理时期，如妊娠、泌乳、快速生长发育，或患有胃肠道疾病、长期腹泻、高热、患寄生虫病等，以及饲养管理条件不良、过度拥挤、缺乏运动和光照，遭受风寒暑湿等不良因素的作用，可使机体对硫胺素的需要量或消耗量升高、吸收减少或饲喂不足，导致缺乏。

2. 症状

成年羊无明显症状，羔羊表现为食欲减退、共济失调、站立不稳、严重腹泻和脱水。因脑灰质软化而出现神经症状，如兴奋不安、无目的地乱撞、转圈、痉挛、四肢抽搐、惊厥、倒地后牙关紧咬、眼球震颤，严重者呈强直性痉挛，甚至昏迷死亡。

3. 诊断

主要依据病羊临床表现，结合血液检查及补充硫胺素后病情迅速好转，就可做出诊断。

4. 防治

(1) **预防**　改善饲养管理，调整日粮组成，增加富含维生素 B_1 的饲料（如优质青草、麸皮、米糠、饲料酵母、发芽谷物等），也可在日粮中添加维生素 B_1（5～10 毫克/千克饲料或 30～60 微克/千克体重），也可用复合维生素 B 进行预防。注意合理使用抗生素、硫胺素等药物。

(2) **治疗**　治疗原则是早期诊断，改善饲养，合理调整日粮，及时补充维生素 B_1。

维生素 B_1 注射液 0.25～0.5 毫克/千克体重，皮下或肌内注射，每日 1～2 次，连用 3～5 天。

复合维生素 B 注射液 2～4 毫升，皮下或肌内注射，每日 1～2 次，连用 3～5 天。

肉羊中毒性疾病的防治

一、亚硝酸盐中毒

亚硝酸盐中毒是由于羊只采食了大量富含硝酸盐的青绿饲料后，在硝化细菌的作用下，使饲料中的硝酸盐转为亚硝酸盐而发生的中毒。

1. 病因

一般羊亚硝酸盐中毒，都是因为误食亚硝酸盐或含亚硝酸盐的食物而引起。也有因为在胃肠功能紊乱时时，食用小白菜、苋菜、地瓜秧、萝卜叶和一些青草等，硝酸盐在体内还原成亚硝酸盐而引起。此外，在少数情况下，还可能因误饮含硝酸盐过多的田水或割草沤肥的坑水而引起中毒。

2. 症状

中毒羊自采食后可经 1～5 小时发病，呈现呼吸高度困难、肌肉震颤、步态蹒跚，倒地后全身痉挛症状尤为明显，初期黏膜苍白，表现发抖痉挛，后肢站立不稳或呆立不动。后期黏膜发绀、皮肤青紫、呼吸促迫，出现强直性痉挛。

体温正常或偏低，躯体末梢部位厥冷。针刺耳尖仅渗出少量黑褐红色血滴，且凝固不良。此外还会出现流涎、疝痛、腹泻等症状。

3. 诊断

根据流行病学调查、临床症状和剖检变化做出初步诊断。立即进行毒物检测，采病死羊的胃内容物滴加于滤纸上，然后分别滴加 10％联苯胺和 10％醋酸各 2 滴，滤纸为棕色说明胃内容物含有亚硝酸盐，确诊该群羊发生亚硝酸盐中毒。

4. 防治

（1）**预防**　加强饲草类和块根类饲料的管理，尤其是饲草类和叶菜类饲料收割以后一定要摊开存放，或晾挂起来，吃不完的青绿饲料不要都压实堆积在一起，避免因为腐烂发酵而产生大量亚硝酸盐。

新鲜大白菜、小白菜等叶菜类，饲喂羊时最好不要长时间蒸煮，蒸煮时要敞开锅盖烧开，不存放过夜。必须蒸煮时，最好添加少量食醋，可以防止硝酸盐还原。

（2）**治疗**

特效疗法：①1％美蓝 0.1 毫升/千克体重，10％葡萄糖 250 毫升，1 次静脉注射，必要时 2 小时后再重复用药。②5％甲苯胺蓝 0.5 毫升/千克体重，配合维生素 C4 克，静脉或肌内注射。

对症疗法：①双氧水 10～20 毫升，以 3 倍以上量生理盐水或葡萄糖水混合静脉注射。②10％葡萄糖 250 毫升、维生素 C4 克、25％尼可刹米 3 毫升，静脉注射。

二、含氮化合物中毒

反刍动物瘤胃内的微生物可将尿素或铵盐中的非蛋白氮转化为蛋白质。人们利用尿素或铵盐加入日粮中以补充蛋白质，早已用于畜牧生产。但补饲不当或过量即可发生中毒。

1. 病因

① 由于利用尿素和铵盐（亚硫酸铵、硫酸铵、磷酸氢二铵）作为饲用蛋白质代替物时，超过了规定用量。根据试验，如给绵羊灌服尿素 8 克，即可引起死亡，但如用尿素 18 克加糖渣 72 克喂给，却不至发生死亡。

② 由于误食含氮化学肥料（尿素、硝酸铵、硫酸铵）而引起中毒。尿素等含氮物在瘤胃内分解产生大量氨，由于氨很容易通过

瘤胃壁吸收进入血液，即出现中毒症状。中毒的严重程度同血液中氨的浓度密切相关。

2. 症状

(1) **尿素中毒** 当羊只吃下过量尿素时，经过 15～45 分钟即可出现中毒症状。其表现为不安、肌肉颤抖、呻吟，不久动作紊乱、步态不稳、卧地。急性情况下，强直性痉挛反复发作，眼球颤动，呼吸困难，鼻翼翕动；心音增强，脉搏快而弱，多汗，皮温不均。继续发展则口流泡沫状唾液，臌胀，腹痛，反刍及瘤胃蠕动停止。最后，肛门松弛，瞳孔放大，窒息而死。

(2) **硝酸铵中毒** 中毒初期表现腹痛、流涎、呻吟；口腔发炎，黏膜脱落、糜烂；咽喉肿胀，吞咽困难。继之胀气、多尿。后期衰弱无力，步态蹒跚，全身颤抖，心音增强，体温下降，终至昏睡死亡。

(3) **硫酸铵中毒** 临床症状基本与硝酸铵中毒相同，但有水泻，体温常升高到 40℃ 左右。

3. 诊断

依据采食尿素等含氮化肥病史及临床症状可以做出诊断，测定血氨可以确诊。在一般情况下，当血氨为 8.4～13 毫克/升时，即出现症状；当达 20 毫克/升时，表现共济失调；达 50 毫克/升时，动物即死亡。

4. 防治

(1) **预防** 严格控制喂量，坚持正确的饲喂方法，是控制和预防本病的关键。具体措施如下。

① 防止羊只误食含氮化学肥料。

② 在饲用各种含氮补饲物时，应遵守以下原则：

a. 必须将补饲物同饲料充分混合均匀。

b. 必须使羊只有一个逐渐习惯于采食补饲物的过程，因此在开始时应少喂，于10～15天达到标准规定量。如果饲喂过程中断，在下次补喂时，仍应使羊只有一个逐渐适应的过程。

c. 不能单纯喂给含氮补饲物（粉末或颗粒），也不能混于饮水中给予。

(2) 治疗 鉴于本病发生急骤、病程短、死亡率高的特点，因此应尽早发现病羊并给予急救。

① 在中毒初期，为了控制尿素继续分解，中和瘤胃中所生成的氨，应该灌服0.5％食用醋200～300毫升，或者灌给同样浓度的稀盐酸或乳酸；若有酸牛乳时，可灌服酸牛乳500～750克或给羊灌服1％醋酸200毫升、糖100～200克加水300毫升，可获得良好效果。

② 臌气严重时，可施行瘤胃穿刺术。

③ 对于铵盐中毒者，还可内服黏浆剂或油类，混合大量清水灌服。如吞咽困难，可慢慢插入胃管投服。

④ 对症治疗，用苯巴比妥以抑制痉挛，静脉注射硫代硫酸钠以利解毒。

三、黄曲霉毒素中毒

由羊采食了发霉变质的饲料引起，主要临床症状依饲料的霉变程度与采食的多少和时间的长短而有所不同。轻者出现胃肠炎、腹泻，怀孕母羊流产，重者出现神经症状甚至死亡。

1. 病因

羊采食因受潮而发霉的饲料，其中的霉菌产生毒素，引起羊只中毒，有毒的霉菌主要有黄曲霉菌、棕曲霉菌、黄绿霉菌、红色青霉菌等。

2. 症状

羊发病后生长发育缓慢，营养不良，被毛粗乱、逆立无光泽。

病初食欲不振，后期废绝。角膜混浊，常出现一侧或两侧眼角失明。反刍停止，磨牙，呻吟，有时有腹痛表现，间歇性腹泻，排泄混有血液凝块的黏液样软便，表现里急后重症状，往往因虚脱昏迷而死亡。妊娠母羊有时发生早产或排出死胎等。

3. 诊断

若发现可疑症状，必须了解病史，并对现场饲料样品进行检查，才能做出初步诊断。确诊必须参考病理组织学特征变化及黄曲霉菌毒素测定的结果。

4. 防治

（1）**预防**　尚无解毒剂，主要在于预防。玉米、花生等收获时必须充分晒干，种子或油饼勿放置于阴暗潮湿处而致使发霉。已被污染的处所可将门窗密闭，采用福尔马林、高锰酸钾水溶液熏蒸（每立方米空间用福尔马林 25 毫升、高锰酸钾 25 克、水 12.5 毫升的混合液）进行消毒。如已发现中毒，所有动物都不应再饲喂发霉饲料。严重发霉饲料还是以全部废弃为宜；至于轻度发霉饲料，可先进行磨粉，然后加入清水浸泡，反复换水。直至浸泡的水呈现无色为止，即使如此处理，仍须与其它精饲料配合应用。

（2）**治疗**　当发生中毒时，就应立即停止饲喂霉败饲料，改饲碳水化合物多的青绿饲料和高蛋白饲料，并减少或不喂含脂肪过多的饲料。除及时投服盐类泻剂排毒外，还要应用解毒、保肝和止血药物，如应用 25%～30% 葡萄糖注射液，加维生素 C 制剂；心脏衰弱病例，皮下或肌内注射强心剂（樟脑油、安钠咖等）。

四、马铃薯中毒

马铃薯中毒是由于饲喂了其发芽、腐烂块根或开花、结果期的茎叶所致的一种中毒病。主要表现特征是神经机能紊乱、胃肠功能障碍。

1. 病因

羊群采食了发芽或腐烂的马铃薯后，则极易导致一部分羊发生马铃薯中毒。

2. 症状

一般发生轻度中毒的羊多呈现出慢性中毒的经过，中毒羊会表现出明显的胃肠炎症状，病初中毒羊食欲降低，瘤胃蠕动微弱，反刍废绝，并伴有口腔黏膜肿胀、流涎、呕吐和便秘等症状；当中毒羊的胃肠炎发生急剧时，则中毒羊会发生剧烈的腹泻症状，患羊粪便中混有血液，中毒羊表现精神沉郁，肌肉弛缓、极度衰弱，且体温时有升高，并在肛门、尾根、四肢内侧和乳房等部位发生皮疹，口角周围发生水疱性皮炎，且反复发作，严重影响羊群冬春季节的育肥效果。而羊呈现重度中毒时，则中毒羊会表现出明显的神经症状，病初中毒羊表现兴奋不安，性情狂暴，有时向前猛冲直撞，其后转为精神沉郁，后躯软弱无力，并发生运动障碍，步态左右摇摆，可视黏膜发绀，呼吸无力，心脏衰弱，瞳孔散大，全身痉挛，一般1～2天内即会发生死亡。

3. 诊断

结合临床表现及有采食发芽或腐烂的马铃薯史，即可诊断。

4. 防治

对一般轻度中毒的病羊，则可使用25％高锰酸钾溶液或5％鞣酸溶液1000毫升给病羊洗胃或灌肠，以清除病羊胃肠道内的有毒物质，以制止有毒物质的吸收扩散。对马铃薯中毒引起病羊发生皮肤斑疹、水疱性皮炎的部位，治疗则应先剪去患部的被毛，清除污垢，并用20％鞣酸溶液或30％硼酸溶液进行洗涤，然后涂擦30％龙胆紫或30％硝酸银溶液，以对患部起到防腐、收敛和制止渗出的作用。

对重度中毒和中毒症状表现较为剧烈的病羊，则可使用中药三黄解毒汤给病羊内服，以促进其排毒解毒。三黄解毒汤的方剂组成是：黄连、黄柏、黄芩各 30 克，知母、连翘、山栀、蒲公英、龙胆草、板蓝根、生地、茵陈、牵牛子、木通、泽泻、茯苓各 25 克，滑石、麻仁各 100 克，甘草 15 克。煎水取汁，候温后 1 次给病羊内服，每天早晚各内服 1 次；也可用菜籽油 250 毫升、蜂蜜 250 毫升混合后 1 次给病羊内服，亦可配合用绿豆 300 克、甘草 30 克，混合后煎水 1 次给病羊内服。并配合用 10%葡萄糖注射液 2000 毫升、10%苯甲酸钠咖啡因注射液 20 毫升、维生素 C 注射液 20 毫升、硫酸镁注射液 100 毫升，混合后 1 次给病羊静脉注射，每天早晚各注射 1 次，以改善病羊的血液循环，从而加速解毒功能。中毒的病羊应加强饲喂调理，对已发生皮肤斑疹、水疱性皮炎的病羊应加强体表破溃部位的治疗，并做好破溃部位的保温，防止破溃部位冻伤并继发细菌感染，以防延误病羊的治疗。

五、有机磷中毒

有机磷中毒是由于有机磷化合物进入动物体内、抑制胆碱酯酶的活性、导致乙酰胆碱大量积聚引起的中毒性疾病，以流涎、腹泻和肌肉痉挛等为特征。

1. 病因

有机磷化合物主要用于农作物杀虫剂、环卫灭蝇及动物驱虫，在保管不当、应用不慎或造成环境、饲料及水源污染时，易引起动物中毒。

（1）饲养管理粗放，采食、误食或偷食喷洒过农药不久的农作物、牧草、蔬菜类，或误食拌有、浸有农药的种子。

（2）管理与使用不当，如在运输过程和保管中，有破损包装漏出，农药污染地面甚至污染饲料和饮水。在同一库房储存农药和饲料，或在饲料库中配制农药或拌种，造成农药污染饲料。

（3）饮水或饮水器具被有机磷农药污染，如在水源上风处或在池塘、水槽、涝池等饮水处配制农药，洗涤有机磷农药盛装器具和工作服等。农药厂排放废水可使局部地表水受到较严重污染。

（4）农业、林业及环境卫生防疫工作中喷雾或农药厂生产的有机磷杀虫剂废气可污染局部或较远距离的环境空气，畜禽吸入挥发的气体或雾滴可致中毒。

（5）有些有机磷化合物作为兽药防治家畜患病时用药所致中毒，如滥用或过量应用敌百虫、乐果治疗皮肤病和内外寄生虫病而引起的中毒等。

（6）有时发生人为的蓄意投毒，造成羊只中毒。

2. 症状

有机磷农药可通过消化道、呼吸道及皮肤进入体内，有机磷与胆碱酯酶结合生成磷酰化胆碱酯酶，失去水解乙酰胆碱的作用，致使体内乙酰胆碱蓄积，呈现出胆碱能神经的过度兴奋症状。

羊只中毒较轻时，食欲减退、无力、流涎，较重时呼吸困难，腹痛不安。肠音加强，排粪次数增多。肌肉颤动，四肢发硬。瞳孔缩小，视力减退。最严重的时候，口吐大量白沫，心跳加快，体温升高，大小便失禁，神志不清，黏膜发紫，全身痉挛，血压降低，终致死亡。血液检查：红细胞及血红蛋白减少，白细胞可能增加。

3. 诊断

根据发病很急，变化很快，流涎、腹泻、腹痛不安及瞳孔缩小等特点，结合有机磷农药接触病史可以作出初步诊断。确诊必须结合实验室检验、药物治疗试验综合分析。

实验室诊断：测定全血和脑组织胆碱酯酶活性可提供重要的辅助诊断指标。全血胆碱酯酶活性为正常的 $50\% \sim 70\%$ 为轻度中毒，$30\% \sim 50\%$ 为中度中毒，低于 30% 为重度中毒。对可疑饲料、饮水、胃内容物、呕吐物、尿液、被污染皮肤洗涤液等进行有机磷的定性和定量检验，可为确诊本病提供依据。

通过阿托品和解磷定进行的治疗试验，可验证诊断。

4. 防治

（1）**预防** 为防止动物有机磷农药中毒，应采取以下措施。

① 认真执行《剧毒农药安全使用规程》，妥善保管和使用有机磷农药。

② 喷洒过有机磷农药的田地，7天内不让畜禽进入。喷洒过有机磷的青草，1个月内禁止畜禽采食。

③ 严格按《中华人民共和国兽药典》的规定应用有机磷杀虫剂治疗有关疾病，不得滥用或过量使用。动物经口服用有机磷杀虫剂之前，要先供给充足的清洁饮水。

④ 加强农药厂废水的处理和综合利用，对环境进行定期检测，以便有效地控制有机磷化合物对环境的污染。

（2）**治疗** 应立即停止饲喂可疑饲料和饮水，让其迅速脱离污染环境，并积极清除毒物，防止毒物继续吸收，进行特效解毒和对症治疗。

清除毒物：经皮肤染毒者，用5％石灰水或肥皂水（敌百虫禁用）刷洗；经口染毒者，用0.2％～0.5％过锰酸钾（1605禁用），或2％～3％碳酸氢钠（敌百虫禁用）洗胃，随之给予泻剂。

解毒：可用解磷定或阿托品注射液。

① 解磷定。按10～45毫克/千克体重计算，溶于生理盐水、5％葡萄糖液、糖盐水或蒸馏水中均可，作静脉注射。半小时后如不好转，可再注射1次。

② 阿托品。用1％阿托品注射液1～2毫升，皮下注射。

在中毒严重时，可合并使用解磷定及阿托品。

还可以注射葡萄糖、复方氯化钠及维生素 B_1、维生素 B_2、维生素 C 等。

对症治疗。呼吸困难者注射氯化钙；心脏及呼吸衰弱时注射尼可刹米；为了制止肌肉痉挛，可应用水合氯醛或硫酸镁等镇静剂。

六、棉籽饼中毒

羊因大量采食未经脱酚处理或加工不当的棉籽饼及棉叶会引起中毒。此病多发生于棉花的主产区，在饲料中添加棉籽饼不当时，也会发生中毒。

1. 病因

棉籽饼含粗蛋白质25%～40%，是家畜的良好精料，但棉籽饼及棉叶中含有毒棉酚。有毒棉酚称游离棉酚，是一种细胞毒和神经毒，对胃肠黏膜有很大的刺激性，所以大量或长期饲喂可以引起中毒。当棉籽饼发霉、腐烂时，毒性更大。游离棉酚通过加热或发酵，可与棉籽蛋白的氨基结合成为比较稳定的结合棉酚，毒性大大降低，游离棉酚可与硫酸亚铁离子结合，形成不溶性铁盐而失去毒性。

2. 症状

当羊吃了大量棉籽饼时，一般在第二天可出现中毒症状。如果采食量少，到第10～30天才能表现出症状。中毒轻的羊，表现食欲降低，低头拱腰，粪球黑干，怀孕母羊流产。

中毒较重的，呼吸困难，呈腹式呼吸，听诊肺部有啰音。体温升高，精神沉郁，喜卧于阴凉处。被毛粗乱，后肢软弱，眼怕光流泪，有时还有失明的。中毒严重的，兴奋不安，打颤，呼吸急促。食欲废绝，下痢带血，排尿困难或尿血，2～3天内死亡。

3. 诊断

结合临床表现及有采食棉籽饼史，即可诊断。

4. 防治

（1）预防　用棉籽饼作饲料时，应加入10%大麦粉或面粉煮沸

1 小时以上，或者加水发酵，或用硫酸亚铁与棉籽饼中的棉酚按 1：1 配合，减少毒性。喂量不要超过饲料总量的 20%。喂几周以后，应停喂 1 周，然后再喂。不要用腐烂发霉的棉籽饼和棉叶作饲料。对怀孕期和哺乳期的母羊以及种公羊，不要喂棉籽饼和棉叶。

（2）治疗

① 停喂棉籽饼和棉叶，让羊饥饿 1 天左右

② 用 0.2% 高锰酸钾或 3% 碳酸氢钠洗胃和灌肠。

③ 内服泻剂，如硫酸钠，成年羊 80～100 克，加大量水灌服。

④ 静脉注射 10%～20% 葡萄糖溶液 300～500 毫升，并肌内注射安钠咖 3～5 毫升。结合应用维生素 C、维生素 A、维生素 D 效果更好。

七、氢氰酸中毒

羊的氢氰酸中毒是由于羊采食了含有氰苷的植物或误食氰化物，在胃内经酶水解和胃酸的作用，产生游离的氢氰酸而引起的。临床上以呼吸困难、震颤、痉挛和突发死亡为特征的中毒性缺氧综合征。

1. 病因

常因采食过量含有氰苷的植物，如高粱苗、玉米苗、马铃薯幼苗、亚麻叶、枇杷叶等发病。使用某些中药过多而致病，如杏仁、桃仁等使用过量。由于误食了氰化物污染的水或饲草而发病。

2. 症状

主要表现发病迅速，多于采食含有氰苷的饲料后 15～20 分钟出现症状。首先表现腹痛不安，瘤胃膨气，呼吸加快，可视黏膜潮红，口流白色泡沫状唾液。先兴奋，很快转入沉郁状态，随之出现极度衰弱，步态不稳或倒地。严重者体温下降，后肢麻痹，肌肉痉挛，瞳孔放大，全身反射减少乃至消失。心搏动徐缓，脉细弱，呼

吸浅微，直至昏迷而死亡。

3. 诊断

根据有采食幼嫩的谷物苗的病史和临床症状，可做出诊断。

4. 防治

（1）预防 高粱、玉米的幼苗及收割后的再生苗及已知含有氰苷的植物的叶和核仁等不得喂羊。如利用木薯应去皮切片，用水浸泡 2 天；整薯浸泡 4～6 天，磨成粉浸泡 1 天（每天换水 1 次）。去毒后每天喂量不得超过日粮 1/8～1/5。发病后迅即治疗。

（2）治疗

① 用 3％亚硝酸钠，每千克体重 6～10 毫克，静注。然后再静注 5％硫代硫酸钠，每千克体重 1～2 毫克；或 10％对二甲氨基苯酚，每千克体重 10 毫克，静注。

② 用亚硝酸异戊酯吸入剂 1/2～2 支，安瓿用纱布或棉花包裹，折断，放在鼻孔处让其吸入。

③ 用羟钴胺、乙二胺四乙酸的单钠双钴亚盐、亚硝酸钴钠，治疗氰化物中毒也均有效。

八、食盐中毒

食盐是动物饲料中必需的一种物质，添加适量的食盐可维持机体水盐代谢正常，同时增强食欲，刺激胃肠蠕动，但用量过多会导致中毒。

1. 病因

日粮中含盐量过高，中等个体的羊中毒致死量为 150～300 克，中毒量为 3～6 克/千克体重。是否发生食盐中毒和羊的饮水有关，若供给充足的饮水，虽然食入大量食盐也可不引起中毒，如喂给羊含 2％食盐的日粮并限制饮水，数天后便发生食盐中毒，而喂给含 13％食盐的日粮，让其随意饮水，结果在很长时间内并不出现食盐中毒的神经症状，只表现有多尿和腹泻。

不正确地利用腌制品或乳酪加工后的废水、残渣以及酱渣等，对长期缺盐饲养的羊突然加喂食盐，特别是喂含盐的饮水，而未加限制时，易发生异常大量采食食盐的情况；维生素 E 和含硫氨基酸的缺乏，可使羊对食盐的敏感性升高。

2. 症状

羊在食盐中毒后变现为口渴、食欲减弱或停止进食，瘤胃蠕动消失，胃部胀气，口中流出大量的泡沫，瞳孔扩散或失明，呼吸困难，腹泻，有时还伴有便血。病羊在中毒初期变现为兴奋不安，出现磨牙，肌肉抽搐，开始盲目行走或不断地转圈，随着时间推移，逐渐变为行走困难，后肢无力、拖地，倒地痉挛，四肢无目的的划动。严重时病羊出现昏迷，最后窒息而死，体温无异常变化，和平常体温一致，发病时间一长可能会出现皮下水肿。

3. 诊断

有采食过量食盐的病史、无体温反应、有突出的神经症状等临床表现及剖检变化，可作为该病诊断的参考。实验室检查胃肠内容物中氯化钠的含量，如果显著升高，可确诊为食盐中毒。

4. 防治

(1) **预防**　在喂食食盐时一定要注意量，既不能过少，否则易出现盐饥饿现象，影响羊的食欲和生长发育，但喂食量过大，又会导致羊出现食盐中毒现象。所以喂食量的把握十分重要，一般每只成羊每天的食盐摄入量在 10 克左右，而羔羊则在 3～5 克之间，超过这个剂量，可能会出现中毒。在饲料中加食盐时，一定要充分搅拌均匀，以免因搅拌不均匀使某些羊摄入量过多，导致中毒，而有些羊的摄入量过少，影响生长发育。在喂食食盐后，要保证饮水充足，否则羊因口渴而影响采食。

(2) **治疗**　发现羊出现食盐中毒症状后，在立即停喂食盐饲料和严格控制饮水的基础上，实施对症疗法。确诊为食盐中毒后，要立即停喂食盐饲料，保证充足的清洁饮水，少量多次饮水，加强护理。

中毒初期，内服黏浆剂及油类泻剂，并少量多次地给予饮水，切忌任其暴饮，使病情恶化。胃肠炎时内服胃肠黏膜保护剂，如鞣酸、鞣酸蛋白、次硝酸铋等。病情严重者，可静脉注射 20% 甘露醇 $100\sim200$ 毫升、10% 硫酸镁 $25\sim50$ 毫升、维生素 C $250\sim500$ 毫克、维生素 B_1 250 毫克、10% 葡萄糖溶液 $500\sim1000$ 毫升。轻症每天 1 次，重症每天 2 次，一般早期 $1\sim2$ 天可治愈，中后期疗程达 $3\sim4$ 天以上。

为促进毒物排出，抑制肾小管对钠离子和氯离子的重吸收作用，在补液的同时，可肌内注射速尿注射液（1 毫克/千克体重）；为恢复血液中一价阳离子 Na^+、K^+ 和二价阳离子 Ca^{2+}、Mg^{2+} 平衡，可静脉注射 10% 氯化钙或 10% 葡萄糖酸钙 $50\sim100$ 毫升，皮下或肌内注射维生素 B_1。病羊心脏衰竭时，可用强心剂，严重脱水时应立即进行补液。

九、磷化锌中毒

1. 病因

磷化锌，化学名称为二磷化三锌，属速效灭鼠剂。牧区群众在草地上常用拌有磷化锌的玉米消灭老鼠和跳蚤，羊在放牧中容易误食而中毒。

2. 症状

急性中毒时，约经 2 小时即表现精神倦怠、沉郁、低头发呆、体温正常或稍低（$38\sim38.7℃$）。以后食欲逐渐废绝，反刍停止。结膜苍白，口腔黏膜呈蓝紫色，甚至发生糜烂，口吐白色黏沫，呼吸困难，心跳减慢。末期全身痉挛，继而麻痹，卧地不起，最后窒息而死。由发病到死亡约经 8～48 小时。

慢性中毒症状为全身虚弱、打颤、呼吸困难及眩晕。

3. 诊断

结合临床表现，口腔呼出的气体以及呕吐物带有大蒜臭，初步可以诊断。

4. 防治

(1) **预防**　一是安全放置毒饵。二是加强平时管理，尤其要注意放牧时的安全。

(2) **治疗**　尚无有效治疗方法。

如果发现及时，可用 0.1％高锰酸钾溶液洗胃，然后灌服 0.5％硫酸铜溶液。硫酸铜与磷化锌生成不溶性磷化铜沉淀，阻止毒物吸收。

内服泻剂：可用硫酸钠，禁用油类泻剂。

十、铜中毒

羊铜中毒病是由于给羊长期摄入过多铜盐而引起中毒的疾病。急性者以呕吐、流涎、剧烈腹痛腹泻为特征，慢性中毒则以瘤胃弛缓、粪少呈黑褐色、黏膜黄疸为特征。

1. 病因

在使用过含铜喷雾或土壤含铜量高的牧场放牧、饲料中添加铜盐过多、误食杀虫或杀灭蜗牛的铜制剂，均可引发本病。

2. 症状

本病分为急性和慢性中毒。急性中毒主要表现呕吐、流涎，剧烈腹痛、腹泻，心动过速，惊厥，麻痹和虚脱，最后死亡。粪便中含有黏液，呈深绿色。慢性病例则表现精神沉郁，厌食，黏膜黄疸，尿中含有血红蛋白，粪便变黑。

3. 防治

（1）**预防** 防止用硫酸铜喷雾污染草料，药用硫酸铜制剂要严格掌握用量，以及使用、补加铜饲料添加剂时，必须混合均匀，控制喂量。

（2）**治疗** 治疗原则是消除致病因素，加速毒物的排出及解毒。首先应把病羊置于安全处所，更换饲料，加强护理。促进铜盐的排出，可用 0.1％ 亚铁氰化钾溶液洗胃；也可灌服牛奶、蛋清、豆浆或活性炭等肠黏膜保护剂，以减少铜盐的吸收。排出已吸收的铜盐，可应用乙二胺四乙酸二钠钙或二巯基丁二酸钠。慢性中毒者，可给予钼酸铵 50～500 毫克、硫酸钠 0.3～1 毫克。

第四节　肉羊常见外科疾病的防治

一、羊创伤

在养羊过程中，难免有时候会使羊受到创伤，如擦伤、刺伤、裂伤、咬伤等。在这种情况下，很容易导致感染，引发其它疾病。

1. 症状

各种创伤的主要症状是出血、疼痛和伤口裂开，创伤严重的，常可出现不同程度的全身症状。创伤如感染化脓，创缘及创面肿胀、疼痛，局部温度增高，创口不断流出脓汁或形成很厚的脓痂。创腔深而创口小或创内存有异物形成创囊时，有时会发生脓肿或引起周围组织的蜂窝织炎（即皮下、肌膜下及肌间等处的疏松结缔组织发生急性进行性化脓性炎症），并有体温升高。随着化脓性炎症的消退，创内出现肉芽组织，一般呈红色平整颗粒状，质地较坚硬，表面附有黏稠的灰白色脓性物。

2. 治疗

(1) 一般创伤的治疗

① 创伤止血。如伤口出血不止，可施行压迫、钳夹或结扎止血。还可应用止血剂，如外用止血粉撒布创面，必要时可应用安络血（肌注 2～4 毫克，1 日 2～3 次）、维生素 K_3（肌注 30～50 毫克，1 日 2～3 次）等全身止血剂。

② 清洁创围。先用灭菌纱布将创口盖住，剪除周围被毛，用 0.1％新洁尔灭溶液或生理盐水将创围洗净，然后用 5％碘酊进行创围消毒。

③ 清理创腔。除去覆盖物，用镊子仔细除去创内异物，反复用生理盐水洗涤创腔，然后用灭菌纱布轻轻吸蘸创内残存的药液和污物，再于创面涂布碘酊。

④ 缝合与包扎。创面比较整齐，外科处理比较彻底时，可行密闭缝合；有感染风险时，行部分缝合；创口裂开过宽，可缝合两端；组织损伤严重或不便缝合时，可行开放疗法。四肢下部的创伤，一般应包扎。

若组织损伤或污染严重时，应及时注射破伤风类毒素、抗生素。

(2) 化脓性感染创伤的治疗

① 化脓创的治疗。其步骤是：清洁创围；用 0.1％高锰酸钾液、3％双氧水或 0.1％新洁尔灭溶液等冲洗创腔；扩大创口，开张创缘，除去深部异物，切除坏死组织，排出脓汁；用 10％磺胺乳剂或碘仿甘油等行创面涂布或纱布条引流。有全身症状时，可用抗菌消炎药物，并注意强心解毒。

如为脓肿，病初可用温热疗法（如热敷），或涂布用醋调制的复方醋酸铅散（安得利斯），同时用抗生素或磺胺类药物进行全身性治疗。如果上述方法不能使炎症消散，可用具有弱刺激性的软膏涂布患部，如鱼石脂软膏等，以促进脓肿成熟。发出现波动感时，即表明脓肿已成熟，这时应及时切开，彻底排出脓汁，再用3%双氧水或0.1%高锰酸钾水冲洗干净，涂布磺胺乳剂或碘仿甘油，或视情况用纱布条引流，以加速坏死组织的净化

② 肉芽创伤的治疗。其步骤是：首先清理创转，然后清洁创面（用生理盐水轻轻清洗），再局部用药（应用刺激性小、能促进肉芽组织和上皮生长的药，如3%龙胆紫等）。如肉芽组织赘生，可用硫酸铜腐蚀。

二、羊直肠脱出

直肠脱出是直肠末端的一部分向外翻转，或其大部分经由肛门向外脱出的一种疾病。病初仅在排粪或卧地后有小段直肠黏膜外翻，排粪后或起立后自行缩回。如果长期反复发作，则脱出的肠段不易恢复，形成不同程度的出血、水肿、发炎，甚至坏死穿孔等。

1. 病因

肛门括约肌脆弱及机能不全，直肠黏膜与其肌层的附着弛缓或直肠外围的结缔组织弛缓等，均可促使本病的发生。直肠脱出多见于长期便秘、顽固性下痢、直肠炎、母羊分娩时的强烈努责，或久病体弱，或受某些刺激因素的影响，使直肠的后部失去正常的支持固定作用。

2. 症状

患羊在卧地或排粪后黏膜脱出，在一定的时间内不能自行复位，若此现象经常出现，则脱出的黏膜发炎，黏膜下层高度水肿，失去自行恢复的能力，在肛门处可见到淡红或暗红色的圆球形肿胀。随着炎症和水肿的发展，则直肠全层脱出，由肛门向外突出呈柱状的肿胀物，由于脱出的肠管被肛门括约肌挤压，水肿更加严

重，同时受外界污染，表面污秽不洁，沾有泥土和草屑，甚至发生黏膜出血、糜烂、坏死和继发损伤。严重时伴有全身症状，体温升高，精神沉郁，并且频频努责，做排粪姿势。

3. 诊断

根据病羊临床症状及脱出的肠段来判断本病。

4. 治疗

首先要排除病因，及时治疗便秘、下痢、阴道脱出等原发病。认真改善饲养管理，多给青绿饲料及各种营养丰富的柔软饲料，并注意适当饮水，这是预防发病和提高疗效的重要措施。

病初，若脱出体外的部分不多，应用1%明矾水或0.5%高锰酸钾水充分洗净脱出的部分，然后再提起患羊的两后腿，用手指慢慢送回。

脱出时间较长，水肿严重时，可用注射针头乱刺水肿的黏膜，用纱布衬托，挤出炎性渗出液。对脱出部的表面溃疡、坏死的黏膜，应慎重除去，直至露出新鲜组织为止。注意不要损伤肠管肌层，然后轻轻送回。为了防止复发，可在肛门上下左右分四点注射1%普鲁卡因酒精溶液20毫升；也可在肛门周围作烟包袋口状缝合，缝合后宜打个活结，以便能随意缩紧或放松。

对黏膜水肿严重及坏死区域较广泛的病羊，可采用黏膜下层切除术。在距肛门周缘1厘米处，环形切开直达黏膜下层，向下剥离，翻转黏膜层，将其剪除，最后将顶端黏膜边缘用丝线作结节缝合，整复脱出部分，肛门口再作烟包袋口状缝合。

术后注意护理，并结合症状进行全身治疗。

三、蜂窝织炎

羊蜂窝织炎是一种由溶血性链球菌所引起的疾病，该病能够经皮肤创口感染，也可继发于脓肿和化脓创伤。对于蜂窝织炎的防治：防止外伤，及时治疗，防止腐败化脓感染。

1. 病因

蜂窝织炎主要是由溶血性链球菌所引起，其次是葡萄球菌，也可由厌气性和腐败性细菌引起。本病一般经皮肤创口感染，也可继发于脓肿和化脓创伤。

2. 症状

本病临床分为局限性和弥漫性蜂窝织炎两种。

局限性蜂窝织炎，局部组织增温、发热，显著疼痛，急性肿胀。最后往往在皮下形成脓肿。

弥漫性蜂窝织炎，发病急，很快蔓延发展成一大片。笔者曾见乳羊被野狗咬伤而发生的弥漫性蜂窝织炎，从牧地返回圈舍，整个背部炎性弥漫，局部发热、疼痛和肿胀，机能严重障碍，体温高达40℃以上。病羊卧地不起，不食，精神沉郁，后组织坏死，皮肤破溃。

3. 诊断

根据病羊疏松结蹄组织内发生的急性弥漫性化脓性炎症，以形成浆液性、化脓性、腐败性渗出液并伴有明显的全身症状可判断本病。

4. 防治

防止外伤，及时治疗，防止腐败化脓感染。

（1）**预防** 羊蜂窝织炎应该尽量防止外伤，有了外伤应及时做好消毒和包扎。

（2）**治疗**

① 鱼石脂软膏 100 克，用法：患部外敷，促进脓肿成熟。

② 3％过氧化氢溶液 500 毫升碘甘油 200 毫升，用法：成熟脓肿切开后双氧水冲洗，碘甘油浸纱布引流。也可用 0.1％高锰酸钾溶液冲洗，用土霉素、鱼肝油引流。重症用普鲁卡因青霉素封闭及

肌内注射抗生素或磺胺类药物，羊蜂窝织炎的预防应该尽量防止外伤，有了外伤应及时做好消毒和包扎。

③ 用青霉素 160 万单位、链霉素 100 万单位，加蒸馏水稀释后肌内注射，每日 2 次。同时内服土霉素 0.5 克，每日 4 次。必要时，静脉注射 5％葡萄糖液 500 毫升，加 40％乌洛托品液 5～10 毫升或碳酸氢钠液 5～10 毫升，或者用地塞米松注射液 5 毫升/（只·天）和葡萄糖维生素 C 注射液，肌内或静脉注射每次 100～250 毫克/（只·天）。以防病羊中毒和出现败血症。

④ 患部水肿严重的，可以切开排液。创口内用 3％双氧水或 0.1％雷佛奴尔溶液冲洗，然后用纱布条浸泡药液引流。经几天后，病羊局部和全身症状缓和，可按创伤处理原则进行治疗。

四、羊蹄叶炎

蹄叶炎是角质蹄壁下层和蹄底肉样血管组织的一种急性或慢性炎症，多发生于奶山羊，发病率可高达 10％以上。

1. 病因

急性蹄叶炎多发生于分娩时或突然变换饲料之后，或者伴发于肠毒血症、肺炎、乳腺炎、子宫炎或过敏反应等情况下。

慢性蹄叶炎常发生于精料过食或肠毒血症轻度发作之后。春季的草含蛋白量高，也可能成为病因之一。

2. 症状

急性蹄叶炎通常于分娩后与子宫炎同时发生。病羊体温升高达 41℃左右，强迫起立和行走时，表现极度痛苦，触摸蹄时有热感。这种蹄叶炎通常很少与肺炎或急性严重过敏反应同时发生。

在奶山羊更为常见的是慢性隐性发作的蹄叶炎。因此，只有在蹄子发育不正常和不愿行走时才能发现。由于病羊长期站立，常导致蹄子向上卷曲而变为"雪橇蹄"，或者由于病蹄一半负重，导致蹄底一侧显著较厚，无法全面着地。由于病羊前蹄疼痛，常跪地休息和吃草，或者跪下作转圈运动。长期跪地和不能运动可造成前胸狭窄、食欲减少，因而病羊逐渐消瘦，奶量大为降低，给奶品生产带来一定损失。

3. 诊断

根据临床表现来判断本病。

4. 防治

（1）**预防**　蹄叶炎是高产而管理粗放的奶羊群的大患。为了使奶羊达到最高生产能力而不发生慢性蹄叶炎，必须重视经常的精细的饲养管理。特别重要的是，要避免突然给予大量精料。定期修剪蹄子，使其正常负荷体重和进行运动。有计划地定期接种肠毒血症菌苗。

（2）**治疗**　羊的急性蹄叶炎往往难以治愈，必须抓紧时间采用综合疗法。

① 采用对蹄子有益的温包法。用热酒糟、醋炒麸皮等（40～50℃）温包病蹄，每日1～2次，每次2～3小时，连用5～7天。

② 采用抗组织胺疗法，注射苯海拉明2～3毫升，并结合静脉注射电解质，以利毒物的排出。

③ 当子宫有感染时，应给子宫内灌注10份等渗盐水和1份过氧化氢溶液，促使腐败物从子宫排出，然后灌注抗生素。

④ 对发生难产的羊，应及时使用缩宫素，帮助子宫复归。产后24～36小时胎衣不下者，可采取对"胎衣不下"的疗法，促进胎衣排出。

⑤ 当因变换饲料、过食营养过于丰富的粗饲料而引起山羊停食时，应内服硫酸钠100～120克或石蜡油80～100毫升，以帮助解除瘤胃酸中毒和排出毒物。

五、腐蹄病

腐蹄病也叫蹄间腐烂或趾间腐烂，秋季易发病，是羊、牛、猪都能够发生的一种传染病，羊腐蹄病有传染性和非传染性两类，是由坏死杆菌侵入羊蹄缝内，造成蹄质变软、烂伤，流出脓性分泌物。其特征是局部组织发炎、坏死。因为病常侵害蹄部，因而称"腐蹄病"。

1. 病因

本病的发生与环境卫生、管理、护蹄、微生物感染有关。由于长期将羊放牧于潮湿污泥草滩，或厩舍潮湿不洁，运动场泥泞，久立湿地，蹄间皮肤长期受粪尿浸蚀，弹性降低，引起龟裂、发炎，或因趾间皮肤外伤后感染了化脓菌、坏死杆菌或坏疽性放线菌而引起。此外，缺乏运动，使蹄角质退化、难以抵制细菌异物的侵入；不良的姿势和蹄形，使蹄部力量不匀衡，在着力多的蹄部发病；继发性感染，如蹄叶炎、乳腺炎、子宫炎、瘤胃酸中毒，如不及时治疗可导致腐蹄病；羊的日粮中钙、磷、维生素、蛋白质的缺乏，使蹄角质化不全或角质疏松，易感染发病；或精料过多，易引起酸中毒，继发蹄叶炎而致病。

2. 症状

患腐蹄病的羊食欲降低，精神不振，喜卧，走路跛。初期轻度跛行，趾间皮肤充血、发炎、轻微肿胀，触诊病蹄敏感。病蹄有恶臭分泌物和坏死组织，蹄底部有小孔或大洞。用刀切削扩创，蹄底的小孔或大洞中有污黑臭水迅速流出。趾间也常能找到溃疡面，上面覆盖着恶臭物，蹄壳腐烂变形，牛羊卧地不起，病情严重的体温上升，甚至蹄匣脱落，还可能引起全身性败血症。

3. 诊断

跛行，蹄有坏死恶臭液，用健病组织交界处的刮取物涂片，复红-美蓝染色镜检可见细菌。要与口蹄疫、蹄叶炎进行鉴别诊断。

4. 防治

(1) **预防** 加强蹄子护理，经常修蹄，避免用尖硬多荆棘的饲料，及时处理蹄子外伤；注意圈舍卫生，保持清洁干燥，羊群不可过度拥挤；尽量避免或减少在低洼、潮湿的地区放牧。

(2) **治疗** 首先进行隔离，保持环境干燥。然后根据疾病发展情况，采取适当治疗措施。

① 除去患部坏死组织，到出现干净创面时，用食醋、4％醋酸、1％高锰酸钾、3％来苏儿或双氧水冲洗，再用10％硫酸铜或6％福尔马林进行浴蹄。如为大批发生，可每日用10％龙胆紫或松馏油涂抹患部。

② 若脓肿部分未破，应切开排脓，然后用1％高锰酸钾洗涤，再涂搽浓福尔马林，或撒以高锰酸钾粉。

③ 除去坏死组织后，涂以10％氯霉素酒精溶液，也可用青霉素水剂（每毫升生理盐水含100～200单位）或油乳剂（每毫升油含1000单位）局部涂抹。对于严重的病羊，例如有继发性感染时，在局部用药的同时，应全身用磺胺类药物或抗生素，其中以注射磺胺嘧啶或土霉素效果最好。

④ 用浸透了2％福尔马林酒精液的纱布塞入蹄叉腐烂处，用药用纱布包扎24小时解除包扎。

⑤ 患重病蹄叉内流脓性分泌物，用高锰酸钾液洗净分泌物，用青霉素粉剂塞蹄叉内后用纱布包扎24小时再解除包扎。

⑥ 在肉芽形成期，可用1∶10土霉素、甘油进行治疗；肉芽过度增生时，可涂用10％卤碱软膏或撒用卤碱粉。为了防止硬物的刺激，可给病蹄包上绷带。

⑦ 用1％的高锰酸钾液，浸泡患处5～10分钟。每天早、晚各一次。

⑧ 先洗净蹄腐烂物后，用 5‰ 碘酊涂擦，外部再用松馏油涂上。每天一次。

六、羊骨折

羊腿细长，且喜跳跃，容易发生骨折。骨折常伴有周围组织不同程度的损伤，是一种较为常见的严重外科病。皮肤破裂、骨折端露出创外的，叫开放性骨折，骨折未穿破皮肤的叫闭合性骨折，骨折后断端完全分离的叫完全骨折，两断端未分离的叫不完全骨折。

1. 病因

骨折多由跌撞、打击、压挤、蹴踢等外力作用而引起，例如羊牴架时，羊腿被人用棍打断，羊放牧时遇惊奔跑，后肢夹入树枝之间，汽车运输时车底板有洞、下车时羊后肢误入洞内往下跳等，均会造成骨折。

2. 症状

山羊骨折常发生于后肢，而且多为单纯的完全骨折。主要是因为这些部分缺乏肌肉层的保护。山羊后肢骨折的特征是，病羊突然倒卧不起，或者悬起断肢，其余三肢负担体重而呆立不动。病羊精神稍差，在刚发生之后由牧地赶回时，由于断肢不能负重而行走困难，故见口吐白沫、呼吸急促。但在休息 10 余分钟后，即可好转。骨折部分发生带痛的肿胀，且常伴发皮肤损伤。若用手按摸骨折部分，可以听到断端摩擦音。

3. 诊断

根据临床症状，就可初步诊断。

4. 防治

治疗原则：正确整复，合理固定，加强护理，促使早愈。具体措施如下：

（1）**清洗消毒** 用消毒液洗净受伤部及创伤周围的皮肤，涂以碘酒，以防细菌感染。

（2）**正确复位** 整复骨折部分，使断端接合良好。

（3）**合理固定** 用硬纸剪成长条，宽度根据骨折部的粗细，在腿的四面（前、后、内、外）各放一条，然后用绷带紧紧缠住，以保护伤口及固定折断部分。在使用绷带以前，应该在压力特别大的地方垫以棉花或麻屑。为了固定良好，可以在绷带外面涂以松木油，使其变硬。

（4）**加强护理** 在治疗初期，应将羊关在舍内，不让过多活动，或者只允许在运动场里走动，绝对不可放牧。待病肢可以着地时，让其在羊舍周围逍遥活动，促使及早恢复正常行动。

除了整复、固定和加强护理以外，还必须正确处理局部与整体的关系，做到外治与内治相结合，以加速骨折愈合。例如可以内服中药接骨散或静脉注射氯化钙溶液。接骨散的处方：血竭 60 克、乳香 30 克、没药 30 克、川断 30 克、煅自然铜 30 克、当归 15 克、土鳖 60 克、南星 15 克、红花 15 克、川牛膝 30 克，共为细末，分为 3 次，开水冲灌，每日 1 次。每次加白酒 30 毫升。

七、羊跛行

羊跛行、腿瘸是在日常养羊过程中比较常发的一种运动障碍性疾病。

1. 病因

一是外伤感染引起，指羊被石子、铁屑、玻璃碴等刺伤蹄部，或因蹄冠与角质层裂缝感染病菌，致使化脓，不能行走，或因环境潮湿，引发腐蹄病。

二是病毒导致，如羊感染口蹄疫病毒后，四肢经常交替负重，并抖动后肢，出现跛行，严重时长期俯卧，起立困难。

三是营养不良，指羊体内维生素 D 缺乏、钙磷不足或比例失调，导致跛行、骨骼畸形。因骨质疏松，还易引起羊骨折或关节肿大。

2. 症状

该病主要以两前肢或一肢出现跛行为特征，逐渐消瘦，行走困难。有的羊提起一肢［左（右）前肢］，以三肢跳着走。两前肢都出现跛行时以蹄关节或冠关节着地行走，长时间行走时蹄关节或冠关节周围的皮肤被磨破导致出血、疼痛，无法行走或卧地不起。

3. 防治

（1）外伤性跛行　要及时修整蹄部，尽快把刺入蹄部的异物清除。若蹄叉已腐烂化脓，可用 1%～2% 的高锰酸钾水清洗，再涂 10% 的碘酊液。若蹄底部有孔或洞，可向孔（洞）内填塞 5% 的硫酸铜粉或 5% 的水杨酸钠粉，包扎后外面再涂上松馏油，也可用磺胺或抗生素软膏等。

（2）病毒性跛行

① 隔离与消毒：只要发现羊只出现病症或者疑似病症，必须立即隔离，并对疫病区进行封锁，同时还要对病羊污染的区域采取全面消毒。圈舍内堆积的粪便集中处理，病死羊进行焚烧或者深埋。圈舍可选择 1∶800 用水稀释的二氯异氰尿酸钠、1% 甲醛液、3% 来苏儿、10% 石灰乳等消毒剂进行消毒。病羊放牧只能够在固定的地点进行，不允许其接触健康羊只。对于同群中还没有出现发病的羊只，可适时使用羊链球菌血清进行预防。

② 常规治疗：每只病羊肌内注射 30 万～60 万单位的青霉素，每天 1 次，连续使用 3 天，或者肌内注射 10% 的磺胺噻唑 10 毫升，每天 1 次，连续使用 3 天。病羊也可灌服 4～8 克氯苯磺胺或者磺胺嘧啶，每天 2 次，连续使用 3 天。

（3）营养不良性跛行　因营养不良、管理不善引起的跛行，可加强饲养管理。饲草要多样化，不能太单一，应在饲料中补充骨粉。①用维丁胶性钙注射液 0.5 万～2 万单位，进行肌内或皮下注射，同时给病羊补饲富含维生素 A、维生素 E、维生素 C 和复合维生素 B 的饲料。②成羊用鱼肝油 10～20 毫升、羔羊用 5 毫升，配以糖钙片适量，1 次内服，连服数日。③每天用维生素 AD_3 粉适量、骨粉 30 克拌料饲喂，连喂数日，待症状消失后，再喂 1～2 周。④严重病羊可用 3％次磷酸钙溶液 100 毫升，成羊 1 次静脉注射，每日 1 次，连续 3～5 日。⑤对于由严重缺钙引起的跛行，可静脉注射 10％葡萄糖酸钙 50～150 毫升。静脉注射时应缓慢准确地注入血管中，严禁渗入皮下。

第五节　肉羊繁殖障碍疾病的防治

一、子宫内膜炎

母羊子宫内膜炎为子宫黏膜发炎，是常见的母羊生殖器官疾病，也是导致母羊不孕的重要因素之一。

1. 病因

母羊分娩过程中病原微生物通过产道侵入子宫，或由于配种、人工授精及接产过程中消毒不严，尤其是在发生难产时不正确的助产、胎衣不下、子宫脱出、阴道脱出、胎儿死于腹中等，均易导致感染而引起子宫内膜炎。

2. 症状

(1) 急性子宫内膜炎　多发生在母羊产后 5～6 天，母羊食欲减退，泌乳量减少，精神不振，体温升高，反刍紊乱，弓背，努责，阴户内排出大量带有腥味的恶露，颜色呈暗红色或棕色，卧下时排出的量较多，常见尾巴上黏附大量脓性分泌物。

（2）**慢性子宫内膜炎**　往往是经多次使用药物治疗无效，由急性转变而来，病情较轻，常无明显的全身症状，主要表现为从阴户不定期排出透明或浑浊或脓性絮状物，母羊可多次发情或不发情，但是屡配不孕，如不及时治疗，可发展为子宫坏死，进而继发其他器官感染，造成全身症状加剧，引起败血症或脓毒性败血症。

3. 诊断

根据产后第 5 天，从阴户内排出大量带有腥味的恶露，可以初步诊断。

4. 防治

（1）**预防**

① 加强消毒：自然交配或人工授精，公、母羊配种前都要对生殖器官进行严格的清洗和消毒，尤其是人工授精过程中使用的器具必须彻底消毒。另外，在母羊助产、接产以及剖腹产操作时也要注意加强消毒，确保将病原微生物全部杀灭，从源头上切断疾病的传播途径。

② 适时进行直肠检查：母羊从进行配种、分娩时开始，要注意检查生殖器官状况。检查人员可将食指插入到母羊直肠内，并隔着直肠壁对子宫、卵巢等生殖器官进行探查。卵巢主要检查形状、体积大小、质地，同时还要判断性周期是否发生变化。子宫主要是注意检查其位置、大小、形状以及质地，触诊时，正常的未孕子宫会发生收缩反应。子宫颈主要是检查其软硬与粗细程度以及是否发生炎症等，尤其是经产母羊往往会由于发生慢性炎症而导致结缔组织增生，从而使其变硬变粗。

（2）**治疗**　羊子宫内膜炎的防治原则是：孕期注意营养与保护，分娩注意助产与消毒，病后及时治疗与护理。具体治疗方法如下：

① 子宫冲洗，用生理盐水加青霉素或 0.1％高锰酸钾溶液 300 毫升，注入子宫，片刻后尽量排出子宫内的药物，1 次/天，连用 3～4 次。

② 抗菌可于冲洗后向子宫内注入碘甘油 3 毫升或宫炎康，或投放土霉素 0.5 克；用青霉素 80 万～160 万单位、链霉素 50 万～100 万单位，肌注，每天早晚各 1 次。

③ 自体中毒时，用 10％葡萄糖 100 毫升、复方氯化钠 100 毫升、5％碳酸氢钠 30～50 毫升，一次静注。同时肌注维生素 C 200 毫克。

二、生产瘫痪

生产瘫痪又称乳热病或低钙血症，为急性而严重的神经疾病。其特征为咽、舌、肠道和四肢发生瘫痪，失去知觉。山羊和绵羊均可患病，但以山羊比较多见。尤其某些 2～4 胎的高产奶山羊，几乎每次分娩以后都重复发病。此病主要见于成年母羊，发生于产前或产后数日内，偶尔见于其他时期。

1. 病因

舍饲、产乳量高以及怀孕末期营养良好的羊只，如果饲料营养过于丰富，都可成为发病的诱因。

另外一个原因是血糖和血钙降低。据测定，病羊血液中的糖分及含钙量均降低，可能是因为大量钙质随着初乳排出，或者是因为初乳含钙量太高之故。其原因是降钙素抑制了副甲状腺素的骨溶解作用，以致调节过程不能适应，而变为低钙状态，引起发病。

2. 症状

最初症状通常出现于分娩之后，少数病例见于妊娠末期和分娩过程。由于钙的作用是维持肌肉的紧张性，故在低钙血情况下病羊总的表现为衰弱无力。病初全身抑郁，食欲降低，反刍停止，后肢软弱，步态不稳（图 5-7），甚至摇摆。有的绵羊弯背低头，蹒跚走动。由于发生战栗和不能安静休息，呼吸常见加快。这些初期症状维持的时间通常很短。此后羊站立不稳，在企图走动时跌倒。有的羊倒后起立很困难。有的不能起立，头向前直伸，不食，停止排粪和排尿。对针刺皮肤的反应很弱。

图 5-7　头颈姿势异常，常常会站立不稳
（引自黔农网）

少数羊知觉完全丧失，发生极明显的麻痹症状。舌头从半开的口中垂出，咽喉麻痹。针刺皮肤无反应。脉搏先慢而弱，以后变快，勉强可以摸到。呼吸深而慢。病的后期常常用嘴呼吸，唾液随着呼气吹出，或从鼻孔流出食物。病羊常呈侧卧姿势，四肢伸直，头弯于胸部，体温逐渐下降，有时降至 36℃。皮肤、耳朵和角根冰冷，很像将死状态。

有些病羊往往死于没有明显症状的情况下。例如有的绵羊在晚上完全健康，而次晨却死亡。

3. 诊断

尸体剖检时，看不到任何特殊病变，唯一精确的诊断方法是分析血液样品。但由于病程很短，必须根据临床症状进行诊断。乳房送风及注射钙剂效果显著，亦可作为本病的诊断依据。

4. 防治

(1) **预防**　根据对于钙在体内的动态化变化，在实践中应考虑在饲料成分配合上预防本病的发生。一是在整个怀孕期间都应喂给富含矿物质的饲料。单纯饲喂富含钙质的混合精料，似乎没有预防效果，假若同时给予维生素 D，则效果较好。二是产前应保持适当运动，但不可运动过度，因为过度疲劳反而容易引起发病。三是对于习惯发病的羊，于分娩之后，及早应用下列药物进行预防注射：5％氯化钙 40～60 毫升、25％葡萄糖 80～100 毫升、10％安钠咖 5 毫升混合，一次静脉注射。四是在分娩前和产后 1 周内，每天给予蔗糖 15～20 克。

(2) **治疗**　补钙方法。静脉或肌内注射 10％葡萄糖酸钙 50～100 毫升，或者应用下列处方：5％氯化钙 60～80 毫升，10％葡萄糖 120～140 毫升，10％安钠咖 5 毫升混合，一次静脉注射。

采用乳房送风法。使羊稍呈仰卧姿势，挤出少量乳汁；用酒精棉球擦净乳头，尤其是乳头孔。然后将煮沸消毒过的导管插入乳头中，通过导管打入空气，直到乳房中充满空气为止。用手指叩击乳房皮肤时有鼓响音者，为充满空气的标志。在乳房的每个乳头内都要注入空气；为了避免送入空气的逸出，在取出导管时，应用手指捏紧乳头，并用纱布绷带轻轻扎住每一个乳头的基部。经过 25～30 分钟将绷带取掉。将空气注入乳房各叶以后，小心按摩乳房数分钟。然后使羊四肢蜷曲伏卧，并用草束摩擦臀部、腰部和胸部，最后盖上麻袋或布块保温。注入空气以后，可根据情况考虑注射 50％葡萄糖溶液 100 毫升。如果注入空气后 6 小时情况并不改善，应再重复做乳房送风。

其它疗法。①补磷：当补钙后，病羊机敏活泼，欲起不能时，多伴有严重的低磷血症。此时可应用 20％磷酸二氢钠溶液 100 毫升，一次静脉注射。②补糖：随着钙的供给，血液中胰岛素含量很快提高而使血糖降低，有时可引起低血糖症，故补钙的同时应当补糖。

三、流产

母羊流产也称妊娠中断，是指由于各种原因引起胎儿与母体间的正常生理过程受到破坏，不能按期正常产出胎儿的临床病理症状。流产不是一种病，而是各种不良因素作用于机体所产生的临床表现。

1. 病因

(1) 传染性和寄生虫性疾病致流产的病因　很多病原微生物和寄生虫都能引起怀孕母羊流产。根据引起流产病原微生物的种类不同，可分为病毒性传染病和细菌性传染病，前者常见的有口蹄疫，后者常见的有布鲁氏菌病、衣原体病等。寄生虫病多数通过吸食血液、掠夺羊体营养、破坏组织器官、注入毒素等损害羊体，造成母羊体质虚弱、胎儿死亡，从而引起症状性流产，如血吸虫病、梨形虫病等，少数通过侵害胎盘和胎儿直接引起自发性流产，例如羊弓形虫病。

(2) 非传染性流产的病因　大致有以下几种：

一是饲养管理不当：如长期营养不足导致母羊瘦弱；饲喂冰冻饲料或冰水；饲料发霉或含毒物等。

二是机械性损伤：如踢伤或因饲养密度过大而造成互相挤压冲撞；公、母羊同圈乱交配。

三是胎儿及胎膜异常：胎儿畸形及胎儿器官发育异常；胎膜水肿、胎水过多或过少、胎盘炎等可导致流产。

四是母羊患病：如肝、肾、肺、胃肠的疾病及神经性疾病等破坏了妊娠过程而引起流产。

2. 症状

母羊突然发生流产时，产前一般无特征表现。发病缓慢的母羊表现精神不佳，食欲废绝，腹痛，起卧不安，努责，阴户流出羊水，胎儿排出后稍安静。若在同一群中病因相同，则陆续出现流产，直至全部受害母羊流产完毕才能稳定下来。如果是外伤性致病，母羊多表现隐性流产，即胎儿不排到体外，自行溶解，或形成死胎（图5-8），但由于受外伤程度不同，受伤的胎儿也常因胎膜出血、剥离，于数小时或数天后排到体外。

图5-8　死胎
（引自畜牧兽医学习网）

3. 诊断

根据临床表现，即可做出诊断。

4. 防治

对于排出的不足月胎儿或死亡胎儿进行无害化处理，并对母羊进行护理。对有流产先兆的母羊，可用黄体酮注射液进行肌内注射。如发生有死胎滞留，应采用适当的引产或助产措施。胎儿死亡、子宫颈未开时，应先肌内注射雌激素，如己烯雌酚或苯甲酸雌二醇2～3毫克，使子宫颈开张，然后从产道拉出胎儿。母羊出现全身症状时，应对症治疗。

① 抑制母羊努责和阵缩，可选用硫酸镁注射液，羊一次量2.5～7.5克，静脉或肌内注射，或选用葡萄糖硫酸镁注射液。注

意：静脉注射宜缓慢，遇有呼吸麻痹等中毒现象时，应立即静脉注射钙剂解救。

② 有流产先兆的母羊，可用黄体酮注射液 2～5 毫升肌内注射。

③ 如母羊因损伤性胎动导致不安的，则应在给母羊肌内注射黄体酮的同时，并配合内服止痛清热安胎散，即用酒知母 3 克、酒黄柏 3 克、川断 6 克、没药 2 克、乳香 3 克、地榆 5 克、当归 5 克、生地炭 3 克、酒黄芩 6 克、砂仁 3 克、鹿角霜 6 克、川芎 2 克、桑寄生 5 克、茯苓 5 克、台乌 5 克、血竭花 5 克、熟地 6 克、甘草 3 克，共为细末，开水冲调，童便 20 克为引，给母羊内服。

④ 如母羊因血热宫燥，阴道内流出血水，则应在给母羊肌内注射黄体酮的同时，并配以给母羊内服苎麻根安胎汤，即用鲜苎麻根 20 克、仙鹤草 30 克、艾叶 10 克，煎水给母羊内服。

⑤ 如母羊呈现习惯性流产，为达到预防和治疗的目的，可在确定母羊怀孕后，给母羊灌服保胎安全散，即用全当归 6 克、川芎 3 克、菟丝子 6 克、炒白芍 3 克、川贝母 3 克、黄芩 6 克、荆芥 2 克、厚朴 2 克、艾叶 2 克、炒枳壳 3 克、羌活 2 克、甘草 2 克、杜仲 3 克、续断 6 克、故纸 3 克，共为细末，生姜 5 克为引，调匀后给母羊内服。每隔半月灌服一副。

四、难产

在分娩时，母羊因骨盆狭窄、阴道过小、胎儿个体较大或经产母羊由于腹部过度下垂、身体衰弱、子宫收缩无力或因胎位不正等均会造成难产。如果没有及时进行处理，非常容易导致羔羊发生死亡，甚至有些母羊也会死亡，在一定程度上损害养羊业的经济效益。

1. 病因

母羊难产的原因主要有羊只瘦弱（或过肥）、胎儿异常及胎位、胎势、胎向不正、子宫颈口开张不全、阴道狭窄、阴门狭窄、产道肿瘤等。近些年来，我国不少地方引进国外大型肉羊品种，在应用胚胎移植技术进行纯种羊繁殖和大型肉羊杂交改良当地羊过程中，由于引进羊和当地羊在体重、个体大小上差异较大，产羔时也引起难产。

妊期期饲养管理不当也是母羊出现难产的一大原因。母羊发生难产的一个因素是妊娠期营养紊乱，机体由于缺乏营养而导致肌肉收缩无力，从而在临床表现出强度较弱的努责，再加上胎儿的活力较差而很难产出；反之，如果营养过剩会导致胎儿体形过大，很难进入产道，导致产道相对比较狭窄，从而造成分娩困难。另外，母羊难产的原因也有品种选配不合理。在发生难产的病例中，有60%左右与胎儿体型过大密切相关，绝大多数是由于母羊与体型过大的公羊交配，特别是在母羊没有完全成熟时就进行交配导致。交配过早也是母羊难产的原因之一。

2. 症状

妊娠母羊主要表现出持续阵痛，起卧不安，经常拱腰、努责，频繁回头望腹，阴门发生肿胀，并有红黄色的浆液从阴门流出，有时部分胎衣会露出，有时能够看到胎儿蹄部或者头部，但经过较长时间依旧没有产出。

3. 处理

(1) 防治措施

① 初配时间的判定。以月龄和发情次数决定初配：一般掌握在母羊8～9月龄，在这时，一般母羊已经经过2～3次发情，生殖器官已经发育完全，体重也已经合乎生育要求。如在这个时间配种，经过5个月的时间，营养良好的情况下一般不会发生难产。

② 加强品种选择。一般养殖户总是希望所生产的羊羔大、数量多，但忽略了母羊本身的品种问题，这时，养殖技术人员的指导

有着很重要的意义，要引导广大养殖户正确地认识选配原则"大配大，大配中，中配小"，防止难产的发生。

③ 加强妊娠期饲养管理。妊娠期母山羊对营养需求特别重要，妊娠前期主要是受精胚胎的着床，后期是胚胎的发育。在正常情况下，营养的分配首先是满足胚胎发育需求，如果在胚胎发育后期，营养不足或者营养失调，就会导致母体在尽可能满足胚胎发育的情况下，变得瘦小，并且导致生产时产道狭窄和产力不足，造成难产。

④ 适当运动：母羊养殖不像肉羊养殖，肉羊可以圈羊，5平方米可养殖5～8只，而对于母羊来说，环境的舒畅是保证运动量的一个基本因素，所以原则上掌握每2.5平方米养殖1只，并设立运动场地，避免因缺少运动而造成的难产。

（2）难产发生时的处理措施　对于较轻微的产道开张不全、较轻的胎儿胎势异常和产力不足及胎儿稍大，助产者可用消毒过的手或器械配合母羊努责向外牵引胎儿。

对于因产力不足或努责、阵缩微弱而引起的难产，可给母羊注射催产素、垂体后叶素等药物。还可采用辅助加压的方法进行治疗，即在羊努责时，助产人员双手搂住羊腹，配合努责，按压腹部，以增加羊努责的力量。

对于因胎位、胎向、胎势异常而引起的难产。用消毒过的手或器械，在子宫内将胎儿矫正成正常胎位、胎势、胎向，然后再行牵引助产。

对于因严重的产道开张不全、产道狭窄、胎儿畸形或过大、胎儿矫正困难而引起的难产，应实施剖腹产手术。

五、胎衣不下

胎衣不下是母畜产后一种常见病，是母畜在分娩后不能及时排出胎膜，导致胎膜在体内滞留，所以称为胎衣不下。一般母羊在产后 4 小时内即可排出胎衣，如果长时间不能排出，即可判断为胎衣不下。

1. 原因

一是母羊体质原因，年龄过大、体质虚弱、体况过瘦或者过肥、胎儿过大等因素都有可能造成胎衣不下。母羊在多胎以及流产、难产等情况时，子宫的收缩力较低，也会导致胎衣不下，在母羊妊娠期缺乏运动，也会引起胎衣不下。

二是营养原因，母羊的繁殖性能很大程度上和营养密切相关，如果缺乏营养首先会影响到机体繁殖功能，在母羊妊娠期间，如果饲喂缺乏矿物质的饲料，尤其是钙磷摄入不足时，在分娩时子宫收缩无力，从而造成胎衣不下，另外缺乏维生素也会导致胎衣不下。

三是疾病原因，妊娠母羊感染某些细菌性疾病，会导致子宫内膜和胎膜出现炎症，在子宫内膜发炎时会导致胎衣无法正常脱离。

2. 症状

根据胎衣滞留的多少，可分为部分胎衣不下和全部胎衣不下，母羊在产后 24 小时内发生胎衣不下，会对其造成较小的影响。如果滞留时间超过 24 小时，胎衣就会发生腐败，当这些物质被羊体吸收后，会使得母羊长时间出现拱腰或者卧地不起现象，而且阴户还会流出红色或褐色的恶露（图 5-9），伴有腥臭味，母羊会出现精神萎靡、食欲不振、体温明显升高的现象。

3. 诊断

发病母羊表现为拱腰努责、食欲废绝、精神较差、体温升高到 41～42℃、呼吸急促、喜卧地。胎衣滞留不下发生腐败，从阴道中流出污红色伴有恶臭的分泌物，其中带有灰白色未腐败的胎衣碎片。全部胎衣滞留不下时，部分胎衣从阴道垂露于后肢跗关节部。

图 5-9　部分胎衣从阴道垂露
（引自 365 养羊网）

4. 防治

可以用 500 毫升 10％精制食盐溶液、0.5～1 克洗必泰、1～1.5 克胰蛋白酶，混合均匀后通过胶管沿着胎衣与子宫壁黏膜之间灌入，1～2 小时后，在病羊耳后皮下注射 1～2 毫升 0.1％新斯的明，一般 1 小时后即可排出。如果还未排出，可以采取手术治疗，先对病羊阴门及其周围做好消毒措施，操作人员也要做好消毒工作，向子宫内注射 100 毫升 10％生理盐水，用手伸入子宫内，将胎衣进行剥离，再边捻转边缓慢向外拉，以使子宫角位置升高，最终将剥离的整个胎衣拉出，术后要加强护理，避免继发感染。

（1）**药物治疗**　向子宫内灌注抗生素溶液防止胎衣腐败并待胎衣自行脱落。同时应用催产素皮下注射并配合用温盐水冲洗子宫，将羊的前肢提起以排出子宫内的液体。可佐以中医疗法加味生化汤候温灌服，体温升高时可佐以金银花、连翘等。将 300 毫升醋放于瓦盆内，将一小铁块烧红放入醋盆内，形成醋蒸汽后放于母羊鼻孔下让其吸入，反复 3～10 次可缓解胎衣不下。

（2）**手术治疗**　方法：保定病羊按常规准备及消毒后，用一只手握住胎衣，另一只手将橡皮管送入子宫，将温高锰酸钾溶液

（1∶10000）注入子宫。手伸入子宫，将绒毛膜从母体子叶上剥离下来，最后宫内灌注抗生素或防腐消毒液（如土霉素或0.2%普鲁卡因溶液即可）。剥离时应当小心操作，如果子宫受到损伤会引起大量出血，为微生物开放了门户，容易造成严重的全身症状。

六、阴道脱出

羊阴道脱出是阴道部分或全部外翻脱出于阴户之外，阴道黏膜暴露在外，引起阴道黏膜充血、发炎，甚至形成溃疡或坏死的疾病。通常是妊娠后期的母羊发生，有时产后母羊也可发生，如果没有及时进行治疗可继发引起全身感染，严重时甚至发生死亡。有时羊群会呈现群体性阴道脱出的情况，对母羊正常生活和生产造成严重影响。

1. 病因

（1）饲养管理不当　母羊饲喂单一饲料，摄取微量元素、维生素严重不足，缺少蛋白质饲料、青绿饲料，只饲喂玉米和麸皮，导致体质虚弱，阴道四周的韧带和肌肉组织变得弛缓，从而容易发病。妊娠母羊在后期腹压明显增大，如果一次性饲喂大量饲料，也可引起发病。另外，母羊运动不足，也容易发病。

（2）产羔数量多　随着母羊产羔胎数的增加，阴道脱出的发生率呈现升高趋势。据报道，相比于单胎妊娠母羊，双胎妊娠母羊发生阴道脱垂的概率可提高大约5倍，三胎妊娠母羊的发生率可提高11～12倍，这种明显的差异在很大程度上与母羊不同品种的易发性相关，如纯种希尔绵羊一般只怀1只羔羊，而杂交品种母羊能够怀2～3只羔羊。

（3）年龄较大　随着母羊年龄的增长，发生阴道脱垂的概率也会逐渐升高，这可能是由于老龄母羊比较容易怀双胎或者三胎。另外，大约35%～40%患有阴道脱出的母羊，即使康复也会影响受孕。

2. 症状

阴道脱出有完全脱出和部分脱出两种。当完全脱出时，脱出的阴道如拳头大；也可见阴道连同子宫颈脱出。部分脱出时，仅见阴道入口部脱出，大小如桃。外翻的阴道黏膜发红，甚至青紫，局部水肿。因摩擦可损伤黏膜，形成溃疡，局部出血或结痂。病羊常在卧地后，被地面的污物、垫草、粪便黏附于脱出的阴道局部，导致阴道被细菌感染而化脓或坏死。严重者，全身症状明显，体温可高达 40℃ 以上。

3. 诊断

该病根据临床症状很容易做出诊断。

4. 防治

(1) 预防　加强日常饲养管理，母羊最好饲喂全价配合饲料，并配合饲喂适量的青绿饲料。如果采取自配料，则要确保供给充足的蛋白质、维生素和微量元素。推荐全价配合饲料含有 59％玉米、20％麸皮、15％豆粕、4％预混料、2％石粉。母羊妊娠后期，要少量多次饲喂和饮水。尽量促使母羊运动，如果配合放牧或者运动，既能避免阴道脱出，也能够促使机体健壮，并在很大程度上提高生产性能。

(2) 治疗

① 阴道部分脱出治疗。多发生在产前不久，治疗目的是使脱出部不再继续增大和受到损害，通常采用下列措施：增加放牧时间，使母羊卧下时间减少；改善饲养；加入易消化的精料，提高羊机体抵抗力。将病羊尾巴系于一侧，减少对脱出部分黏膜的刺激。如果以上措施不见效，可采用在阴门两侧用 70％乙醇分别注射 5 毫升以提高阴道壁的紧张度。

② 阴道全脱者治疗

a.局部清理。脱出部分可用 1％盐水或 0.1％高锰酸钾液冲洗，除去坏死组织。若水肿严重，须用毛巾热敷，然后用消过毒的注射针头刺破水肿表面，再用灭菌纱布包裹挤出，使其缩小。清洗干净后涂以青霉素软膏。

b. 整复。整复之前，首先用1‰奴夫卡因20毫升做后海穴封闭。或用5毫升做荐尾麻醉，以防整复时病羊努责太急。整复的方法是将脱出的阴道壁垫上纱布，趁病羊不努责时，用手将脱出的阴道向阴门内托送，待全部送入阴门后，再将手握成拳头，将阴道顶回原位。这时手须在阴道内停留一定时间，以防继续努责而重新脱出。

c. 固定。采用改良的纽扣缝合法，在缝合线下衬以输液胶管，以防皮肤撕裂，到羊临产时应将固定的线拆除，以免引起人为的难产。

七、睾丸炎

睾丸的曲细精管和间质发炎称为睾丸炎，常并发或继发附睾炎和前列腺增生。因炎症常带来精液不良，异常精液混合炎性分泌物，出现畸形精子和死精子；或精液被污染含病原微生物，引起母羊不孕。

1. 病因

主要是外伤性原因。

2. 症状

因发炎疼痛，出现运步障碍。当阴囊肿大时，呈现疼痛、局部增温，鞘膜腔内积炎性渗出物，精囊变粗。病变严重时，机体发热，减食，不愿行走。若转化为慢性睾丸炎时，睾丸变硬，疼痛和热反应不明显。剖检时，可见到组织粘连，阴囊积水。

3. 诊断

该病根据临床症状很容易做出诊断。

4. 防制措施

按一般外科炎症处理，如应用抗生素、磺胺等药物，控制感染和消除炎症。在条件许可时，最好进行手术摘除睾丸，肥育后淘汰。

在生产羊群中，应选择或检疫好种公羊的睾丸及有无遗传性疾病，如睾丸发育不良和慢性炎症。

在羊群中应加强种公羊的饲养管理，有条件的羊场应单独饲养，每圈 2～3 只，每只占地面积 1.5～1.8 平方米，防止相互顶撞，保护好种公羊的阴囊，避免睾丸受伤及感染发炎。

八、羔羊胎粪不下

胎粪不下是指新生羔羊出生后超过 1 天不排粪，或吮食初乳后新生成的粪黏稠不易排出的一种病症，又称新生羔羊便秘。

1. 病因

多因母羊体质虚弱，营养缺乏，乳量少，使初生羔羊吮食不到足够的初乳，或羔羊出生后外感风寒或风热，致使邪热瘀结肠腑导致胎粪不下；或羔羊先天发育不良，体质虚弱无力等引起胎粪不下。

2. 症状

羔羊精神不好，吃奶很少或完全不吃奶，排粪困难（图 5-10），表现拱背、努责、摇尾，后躯下蹲呈排尿姿势。严重者腹部发胀，腹痛不安，卧地不起，后腿伸直，发出哀叫声。羔羊有时起卧不安，呈疯狂状态。腹部听诊时，肠音减弱或停止。进行腹部触诊，有时可以摸到硬条状的肠段，细摸时有颗粒状感觉。

3. 诊断

腹部听诊时，肠音减弱或停止。进行腹部触诊，有时可以摸到

图 5-10　胎粪停滞

（引自 365 养羊网）

硬条状的肠段，细摸时有颗粒状感觉，即可初步诊断。

4. 防治

(1) 预防　加强母羊怀孕后期的营养，增强羔羊体质，提高乳的质量，避免发生缺奶现象。人工喂奶时，必须做到定时、定量、定温。

(2) 治疗

① 用温肥皂水或 2% 食盐水进行深部灌肠。

② 如果灌肠无效，可给石蜡油 5～10 毫升或双醋酚汀 1～2 毫克，也可给小儿七珍丹 15 粒，经口投喂，每日一次。还可用中药番泻叶 60 克，加水 500 毫升，煮沸，再加水到 500 毫升，每只羔羊灌服 30 毫升，每日一次。

③ 按摩腹部，促进肠道活动。

第六章

肉羊养殖国家法律法规

第一节　养殖环节中的法律法规

一、种畜生产经营

（一）养殖场（户）在肉羊养殖过程中，如果是种羊生产经营的，需要办理种畜禽生产经营许可证。

1.《中华人民共和国畜牧法》第二十二条　从事种畜禽生产经营或者生产商品代仔畜、雏禽的单位、个人，应当取得种畜禽生产经营许可证。

申请取得种畜禽生产经营许可证，应当具备下列条件：

（1）生产经营的种畜禽必须是通过国家畜禽遗传资源委员会审定或者鉴定的品种、配套系，或者是经批准引进的境外品种、配套系；

（2）有与生产经营规模相适应的畜牧兽医技术人员；

（3）有与生产经营规模相适应的繁育设施设备；

（4）具备法律、行政法规和国务院畜牧兽医行政主管部门规定的种畜禽防疫条件；

（5）有完善的质量管理和育种记录制度；

（6）具备法律、行政法规规定的其他条件。

2.第二十四条　申请取得生产家畜卵子、冷冻精液、胚胎等遗传材料的生产经营许可证，应当向省级人民政府畜牧兽医行政主管部门提出申请。受理申请的畜牧兽医行政主管部门应当自收到申请之日起六十个工作日内依法决定是否发给生产经营许可证。

其他种畜禽的生产经营许可证由县级以上地方人民政府畜牧兽医行政主管部门审核发放，具体审核发放办法由省级人民政府规定。

种畜禽生产经营许可证样式由国务院畜牧兽医行政主管部门制定，许可证有效期为三年。发放种畜禽生产经营许可证可以收取工本费，具体收费管理办法由国务院财政、价格部门制定。

3.第二十五条　种畜禽生产经营许可证应当注明生产经营者名称、场（厂）址、生产经营范围及许可证有效期的起止日期等。

禁止任何单位、个人无种畜禽生产经营许可证或者违反种畜禽生产经营许可证的规定生产经营种畜禽。禁止伪造、变造、转让、租借种畜禽生产经营许可证。

4.第二十六条　农户饲养的种畜禽用于自繁自养和有少量剩余仔畜、雏禽出售的，农户饲养种公畜进行互助配种的，不需要办理种畜禽生产经营许可证。

二、养殖环节

（一）《中华人民共和国动物防疫法》规定：

1.（动物防疫）第十七条　饲养动物的单位和个人应当履行动物疫病强制免疫义务，按照强制免疫计划和技术规范，对动物实施免疫接种，并按照国家有关规定建立免疫档案、加施畜禽标识，保证可追溯。

实施强制免疫接种的动物未达到免疫质量要求，实施补充免疫接种后仍不符合免疫质量要求的，有关单位和个人应当按照国家有关规定处理。

用于预防接种的疫苗应当符合国家质量标准。

2.（种用动物）第二十三条　种用、乳用动物应当符合国务院农业农村主管部门规定的健康标准。

饲养种用、乳用动物的单位和个人，应当按照国务院农业农村主管部门的要求，定期开展动物疫病检测；检测不合格的，应当按照国家有关规定处理。

3.规模养殖场应符合动物防疫条件，取得《动物防疫条件合格证》

（1）第二十四条　动物饲养场和隔离场所、动物屠宰加工场所以及动物和动物产品无害化处理场所，应当符合下列动物防疫条件：

①场所的位置与居民生活区、生活饮用水水源地、学校、医院等公共场所的距离符合国务院农业农村主管部门的规定；

②生产经营区域封闭隔离，工程设计和有关流程符合动物防疫要求；

③有与其规模相适应的污水、污物处理设施，病死动物、病害动物产品无害化处理设施设备或者冷藏冷冻设施设备，以及清洗消毒设施设备；

④有与其规模相适应的执业兽医或者动物防疫技术人员；

⑤有完善的隔离消毒、购销台账、日常巡查等动物防疫制度；

⑥具备国务院农业农村主管部门规定的其他动物防疫条件。

动物和动物产品无害化处理场所除应当符合前款规定的条件外，还应当具有病原检测设备、检测能力和符合动物防疫要求的专用运输车辆。

（2）第二十五条　国家实行动物防疫条件审查制度。

开办动物饲养场和隔离场所、动物屠宰加工场所以及动物和动物产品无害化处理场所，应当向县级以上地方人民政府农业农村主管部门提出申请，并附具相关材料。受理申请的农业农村主管部门应当依照本法和《中华人民共和国行政许可法》的规定进行审查。经审查合格的，发给动物防疫条件合格证；不合格的，应当通知申请人并说明理由。

动物防疫条件合格证应当载明申请人的名称（姓名）、场（厂）址、动物（动物产品）种类等事项。

4.（疫情报告）第三十一条　从事动物疫病监测、检测、检验检疫、研究、诊疗以及动物饲养、屠宰、经营、隔离、运输等活动的单位和个人，发现动物染疫或者疑似染疫的，应当立即向所在地农业农村主管部门或者动物疫病预防控制机构报告，并迅速采取隔离等控制措施，防止动物疫情扩散。其他单位和个人发现动物染疫或者疑似染疫的，应当及时报告。

（二）《中华人民共和国畜牧法》规定：

1.（畜禽养殖场实行备案制）第三十九条　畜禽养殖场、养殖小区应当具备下列条件：

（1）有与其饲养规模相适应的生产场所和配套的生产设施；

（2）有为其服务的畜牧兽医技术人员；

（3）具备法律、行政法规和国务院畜牧兽医行政主管部门规定的防疫条件；

（4）有对畜禽粪便、废水和其他固体废弃物进行综合利用的沼气池等设施或者其他无害化处理设施；

（5）具备法律、行政法规规定的其他条件。

养殖场、养殖小区兴办者应当将养殖场、养殖小区的名称、养殖地址、畜禽品种和养殖规模，向养殖场、养殖小区所在地县级人民政府畜牧兽医行政主管部门备案，取得畜禽标识代码。

2.（禁养区规定）第四十条　禁止在下列区域内建设畜禽养殖场、养殖小区：

（1）生活饮用水的水源保护区，风景名胜区，以及自然保护区的核心区和缓冲区；

（2）城镇居民区、文化教育科学研究区等人口集中区域；

（3）法律、法规规定的其他禁养区域。

3.第四十一条　畜禽养殖场应当建立养殖档案，载明以下内容：

（1）畜禽的品种、数量、繁殖记录、标识情况、来源和进出场日期；

（2）饲料、饲料添加剂、兽药等投入品的来源、名称、使用对象、时间和用量；

（3）检疫、免疫、消毒情况；

（4）畜禽发病、死亡和无害化处理情况；

（5）国务院畜牧兽医行政主管部门规定的其他内容。

4.第四十二条　畜禽养殖场应当为其饲养的畜禽提供适当的繁殖条件和生存、生长环境。

5.第四十三条　从事畜禽养殖，不得有下列行为：

（1）违反法律、行政法规的规定和国家技术规范的强制性要求使用饲料、饲料添加剂、兽药；

（2）使用未经高温处理的餐馆、食堂的泔水饲喂家畜；

（3）在垃圾场或者使用垃圾场中的物质饲养畜禽；

（4）法律、行政法规和国务院畜牧兽医行政主管部门规定的危害人和畜禽健康的其他行为。

6.第四十四条　从事畜禽养殖，应当依照《中华人民共和国动物防疫法》的规定，做好畜禽疫病的防治工作。

7.第四十五条　畜禽养殖者应当按照国家关于畜禽标识管理的规定，在应当加施标识的畜禽的指定部位加施标识。畜牧兽医行政主管部门提供标识不得收费，所需费用列入省级人民政府财政预算。

畜禽标识不得重复使用。

8.第四十六条　畜禽养殖场、养殖小区应当保证畜禽粪便、废水及其他固体废弃物综合利用或者无害化处理设施的正常运转，保证污染物达标排放，防止污染环境。

畜禽养殖场、养殖小区违法排放畜禽粪便、废水及其他固体废弃物，造成环境污染危害的，应当排除危害，依法赔偿损失。

国家支持畜禽养殖场、养殖小区建设畜禽粪便、废水及其他固体废弃物的综合利用设施。

三、畜禽标识和养殖档案管理

（一）畜禽标识

1.第十一条　畜禽养殖者应当向当地县级动物疫病预防控制机构申领畜禽标识，并按照下列规定对畜禽加施畜禽标识：

（1）新出生畜禽，在出生后 30 天内加施畜禽标识；30 天内离开饲养地的，在离开饲养地前加施畜禽标识；从国外引进畜禽，在畜禽到达目的地 10 日内加施畜禽标识。

（2）猪、牛、羊在左耳中部加施畜禽标识，需要再次加施畜禽标识的，在右耳中部加施。

2.第十二条　畜禽标识严重磨损、破损、脱落后，应当及时加施新的标识，并在养殖档案中记录新标识编码

（二）养殖档案管理

1.第十八条　畜禽养殖场应当建立养殖档案，载明以下内容：

（1）畜禽的品种、数量、繁殖记录、标识情况、来源和进出场日期；

（2）饲料、饲料添加剂等投入品和兽药的来源、名称、使用对

象、时间和用量等有关情况；

（3）检疫、免疫、监测、消毒情况；

（4）畜禽发病、诊疗、死亡和无害化处理情况；

（5）畜禽养殖代码；

（6）农业部规定的其他内容。

2.第二十条　畜禽养殖场、养殖小区应当依法向所在地县级人民政府畜牧兽医行政主管部门备案，取得畜禽养殖代码。

畜禽养殖代码由县级人民政府畜牧兽医行政主管部门按照备案顺序统一编号，每个畜禽养殖场、养殖小区只有一个畜禽养殖代码。

畜禽养殖代码由 6 位县级行政区域代码和 4 位顺序号组成，作为养殖档案编号。

3.第二十一条　饲养种畜应当建立个体养殖档案，注明标识编码、性别、出生日期、父系和母系品种类型、母本的标识编码等信息。

种畜调运时应当在个体养殖档案上注明调出和调入地，个体养殖档案应当随同调运。

4.第二十二条　养殖档案和防疫档案保存时间：商品猪、禽为 2 年，牛为 20 年，羊为 10 年，种畜禽长期保存。

5.第二十三条　从事畜禽经营的销售者和购买者应当向所在地县级动物疫病预防控制机构报告更新防疫档案相关内容。

销售者或购买者属于养殖场的，应及时在畜禽养殖档案中登记畜禽标识编码及相关信息变化情况。

6.第二十四条　畜禽养殖场养殖档案及种畜个体养殖档案格式由农业部统一制定。

四、兽药及饲料使用

（一）《兽药管理条例》第六章　兽药使用

1.第三十八条　兽药使用单位，应当遵守国务院兽医行政管理部门制定的兽药安全使用规定，并建立用药记录。

2.第三十九条　禁止使用假、劣兽药以及国务院兽医行政管理部门规定禁止使用的药品和其他化合物。禁止使用的药品和其他化合物目录由国务院兽医行政管理部门制定公布。

3.第四十条　有休药期规定的兽药用于食用动物时，饲养者应当向购买者或者屠宰者提供准确、真实的用药记录；购买者或者屠宰者应当确保动物及其产品在用药期、休药期内不被用于食品消费。

4.第四十一条　国务院兽医行政管理部门，负责制定公布在饲料中允许添加的药物饲料添加剂品种目录。

禁止在饲料和动物饮用水中添加激素类药品和国务院兽医行政管理部门规定的其他禁用药品。

经批准可以在饲料中添加的兽药，应当由兽药生产企业制成药物饲料添加剂后方可添加。禁止将原料药直接添加到饲料及动物饮用水中或者直接饲喂动物。

禁止将人用药品用于动物。

5.（假兽药、劣兽药认定）第四十七条

有下列情形之一的，为假兽药：

（1）以非兽药冒充兽药或者以他种兽药冒充此种兽药的；

（2）兽药所含成分的种类、名称与兽药国家标准不符合的。

有下列情形之一的，按照假兽药处理：

（1）国务院兽医行政管理部门规定禁止使用的；

（2）依照本条例规定应当经审查批准而未经审查批准即生产、进口的，或者依照本条例规定应当经抽查检验、审查核对而未经抽查检验、审查核对即销售、进口的；

（3）变质的；

（4）被污染的；

（5）所标明的适应症或者功能主治超出规定范围的。

第四十八条　有下列情形之一的，为劣兽药：

（1）成分含量不符合兽药国家标准或者不标明有效成分的；

（2）不标明或者更改有效期或者超过有效期的；

（3）不标明或者更改产品批号的；

（4）其他不符合兽药国家标准，但不属于假兽药的。

6.第六十八条　违反本条例规定，在饲料和动物饮用水中添加激素类药品和国务院兽医行政管理部门规定的其他禁用药品，依照《饲料和饲料添加剂管理条例》的有关规定处罚；直接将原料药添加到饲料及动物饮用水中，或者饲喂动物的，责令其立即改正，并处1万元以上3万元以下罚款；给他人造成损失的，依法承担赔偿责任。

（二）饲料和饲料添加剂管理条例

1.第二十五条　养殖者应当按照产品使用说明和注意事项使用饲料。在饲料或者动物饮用水中添加饲料添加剂的，应当符合饲料添加剂使用说明和注意事项的要求，遵守国务院农业行政主管部门制定的饲料添加剂安全使用规范。

养殖者使用自行配制的饲料的，应当遵守国务院农业行政主管部门制定的自行配制饲料使用规范，并不得对外提供自行配制的饲料。

使用限制使用的物质养殖动物的，应当遵守国务院农业行政主管部门的限制性规定。禁止在饲料、动物饮用水中添加国务院农业行政主管部门公布禁用的物质以及对人体具有直接或者潜在危害的其他物质，或者直接使用上述物质养殖动物。禁止在反刍动物饲料中添加乳和乳制品以外的动物源性成分。

2.第二十九条　禁止生产、经营、使用未取得新饲料、新饲料添加剂证书的新饲料、新饲料添加剂以及禁用的饲料、饲料添加剂。

禁止经营、使用无产品标签、无生产许可证、无产品质量标准、无产品质量检验合格证的饲料、饲料添加剂。禁止经营、使用无产品批准文号的饲料添加剂、添加剂预混合饲料。禁止经营、使用未取得饲料、饲料添加剂进口登记证的进口饲料、进口饲料添加剂。

3.（法律责任）第四十七条　养殖者有下列行为之一的，由县级人民政府饲料管理部门没收违法使用的产品和非法添加物质，对单位处 1 万元以上 5 万元以下罚款，对个人处 5000 元以下罚款；构成犯罪的，依法追究刑事责任：

（1）使用未取得新饲料、新饲料添加剂证书的新饲料、新饲料添加剂或者未取得饲料、饲料添加剂进口登记证的进口饲料、进口饲料添加剂的；

（2）使用无产品标签、无生产许可证、无产品质量标准、无产品质量检验合格证的饲料、饲料添加剂的；

（3）使用无产品批准文号的饲料添加剂、添加剂预混合饲料的；

（4）在饲料或者动物饮用水中添加饲料添加剂，不遵守国务院农业行政主管部门制定的饲料添加剂安全使用规范的；

（5）使用自行配制的饲料，不遵守国务院农业行政主管部门制定的自行配制饲料使用规范的；

（6）使用限制使用的物质养殖动物，不遵守国务院农业行政主管部门的限制性规定的；

（7）在反刍动物饲料中添加乳和乳制品以外的动物源性成分的。

在饲料或者动物饮用水中添加国务院农业行政主管部门公布禁用的物质以及对人体具有直接或者潜在危害的其他物质，或者直接使用上述物质养殖动物的，由县级以上地方人民政府饲料管理部门责令其对饲喂了违禁物质的动物进行无害化处理，处 3 万元以上 10

万元以下罚款；构成犯罪的，依法追究刑事责任。

第四十八条　养殖者对外提供自行配制的饲料的，由县级人民政府饲料管理部门责令改正，处 2000 元以上 2 万元以下罚款。

五、　养殖过程中应当遵守的相关法律法规及承担的法律责任

（一）《中华人民共和国动物防疫法》

1.第九十二条　违反本法规定，有下列行为之一的，由县级以上地方人民政府农业农村主管部门责令限期改正，可以处一千元以下罚款；逾期不改正的，处一千元以上五千元以下罚款，由县级以上地方人民政府农业农村主管部门委托动物诊疗机构、无害化处理场所等代为处理，所需费用由违法行为人承担：

（1）对饲养的动物未按照动物疫病强制免疫计划或者免疫技术规范实施免疫接种的；

（2）对饲养的种用、乳用动物未按照国务院农业农村主管部门的要求定期开展疫病检测，或者经检测不合格而未按照规定处理的；

（3）对饲养的犬只未按照规定定期进行狂犬病免疫接种的；

（4）动物、动物产品的运载工具在装载前和卸载后未按照规定及时清洗、消毒的。

2.第九十六条　违反本法规定，患有人畜共患传染病的人员，直接从事动物疫病监测、检测、检验检疫，动物诊疗以及易感染动物的饲养、屠宰、经营、隔离、运输等活动的，由县级以上地方人民政府农业农村或者野生动物保护主管部门责令改正；拒不改正的，处一千元以上一万元以下罚款；情节严重的，处一万元以上五万元以下罚款。

3.第九十八条　违反本法规定，有下列行为之一的，由县级以上地方人民政府农业农村主管部门责令改正，处三千元以上三万元

以下罚款；情节严重的，责令停业整顿，并处三万元以上十万元以下罚款：

（1）开办动物饲养场和隔离场所、动物屠宰加工场所以及动物和动物产品无害化处理场所，未取得动物防疫条件合格证的；

（2）经营动物、动物产品的集贸市场不具备国务院农业农村主管部门规定的防疫条件的；

（3）未经备案从事动物运输的；

（4）未按照规定保存行程路线和托运人提供的动物名称、检疫证明编号、数量等信息的；

（5）未经检疫合格，向无规定动物疫病区输入动物、动物产品的；

（6）跨省、自治区、直辖市引进种用、乳用动物到达输入地后未按照规定进行隔离观察的；

（7）未按照规定处理或者随意弃置病死动物、病害动物产品的；

4. 第九十九条　动物饲养场和隔离场所、动物屠宰加工场所以及动物和动物产品无害化处理场所，生产经营条件发生变化，不再符合本法第二十四条规定的动物防疫条件继续从事相关活动的，由县级以上地方人民政府农业农村主管部门给予警告，责令限期改正；逾期仍达不到规定条件的，吊销动物防疫条件合格证，并通报市场监督管理部门依法处理。

（二）《中华人民共和国畜牧法》

1. 第六十二条　违反本法有关规定，无种畜禽生产经营许可证或者违反种畜禽生产经营许可证的规定生产经营种畜禽的，转让、租借种畜禽生产经营许可证的，由县级以上人民政府畜牧兽医行政主管部门责令停止违法行为，没收违法所得；违法所得在三万元以上的，并处违法所得一倍以上三倍以下罚款；没有违法所得或者违法所得不足三万元的，并处三千元以上三万元以下罚款。违反种畜禽生产经营许可证的规定生产经营种畜禽或者转让、租借种畜禽生产经营许可证，情节严重的，并处吊销种畜禽生产经营许可证。

2.（畜禽养殖场未按要求建立养殖档案）第六十六条 违反本法第四十一条规定，畜禽养殖场未建立养殖档案的，或者未按照规定保存养殖档案的，由县级以上人民政府畜牧兽医行政主管部门责令限期改正，可以处一万元以下罚款。

第二节 动物传染病防疫法规

《中华人民共和国动物防疫法》是为了加强对动物防疫活动的管理，预防、控制、净化、消灭动物疫病，促进养殖业发展，防控人畜共患传染病，保障公共卫生安全和人体健康制定的法规。最新的《中华人民共和国动物防疫法》是 2021 年 1 月 22 日由中华人民共和国第十三届全国人民代表大会常务委员会第二十五次会议修订通过，并自 2021 年 5 月 1 日起施行。

一、动物疫病的预防

国家建立动物疫病风险评估制度。国务院农业农村主管部门根据国内外动物疫情以及保护养殖业生产和人体健康的需要，及时会同国务院卫生健康等有关部门对动物疫病进行风险评估，并制定、公布动物疫病预防、控制、净化、消灭措施和技术规范。省、自治区、直辖市人民政府农业农村主管部门会同本级人民政府卫生健康等有关部门开展本行政区域的动物疫病风险评估，并落实动物疫病预防、控制、净化、消灭措施。

国家对严重危害养殖业生产和人体健康的动物疫病实施强制免

疫。国务院农业农村主管部门确定强制免疫的动物疫病病种和区域。省、自治区、直辖市人民政府农业农村主管部门制定本行政区域的强制免疫计划；根据本行政区域动物疫病流行情况增加实施强制免疫的动物疫病病种和区域，报本级人民政府批准后执行，并报国务院农业农村主管部门备案。

饲养动物的单位和个人应当履行动物疫病强制免疫义务，按照强制免疫计划和技术规范，对动物实施免疫接种，并按照国家有关规定建立免疫档案、加施畜禽标识，保证可追溯。实施强制免疫接种的动物未达到免疫质量要求，实施补充免疫接种后仍不符合免疫质量要求的，有关单位和个人应当按照国家有关规定处理。用于预防接种的疫苗应当符合国家质量标准。

县级以上地方人民政府农业农村主管部门负责组织实施动物疫病强制免疫计划，并对饲养动物的单位和个人履行强制免疫义务的情况进行监督检查。

动物疫病预防控制机构按照国务院农业农村主管部门的规定和动物疫病监测计划，对动物疫病的发生、流行等情况进行监测；从事动物饲养、屠宰、经营、隔离、运输以及动物产品生产、经营、加工、贮藏、无害化处理等活动的单位和个人不得拒绝或者阻碍。

国务院农业农村主管部门和省、自治区、直辖市人民政府农业农村主管部门根据对动物疫病发生、流行趋势的预测，及时发出动物疫情预警。地方各级人民政府接到动物疫情预警后，应当及时采取预防、控制措施。

县级以上地方人民政府根据动物疫病净化、消灭规划，制定并组织实施本行政区域的动物疫病净化、消灭计划。

动物疫病预防控制机构按照动物疫病净化、消灭规划、计划，开展动物疫病净化技术指导、培训，对动物疫病净化效果进行监测、评估。国家推进动物疫病净化，鼓励和支持饲养动物的单位和个人开展动物疫病净化。

动物饲养场和隔离场所、动物屠宰加工场所以及动物和动物产品无害化处理场所，应当符合下列动物防疫条件：

1.场所的位置与居民生活区、生活饮用水水源地、学校、医院等公共场所的距离符合国务院农业农村主管部门的规定；

2.生产经营区域封闭隔离，工程设计和有关流程符合动物防疫要求；

3.有与其规模相适应的污水、污物处理设施，病死动物、病害动物产品无害化处理设施设备或者冷藏冷冻设施设备，以及清洗消毒设施设备；

4.有与其规模相适应的执业兽医或者动物防疫技术人员；

5.有完善的隔离消毒、购销台账、日常巡查等动物防疫制度；

6.具备国务院农业农村主管部门规定的其他动物防疫条件。

动物和动物产品无害化处理场所除应当符合前款规定的条件外，还应当具有病原检测设备、检测能力和符合动物防疫要求的专用运输车辆。

开办动物饲养场和隔离场所、动物屠宰加工场所以及动物和动物产品无害化处理场所，应当向县级以上地方人民政府农业农村主管部门提出申请，并附具相关材料。动物、动物产品的运载工具、垫料、包装物、容器等应当符合国务院农业农村主管部门规定的动物防疫要求。染疫动物及其排泄物、染疫动物产品，运载工具中的动物排泄物以及垫料、包装物、容器等被污染的物品，应当按照国家有关规定处理，不得随意处置。

禁止屠宰、经营、运输下列动物和生产、经营、加工、贮藏、运输下列动物产品：

1.封锁疫区内与所发生动物疫病有关的；

2.疫区内易感染的；

3.依法应当检疫而未经检疫或者检疫不合格的；

4.染疫或者疑似染疫的；

5.病死或者死因不明的；

6.其他不符合国务院农业农村主管部门有关动物防疫规定的。

因实施集中无害化处理需要暂存、运输动物和动物产品并按照规定采取防疫措施的，不适用前款规定。

二、动物疫情的报告、通报和公布

从事动物疫病监测、检测、检验检疫、研究、诊疗以及动物饲养、屠宰、经营、隔离、运输等活动的单位和个人，发现动物染疫或者疑似染疫的，应当立即向所在地农业农村主管部门或者动物疫病预防控制机构报告，并迅速采取隔离等控制措施，防止动物疫情扩散。其他单位和个人发现动物染疫或者疑似染疫的，应当及时报告。接到动物疫情报告的单位，应当及时采取临时隔离控制等必要措施，防止延误防控时机，并及时按照国家规定的程序上报。

动物疫情由县级以上人民政府农业农村主管部门认定；其中重大动物疫情由省、自治区、直辖市人民政府农业农村主管部门认定，必要时报国务院农业农村主管部门认定。本法所称重大动物疫情，是指一、二、三类动物疫病突然发生，迅速传播，给养殖业生产安全造成严重威胁、危害，以及可能对公众身体健康与生命安全造成危害的情形。在重大动物疫情报告期间，必要时，所在地县级以上地方人民政府可以作出封锁决定并采取扑杀、销毁等措施。

发生人畜共患传染病时，卫生健康主管部门应当对疫区易感染的人群进行监测，并应当依照《中华人民共和国传染病防治法》的规定及时公布疫情，采取相应的预防、控制措施。患有人畜共患传染病的人员不得直接从事动物疫病监测、检测、检验检疫、诊疗以及易感染动物的饲养、屠宰、经营、隔离、运输等活动。任何单位和个人不得瞒报、谎报、迟报、漏报动物疫情，不得授意他人瞒报、谎报、迟报动物疫情，不得阻碍他人报告动物疫情。

三、动物疫病的控制

发生一类动物疫病时，应当采取下列控制措施：

1.所在地县级以上地方人民政府农业农村主管部门应当立即派人到现场，划定疫点、疫区、受威胁区，调查疫源，及时报请本级人民政府对疫区实行封锁。疫区范围涉及两个以上行政区域的，由有关行政区域共同的上一级人民政府对疫区实行封锁，或者由各有关行政区域的上一级人民政府共同对疫区实行封锁。必要时，上级人民政府可以责成下级人民政府对疫区实行封锁；

2.县级以上地方人民政府应当立即组织有关部门和单位采取封锁、隔离、扑杀、销毁、消毒、无害化处理、紧急免疫接种等强制性措施；

3.在封锁期间，禁止染疫、疑似染疫和易感染的动物、动物产品流出疫区，禁止非疫区的易感染动物进入疫区，并根据需要对出入疫区的人员、运输工具及有关物品采取消毒和其他限制性措施。

发生二类动物疫病时，应当采取下列控制措施：

1.所在地县级以上地方人民政府农业农村主管部门应当划定疫点、疫区、受威胁区；

2.县级以上地方人民政府根据需要组织有关部门和单位采取隔离、扑杀、销毁、消毒、无害化处理、紧急免疫接种、限制易感染的动物和动物产品及有关物品出入等措施。

发生三类动物疫病时，所在地县级、乡级人民政府应当按照国务院农业农村主管部门的规定组织防治。

二、三类动物疫病呈暴发性流行时，按照一类动物疫病处理。

疫区内有关单位和个人，应当遵守县级以上人民政府及其农业农村主管部门依法做出的有关控制动物疫病的规定。任何单位和个人不得藏匿、转移、盗掘已被依法隔离、封存、处理的动物和动物产品。

四、动物和动物产品的检疫

动物卫生监督机构的官方兽医具体实施动物、动物产品检疫。

屠宰、出售或者运输动物以及出售或者运输动物产品前，货主应当按照国务院农业农村主管部门的规定向所在地动物卫生监督机构申报检疫。动物卫生监督机构接到检疫申报后，应当及时指派官方兽医对动物、动物产品实施检疫；检疫合格的，出具检疫证明、加施检疫标志。实施检疫的官方兽医应当在检疫证明、检疫标志上签字或者盖章，并对检疫结论负责。动物饲养场、屠宰企业的执业兽医或者动物防疫技术人员，应当协助官方兽医实施检疫。

因科研、药用、展示等特殊情形需要非食用性利用的野生动物，应当按照国家有关规定报动物卫生监督机构检疫，检疫合格的，方可利用。人工捕获的野生动物，应当按照国家有关规定报捕获地动物卫生监督机构检疫，检疫合格的，方可饲养、经营和运输。屠宰、经营、运输的动物，以及用于科研、展示、演出和比赛等非食用性利用的动物，应当附有检疫证明；经营和运输的动物产品，应当附有检疫证明、检疫标志。

经航空、铁路、道路、水路运输动物和动物产品的，托运人托运时应当提供检疫证明；没有检疫证明的，承运人不得承运。进出口动物和动物产品，承运人凭进口报关单证或者海关签发的检疫单证运递。从事动物运输的单位、个人以及车辆，应当向所在地县级人民政府农业农村主管部门备案，妥善保存行程路线和托运人提供的动物名称、检疫证明编号、数量等信息。具体办法由国务院农业农村主管部门制定。运载工具在装载前和卸载后应当及时清洗、消毒。

肉羊常见病防治技术

省、自治区、直辖市人民政府确定并公布道路运输的动物进入本行政区域的指定通道，设置引导标志。跨省、自治区、直辖市通过道路运输动物的，应当经省、自治区、直辖市人民政府设立的指定通道入省境或者过省境。输入到无规定动物疫病区的动物、动物产品，货主应当按照国务院农业农村主管部门的规定向无规定动物疫病区所在地动物卫生监督机构申报检疫，经检疫合格的，方可进入。跨省、自治区、直辖市引进的种用、乳用动物到达输入地后，货主应当按照国务院农业农村主管部门的规定对引进的种用、乳用动物进行隔离观察。经检疫不合格的动物、动物产品，货主应当在农业农村主管部门的监督下按照国家有关规定处理，处理费用由货主承担。

五、病死动物和病害动物产品的无害化处理

从事动物饲养、屠宰、经营、隔离以及动物产品生产、经营、加工、贮藏等活动的单位和个人，应当按照国家有关规定做好病死动物、病害动物产品的无害化处理，或者委托动物和动物产品无害化处理场所处理。

从事动物、动物产品运输的单位和个人，应当配合做好病死动物和病害动物产品的无害化处理，不得在途中擅自弃置和处理有关动物和动物产品。任何单位和个人不得买卖、加工、随意弃置病死动物和病害动物产品。

在江河、湖泊、水库等水域发现的死亡畜禽，由所在地县级人民政府组织收集、处理并溯源。在城市公共场所和乡村发现的死亡畜禽，由所在地街道办事处、乡级人民政府组织收集、处理并溯源。在野外环境发现的死亡野生动物，由所在地野生动物保护主管部门收集、处理。

第三节　运输环节中的法律法规

国家实行动物检疫申报制度，动物在离开产地钱，货主应当按规定限时向所在地动物卫生监督机构申报检疫。

一、《动物检疫管理办法》

（一）检疫申报

1.第八条　下列动物、动物产品在离开产地前，货主应当按规定时限向所在地动物卫生监督机构申报检疫：

（1）出售、运输动物产品和供屠宰、继续饲养的动物，应当提前3天申报检疫。

（2）出售、运输乳用动物、种用动物及其精液、卵、胚胎、种蛋，以及参加展览、演出和比赛的动物，应当提前15天申报检疫。

（3）向无规定动物疫病区输入相关易感动物、易感动物产品的，货主除按规定向输出地动物卫生监督机构申报检疫外，还应当在起运3天前向输入地省级动物卫生监督机构申报检疫。

2.第十一条　申报检疫的，应当提交检疫申报单；跨省、自治区、直辖市调运乳用动物、种用动物及其精液、胚胎、种蛋的，还应当同时提交输入地省、自治区、直辖市动物卫生监督机构批准的《跨省引进乳用种用动物检疫审批表》。

申报检疫采取申报点填报、传真、电话等方式申报。采用电话申报的，需在现场补填检疫申报单。

3.第十二条　动物卫生监督机构受理检疫申报后，应当派出官方兽医到现场或指定地点实施检疫；不予受理的，应当说明理由。

（二）产地检疫

1.第十三条　出售或者运输的动物、动物产品经所在地县级动物卫生监督机构的官方兽医检疫合格，并取得《动物检疫合格证明》后，方可离开产地。

2.第十四条　出售或者运输的动物，经检疫符合下列条件，由官方兽医出具《动物检疫合格证明》：

（1）来自非封锁区或者未发生相关动物疫情的饲养场（户）；

（2）按照国家规定进行了强制免疫，并在有效保护期内；

（3）临床检查健康；

（4）农业部规定需要进行实验室疫病检测的，检测结果符合要求；

（5）养殖档案相关记录和畜禽标识符合农业部规定。

乳用、种用动物和宠物，还应当符合农业部规定的健康标准。

3.第十八条　经检疫不合格的动物、动物产品，由官方兽医出具检疫处理通知单，并监督货主按照农业部规定的技术规范处理。

4.第十九条　跨省、自治区、直辖市引进用于饲养的非乳用、非种用动物到达目的地后，货主或者承运人应当在24小时内向所在地县级动物卫生监督机构报告，并接受监督检查。

5.第二十条　跨省、自治区、直辖市引进的乳用、种用动物到达输入地后，在所在地动物卫生监督机构的监督下，应当在隔离场或饲养场（养殖小区）内的隔离舍进行隔离观察，大中型动物隔离期为45天，小型动物隔离期为30天。经隔离观察合格的方可混群饲养；不合格的，按照有关规定进行处理。隔离观察合格后需继续在省内运输的，货主应当申请更换《动物检疫合格证明》。动物卫生监督机构更换《动物检疫合格证明》不得收费。

二、《中华人民共和国动物防疫法》有关动物运输调运的法律法规

第九十七条　违反本法第二十九条规定，屠宰、经营、运输动

物或者生产、经营、加工、贮藏、运输动物产品的，由县级以上地方人民政府农业农村主管部门责令改正、采取补救措施，没收违法所得、动物和动物产品，并处同类检疫合格动物、动物产品货值金额十五倍以上三十倍以下罚款；同类检疫合格动物、动物产品货值金额不足一万元的，并处五万元以上十五万元以下罚款；其中依法应当检疫而未检疫的，依照本法第一百条的规定处罚。

前款规定的违法行为人及其法定代表人（负责人）、直接负责的主管人员和其他直接责任人员，自处罚决定做出之日起五年内不得从事相关活动；构成犯罪的，终身不得从事屠宰、经营、运输动物或者生产、经营、加工、贮藏、运输动物产品等相关活动。

第二十九条　禁止屠宰、经营、运输下列动物和生产、经营、加工、贮藏、运输下列动物产品：

（一）封锁疫区内与所发生动物疫病有关的；

（二）疫区内易感染的；

（三）依法应当检疫而未经检疫或者检疫不合格的；

（四）染疫或者疑似染疫的；

（五）病死或者死因不明的；

（六）其他不符合国务院农业农村主管部门有关动物防疫规定的。

因实施集中无害化处理需要暂存、运输动物和动物产品并按照规定采取防疫措施的，不适用前款规定。

第一百条　违反本法规定，屠宰、经营、运输的动物未附有检疫证明，经营和运输的动物产品未附有检疫证明、检疫标志的，由县级以上地方人民政府农业农村主管部门责令改正，处同类检疫合格动物、动物产品货值金额一倍以下罚款；对货主以外的承运人处运输费用三倍以上五倍以下罚款，情节严重的，处五倍以上十倍以下罚款。

违反本法规定，用于科研、展示、演出和比赛等非食用性利用的动物未附有检疫证明的，由县级以上地方人民政府农业农村主管部门责令改正，处三千元以上一万元以下罚款。

第一百零一条　违反本法规定，将禁止或者限制调运的特定动物、动物产品由动物疫病高风险区调入低风险区的，由县级以上地方人民政府农业农村主管部门没收运输费用、违法运输的动物和动物产品，并处运输费用一倍以上五倍以下罚款。

第一百零二条　违反本法规定，通过道路跨省、自治区、直辖市运输动物，未经省、自治区、直辖市人民政府设立的指定通道入省境或者过省境的，由县级以上地方人民政府农业农村主管部门对运输人处五千元以上一万元以下罚款；情节严重的，处一万元以上五万元以下罚款

第一百零三条　违反本法规定，转让、伪造或者变造检疫证明、检疫标志或者畜禽标识的，由县级以上地方人民政府农业农村主管部门没收违法所得和检疫证明、检疫标志、畜禽标识，并处五千元以上五万元以下罚款。

持有、使用伪造或者变造的检疫证明、检疫标志或者畜禽标识的，由县级以上人民政府农业农村主管部门没收检疫证明、检疫标志、畜禽标识和对应的动物、动物产品，并处三千元以上三万元以下罚款。

第一百零八条　违反本法规定，从事动物疫病研究、诊疗和动物饲养、屠宰、经营、隔离、运输，以及动物产品生产、经营、加工、贮藏、无害化处理等活动的单位和个人，有下列行为之一的，由县级以上地方人民政府农业农村主管部门责令改正，可以处一万元以下罚款；拒不改正的，处一万元以上五万元以下罚款，并可以责令停业整顿：

（一）发现动物染疫、疑似染疫未报告，或者未采取隔离等控制措施的；

（二）不如实提供与动物防疫有关的资料的；

（三）拒绝或者阻碍农业农村主管部门进行监督检查的；

（四）拒绝或者阻碍动物疫病预防控制机构进行动物疫病监测、检测、评估的；

（五）拒绝或者阻碍官方兽医依法履行职责的。

第四节　动物无害化处理环节的法律法规

规模养殖场、养殖户在饲养过程中，如有病死动物或染疫动物应及时向当地畜牧主管部门报告，并按有关要求进行无害化处理。

《中华人民共和国动物防疫法》第五十七条　从事动物饲养、屠宰、经营、隔离以及动物产品生产、经营、加工、贮藏等活动的单位和个人，应当按照国家有关规定做好病死动物、病害动物产品的无害化处理，或者委托动物和动物产品无害化处理场所处理。

从事动物、动物产品运输的单位和个人，应当配合做好病死动物和病害动物产品的无害化处理，不得在途中擅自弃置和处理有关动物和动物产品。

任何单位和个人不得买卖、加工、随意弃置病死动物和病害动物产品。

动物和动物产品无害化处理管理办法由国务院农业农村、野生动物保护主管部门按照职责制定。

参考文献

[1] 陈溥言. 兽医传染病学. 五版. 北京：中国农业出版社，2006.

[2] 褚秀玲，吴昌标. 动物普通病. 二版. 北京：化学工业出版社，2016.

[3] 丁伯良. 羊病诊断与防治图谱. 北京：中国农业出版社，2004.

[4] 德怀特·D. 鲍曼著. 李国清译. 兽医寄生虫学. 九版. 北京：中国农业出版社，2003.

[5] 傅润亭，樊航奇. 肉羊生产大全. 北京：中国农业出版社，2004.

[6] 谷风柱，沈志强，王玉茂. 羊病临床诊治彩色图谱. 北京：机械工业出版社，2016.

[7] 黄永宏. 肉羊高效生产技术手册. 上海：上海科学技术出版社，2003.

[8] 郎跃深，李昭阁. 绒山羊高效养殖与疾病防治. 北京：机械工业出版社，2015.

[9] 刘俊伟，魏刚才. 羊病诊疗与处方手册. 北京：化学工业出版社，2011.

[10] 马利青. 肉羊疾病诊疗图鉴. 北京：中国农业科学技术出版社，2018.

[11] 马玉忠，金东航. 羊病防治新技术宝典. 北京：化学工业出版社，2017.

[12] 苗志国，常新耀. 羊安全高效生产技术. 北京：化学工业出版社，2012.

[13] 强慧勤. 肉羊管理与疾病防治. 北京：中国农业出版社，2018.

[14] 钱存忠，刘永旺. 新编羊场疾病控制技术. 北京：化学工业出版社，2009.

[15] 沈军，尹长安. 养羊致富综合配套新技术. 北京：中国农业出版社，2009.

[16] 田树军，王宗仪，胡万川. 养羊与羊病防治. 三版. 北京：中国农业大学出版社，2012.

[17] 汪明. 兽医寄生虫学. 三版. 北京：中国农业出版社，2006.

[18] 王艳丰，张丁华，李鹏伟. 羊健康养殖与疾病防治宝典. 北京：化学工业出版社，2020.

[19] 吴心华. 肉羊肥育与疾病防治. 北京：金盾出版社，2014.

[20] 王建辰，曹光荣. 羊病学. 北京：中国农业出版社，2002.

[21] 王永. 现代肉用山羊健康养殖技术. 北京：中国农业出版社，2012.

[22] 王玉琴，张自强. 小尾寒羊高效饲养新技术. 北京：化学工业出版社，2015.

[23] 王泽洲. 农家常见羊病防治. 成都：四川科学技术出版社，2009.

[24] 杨光友. 动物寄生虫病学. 成都：四川科学技术出版社，2004.

[25] 尹长安. 肉羊育肥与加工. 北京：中国农业出版社，2001.

[26] 袁维峰. 羊常见病特征与防控知识集要. 北京：中国农业科学技术出版社，2015.

[27] 张乃生，李毓义. 动物普通病学. 二版. 北京：中国农业出版社，2011.

[28] 郑爱武，魏刚才. 实用养羊大全. 郑州：河南科学技术出版社，2014.

［29］钟声，林继煌. 肉羊生产大全. 南京：江苏科学技术出版社，2002.

［30］朱奇. 高效健康养羊关键技术. 北京：化学工业出版社，2021.

［31］达吾列特别克·合孜尔. 羊病的临床诊断方法. 中国畜牧兽医文摘，2017，6：173.

［32］付忠燕，李晓锋，陈明新，等. 羊传染性角膜结膜炎的防治. 湖北畜牧兽医，2004
　　（05）：28-29.

［33］郝海根. 羔羊沙门氏菌病的诊断与防治措施. 养殖技术顾问，2013(03)：78.

［34］蒋维银. 羊传染性胸膜肺炎的诊治与防控. 兽医临床科学，2017(10)：53-54.

［35］罗伟. 羊附红细胞体病的诊断及综合防治. 福建畜牧兽医，2020，42(06)：70-71.

［36］宋立岗，张维军，牛艳波. 基层兽医采集送检病羊、病料的要点. 养殖技术顾问，
　　2014，8：187.

［37］王春雷. 羊破伤风的诊断与防治. 基层农技推广，2020，8(11)：102-103.

［38］张秋莲. 浅谈羊场常见病的发展现状及防治措施. 现代畜牧科技，2016，7：100.

［39］张艳春. 病死及病害动物无害化处理机制的实践探索. 畜禽业，2021，32(2)：58-60.